ドミニク・チェン
Dominique Chen

フリーカルチャーをつくるためのガイドブック

クリエイティブ・コモンズによる創造の循環

FILM ART
フィルムアート社

目次

3 フリーカルチャーの戦略 067

コピーレフトとオープンソース

4 フリーカルチャーのライセンス運動 099

クリエイティブ・コモンズ

はじめに

自由な文化《フリーカルチャー》を作る

フリーカルチャーとは、インターネットの普及によって可能になった新しい創作と共有の文化を推進する運動の総称です。同時に、その目的が、主に著作権という旧態依然とした法律のシステムによって阻害されている現状に対して、さまざまな方法で改善をもたらそうとする運動でもあります。

「フリーカルチャー」という用語はもともと、アメリカの憲法学者であり、みずからアメリカの最高裁で著作権保護期間の延長に反対する訴訟を起こしたり、柔軟な著作権定義を可能にするクリエイティブ・コモンズ・ライセンスの運動を興したローレンス・レッシグがこの問題について執筆した書籍のタイトルでしたが、現在は、法律家、ソフトウェア・エンジニア、あらゆるジャンルのプロのアーティストやアマチュアのクリエイター、社会学や経済学の研究者、教育関係者などの、実に多様な職種の人々が活動を行なう領域を指す言葉となっています。

さらにフリーカルチャーはインターネットの普及と並行して浮き彫りになった社会問題と共に生まれ、醸成されてきた概念ですが、インターネットの情報基盤としての重要性が依然増している今日において、その射程は狭義のインターネットにとどまらず、私たちの社会および文化全体を含んでいるといえます。その意味では、旧来は一部の利権者たちによってトップダウンに制御されてきた「政治」という手法が、フリーカルチャーを形成する個々のプロジェクトの中で顕現化しているといっても過言ではありません。

本書の目的は、フリーカルチャーの起源と現在、そして未来について整理を行ない、私たち個々人が今後の文化の形成にどのように参加していけるかという道筋を明らかにすることです。そのために、フリーカルチャーが誕生した背景を解説し、その主要な活動のひとつであるクリエイティブ・コモンズの運動を紹介し、さらにはフリーカルチャーが内包する価値観について考察します。この歴史の参照を通して、法、技術、文化を含めた私たちの社会がいかに改変可能であるか、またどのように改変していけるかというヒントを、少しでも浮き彫りにできればと思います。

一般に文化や芸術といわれる領域に強い関心を持っている人々だけが、フリーカルチャーと関係があるというわけではありません。インターネットの浸透によって、文字通り誰でもどこでも創造的に情報を発信することが可能になった今日において、フリーカルチャーはあらゆる人間の利害に関係している問題だといえます。同時に多様な領域に固有の文脈や事情も存在するので、フリーカルチャーの全体像に固定的な定義を与えることも困難だといえます。しかし、フリーカルチャーはただ現状を認識するための概念ではなく、ある「文化の理想的な状態」を想定しているものなので、多様な領域が共通の目的を持って連携して活動を行なうための枠組み《フレームワーク》として活用することができます。本書では、フリーカルチャーの現場で語られている多様な目的から共通の本質《エッセンス》を抽出し、できるだけ簡潔にまとめられればと思います。

法、技術、そして文化へ

今日広く知られているように、最も根本的な文化における自由とは言論の自由です。この自由が特定の権力によって侵害されることはほとんどの民主的国家で禁じられています。この自由が守られている限り、私たちは日々、さまざまなことについて考えをめぐらし、他者に話をしたり文章を書いて伝えたりすることができます。または絵や図版を描いたり、音楽を構成したり、映像を編集したり、ソフトウェアを組んだりするといったことを自由に行なうことができます。

しかし、私たちは完全に自由に文化的な活動を行なっているわけでもありません。言い換えれば、何もない無の状態から創造を行なうことはできないし、何の制約も存在しない状況で勝手に物を作っているわけでもありません。まず、創造活動は必ず先んじて存在する文化物を継承しながら行なわれます。

また、創造された作品は世界から孤立した存在ではなく、必ずそれを受け取り、解釈する他者を必要とします。そのため、創造活動とは、度合いの差こそあっても、作者と受け手が最低限理解しあえるルールの上で交わされるコミュニケーション行為と見なすことができます。

著作権という法的なシステムはこうした創造活動の秩序を構築するために設計されました。著作権はまず作品の作り手を明確にし、作り手が金銭や名声といった形でその労力に対する対価を得られるようにすることによって、より多くの作り手がよい作品を作り出す動機《インセンティブ》を提示します。

違う言い方をすれば、個々人の作品が第三者によって無断に複製したり盗用したりすることを防ぎ、作者が不当な損害をこうむらないようにすることも著作権の存在理由です。著作権とは、不特定多数の人間によって構成される社会において創造をめぐる紛争を防ぎ、文化の成長を促進し、その公正性を担保するために機能することが期待されるシステムであるといえます。

しかし、著作権とはそれ自体が自己完結できるシステムではありません。著作権が「どのように創造活動の結果が取り扱われるべきか」というルールを示しているとすれば、実際に「どのように創造活動が行なわれるのか」ということは技術的な問題です。

その意味で著作権とは、作品を記録し、伝達し、共有するために利用される技術の本質に依存しているといえます。そして端的にいえば、今日の著作権問題とは、現代の著作権が想定している技術と、実際に私たちが手にしている技術の間の乖離に起因しているのです。

インターネットが普及する以前は、創造的な作品は印刷された書籍や、CDもしくはDVDといった物理的な媒体《メディア》に記録され、そして流通される必要があり、そのために多大な経済的なコストがかかっていました。

しかし、インターネットが浸透した現在においては、作品のデータをPC、スマートフォンやタブレットといった情報端末上で閲覧できるようになったおかげで、圧倒的に低コストで複製や配信が行なえるようになっています。

このことはインターネットという情報基盤がいかに革新的な変化をもたらしたかということを示すと同時に、今後も予測不可能な形で発生するであろう技術的イノベーションと、私たちはどのように向き合うべきかという問題を突きつけています。

フリーカルチャーが最初に対象とする問題は著作権にまつわる問題です。そして、それは常に技術的な動向と密接に関連しているため、両者を切り離して考えることはできません。本書では、フリーカルチャーが依拠する技術的な動向についても同時に紹介し、技術の観点からどのような目的を導き出せるのかという問題についても考察を行ないます。

継承の地図を描く

また、フリーカルチャーのこれまでの歴史や経緯を紹介した上で、時代の文脈を超越して「自由な文化」の価値を特徴づける点についての抽象的な考察も必要です。本書の章タイトルにもある「継承」と「系譜」という用語は、フリーカルチャーを特徴づけ、成立させ、維持するために必要とする概念であると筆者は考えます。

フリーカルチャーの議論の中でよく登場する英語の表現として、「build upon」という言葉があります。直訳すれば「〜の上に作る」となりますが、これは文化的創作において100%のオリジナリティが存在し得ないという前提に立つ表現です。何かを創作することとは、常に先人や同時代人の創作を継承し、その上に自分の成果を追加したり再構築するということにほかなりません。この創作に対する姿勢は同時に、決して創作行為を矮小化したり、天才的な才能の存在を否定することとしてとらえてはならないでしょう。逆に、あらゆる創造活動は過去、現在そして未来の他者と接続しているというビジョンを示唆しているともいえます。

創作活動が継承行為を前提にしているとすれば、創作物の継承関係のネットワークを系譜と呼びましょう。生命の世界においては、私たちの身体的な特徴は親から継承した遺伝子に多くの部分を左右されるし、一世代で獲得した個人的能力は次世代に遺伝されるわけでもありません1。

しかし私たちの文化的な活動は、生まれ育った環境に大きく依存するとはいえ、遺伝子に束縛されるわけではなく、実に多様な文化的創作物の中から好きなものを自由に選択し、継承することによって、特有のアイデンティティを持つものとして統合されていくプロセスだといえます。その過程で私たちは、意識的にかつ無意識に、みずからの文化的な系統を形成していくのだと考えられます。

このように創造活動の時間的な推移を、継承行為とその系譜という観点から考えてみると、創造とは「学習」という行為と表裏一体であることがおのずと浮かびあがってきます。本書の後半部分では、継承、系譜、学習といったキーワードを元に、これからのフリーカルチャーが開拓する地平線を素描してみます。

本書の構造

ここまで述べてきた問題意識を念頭において、本書はフリーカルチャーと総称される運動の起源、現在の状況、そして将来における課題と展望について考察していくという構造を持っています。そのため、特に読者層を限定せず、悪くいえば広く浅く、よくいえば総合的に理解していただける構成を心がけています。その意味で、著作権には触れるものの、法律家や弁護士のような法の専門家の方、もしくは法学部の学生の方などにとっては厳密さに欠けることを断っておかなければなりません。筆者は法律の専門家ではありませんが、長年フリーカルチャーの活動に関わってき

1　ダーウィンに先駆けて進化論の礎を築いた18世紀の博物学者のラマルクは、ある世代において獲得された形質（能力や特徴）が次世代にも遺伝されるという説を最初に唱えましたが、現代的な遺伝学や進化論においては遺伝はDNAから形質への一方向のみとされ、獲得形質の遺伝は否定されています。しかし、近年はDNAの発現の仕方が世代間ではなく、同一個体の中で後天的に変化することを研究するエピジェネティクスという研究が注目されています（同一個体のDNA発現の変化が遺伝するかどうかは別問題ですが）。このことに詳しい一般書としては、福岡伸一『動的平衡2――生命は自由になれるのか』（木楽舎）が参考になります。

たものとして振り返ってみても、著作権法は全体を把握することが容易ではなく、個人的に理解が足りない点も多くあります[2]。

しかし、法律は目的ではなく、あくまでも手段です。法律や法律をめぐる状況を最低限正確に知ることはとても重要ですが、その歴史的な複雑さや仕組みの難解さが、アーティストやクリエイターといった文化の担い手を、創造をめぐるルール・メイキングの議論から遠ざける要因となってはならないはずです。この想いもあって筆者は法律の非専門家として本書を執筆しましたが、アーティスト、クリエイター、もしくはエンジニアや、「創造」行為に関心のある人々にこそ本書を手に取っていただいて、フリーカルチャーの形成と未来に興味を持っていただき、さらにはフリーカルチャーの醸成に参加していただければ、筆者としては望外の喜びです。

第1章では、創造することにまつわるルールの歴史を概略し、第2章で著作権という法律概念の歴史を振り返ります。第3章では、フリーカルチャーの登場を準備したコピーレフトとオープンソースの動きについて説明します。第4章では、筆者も参加しているフリーカルチャー運動のひとつであるクリエイティブ・コモンズを中心に解説し、第5章ではクリエイティブ・コモンズと並行して進展している情報のオープン化の取り組みと、その社会的なインパクトについて紹介します。第6章では、フリーカルチャーの未来と創造の本質について、筆者の考えや問題意識をまとめます。

そして付録に、フリーカルチャー運動の中でも、クリエイティブ・コモンズ・ライセンスを採用した特筆すべき事例をまとめたケーススタディを掲載します。

2　より厳密な法律の議論や問題について知りたい読者には、フリーカルチャーの中心的な役割を担ってきた国際NPOクリエイティブ・コモンズの日本支部であるクリエイティブ・コモンズ・ジャパン（以下、CCJP）を筆者と共に立ち上げた野口祐子弁護士による『デジタル時代の著作権』（ちくま新書）を勧めます。また、インターネット政策の分野における国際的な情報規制の研究をまとめた学術的研究書として、やはりCCJPの仲間でもある生貝直人による『情報社会と共同規制――インターネット政策の国際比較制度研究』（勁草書房）が上梓されています。
アメリカを中心にしたフリーカルチャーについての考察として代表的なものは、ローレンス・レッシグによる『Free Culture』やヨハイ・ベンクラーによる『The Penguin and the Leviathan』があります。レッシグの著作の多くは山形浩生氏による邦訳が刊行されているのでご参照ください。

1

創造は自由に継承される

変容する「創作行為」

今日のインターネット社会に「フリーカルチャー」と呼ばれる運動があります。フリーカルチャーとは読んで字の通り、インターネット上において自由な文化の醸成を目指すさまざまな活動の総称です。

自由な文化を目指すということは、この運動の参加者たちにとって現在のインターネット社会が「自由ではない」要因を抱えていることを示しています。それは何かといえば、インターネット上で人々が公開している多種多様な作品——文章、画像、映像、楽曲、またはソフトウェアなどを含みます——が、著作権という法律によって過度に保護され、本来は許されるべき作品の複製や改変までもが違法とされてしまう現状を指しています。

この状況は、ある作品がほかの新しい作品の創造につながるということを法律が正しく認識できず、本来は文化の成長を促進するために設計され、存在してきた著作権のシステムが結果的に文化の成長を抑圧してしまいかねないという問題を孕んでいます。

インターネットが登場する前には、いわゆる著作者――アーティストやクリエイター、作者――と呼ばれる職業は、一部の専門家《プロフェッショナル》たちによって占められていました。そして文章であれば出版社、音楽であればレコードレーベル、映画であれば配給会社といった中間的な企業が作者たちの制作に出資し、その作品を市場に流通させてきました。

しかしインターネットが浸透した今日、これまでにない規模で世界中の人々が、著作権の対象となる「作品」を産み出し、中間に立つ企業を介さずに直接インターネット上で公開したり販売するようになりました。こうした作品がどれだけ増加しているかということは、以下の統計値からわかります。

2010年には世界中で20億（世界人口が70億だとすると、そのおよそ28％）もの人がインターネットにアクセスしています。動画共有サービスのユーチューブ(YouTube)では毎日20億個の映像が視聴され、毎分35時間分、一日では200万個の映像が新たに投稿されています[3]。

3　Focus.com: "The State of the Internet: Summing Up 2010", http://www.focus.com/images/view/48564/

インターネットの部分的な地図（2005年1月時点のデータにもとづく）。9

2011年9月時点では、世界最大のソーシャル・ネットワーキング・サービスであるフェイスブック（Facebook）には7.5億人が月に一度はアクセスをしており[4]、毎年360億枚の画像が投稿され[5]、画像共有サービスのフリッカー（Flickr）には一日で500万個の写真が追加されています[6]。マイクロブログのツイッター（Twitter）には1億人が月に一度はアクセスしており[7]、2010年だけで250億以上のツイート（つぶやき）が投稿されています。また世界中のブログの数は1.5億個以上であると推定されています[8]。

もちろん、こうした大量の「作品」の大多数はアマチュアの人たちによって自発的に作成されているものであり、いくらそこに著作権が発生するとはいえ、従来のプロフェッショナルによる文章、楽曲、写真、映像の作品と比較することもできない品質のものがほとんどであるという指摘があります。しかし、このアマチュア／プロフェッショナルという対立項の設定そのものが現在起こっている状況の本質を見落としているともいえるでしょう。

旧来のプロフェッショナルという言葉は、出版社や音楽レーベル、配給会社や広告主といった発注者《クライアント》から金銭的な報酬を受け取ることを前提に制作を行なう人を指しますが、インターネット上にさまざまな作品を投稿している人たちの大半は金銭的な動機だけで活動しているわけではありません。それでも、インターネット上で

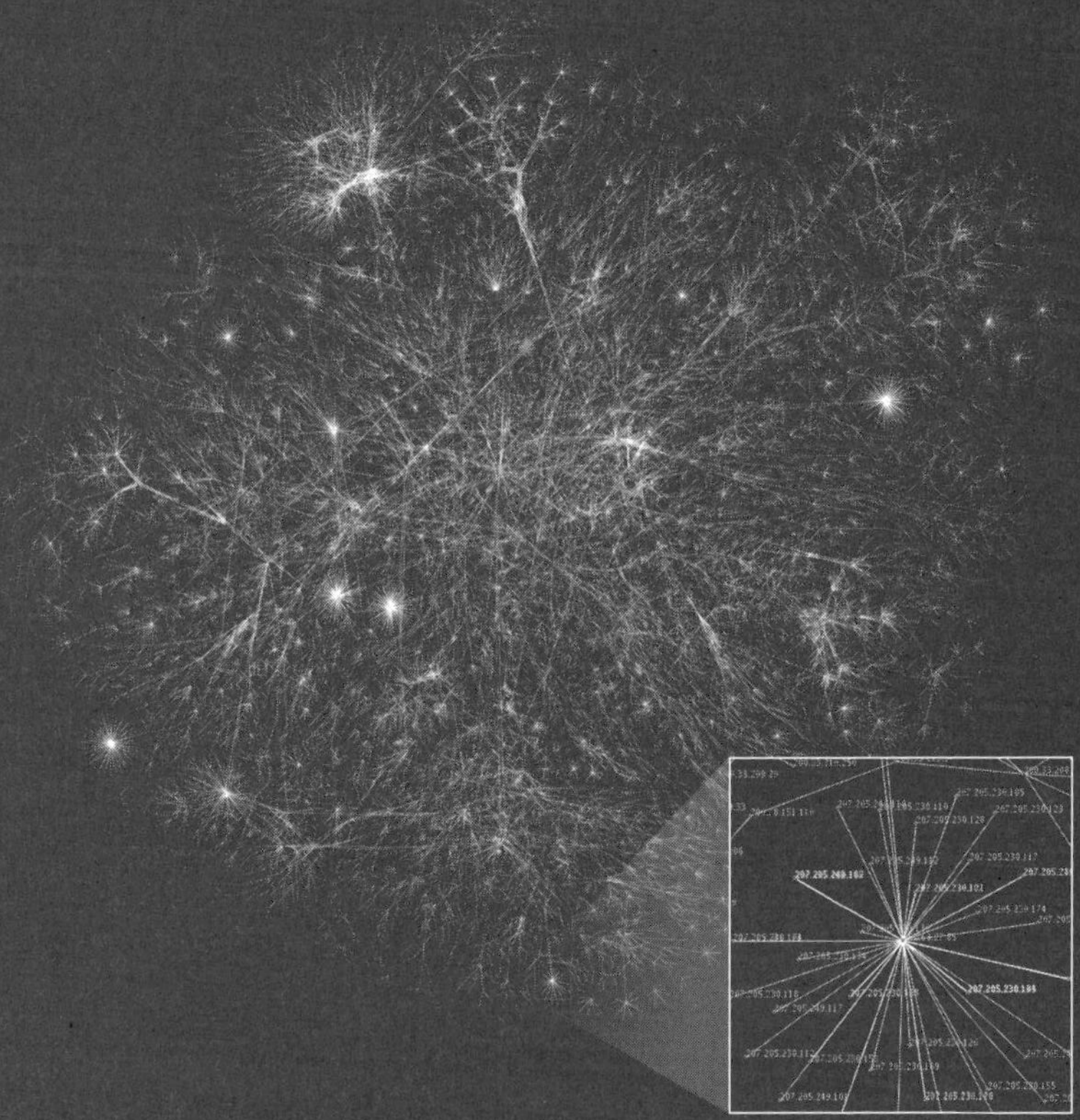

より多くの人間が活発に動くことによって、これまでのプロフェッショナリズムの再定義が余儀なくされている領域も登場しています。

たとえば誰でも編集に参加できる百科事典であるウィキペディア（Wikipedia）は長年の運営を通して、エンサイクロペディア・ブリタニカのような従来の権威的な百科事典と比肩するような内容量と品質を獲得するに至りました。ウィキペディアに集まる記事は、世界中のさまざまな知識を持っている人々が協力して制作されている「作品」だといえます。そしてウィキペディアに参加している人たちは一切お金を受け取っていませんが、優れた記事の制作に参加したという誇りや編集者コミュニティの中での評価、そして記事を制作する過程で獲得した知識や経験、そして読者からの反応や意見といった価値を得ているのだといえます。

ウィキペディア以外の創造的なコミュニティにおいても、似たようなことが当てはまるでしょう。人々がユーチューブ、ニコニコ動画やヴィメオ（Vimeo）に動画を、マイスペース（MySpace）やサウンドクラウド（SoundCloud）に楽曲を、フリッカーやピカサ（Picasa）、フェイスブックやピクシヴ（Pixiv）に写真や絵を投稿するときに、作品を鑑賞した人からコメントや評価をもらったり、作品をブログやウェブサイトで紹介してもらったり、さらには自分の作品の一部を新たな作品の制作のために使ってもらうといったことは、作者にとっては学習する機会を与えられ、新たな作品を作る動機ともなります。そして後述するように、世界中の人々がアクセスするインターネットによって可能になったこうした価値を原動力として、ネットで活動する一部のクリエイターは、従来のプロのクリエイターや企業が作れなかったような新しい形式の作品を作り出すことに成功しています。

しかし私たちの社会はまだ、作品の創作をめぐる金銭以外の価値を目に見える形で評価し、還元する仕組みを十分に備えていないともいえます。そのため、著作権は今のところ主に金銭的な報酬をめぐる議論の場となっています。そしてこのこと

---

4 Facebook社の公称データ。Facebook Statistics, http://www.facebook.com/press/info.php?statistics

5 Focus.com, op. cit.

6 "How much content is published daily on the web?", http://contently.com/blog/how-much-content-is-on-the-web/

7 Twitter社の２０１１年９月８日発表。参考記事：'Twitter touts growth, 100 million active users', CNet, http://news.cnet.com/8301-13506_3-20103401-17/twitter-touts-growth-100-million-active-users/

8 Focus.com, op. cit.

9 Internet Map, BY The Opte Project (CC:BY), http://en.wikipedia.org/wiki/File:Internet_map_1024.jpg

過去の作品が現在制作される作品の構成要素となり、
同じ作品が未来においては別の作品の構成要素となるイメージ

が、著作権の濫用による文化の抑圧という構造を産み出している要因のひとつとなっているのです。

インターネットで起こりつつあるこの「創造の大衆化」とでも呼べる現象は、プロとアマを区別する境界線をなくし、双方を緩やかにつなげる役割を果たしています。結果的に、従来の「作品」や「作者」といった概念のとらえ方そのものが変化し、多様化しています。「作品」はそれ自体で完結する結果としてだけではなく、ほかの作品の「素材」として機能するようになったといえます。このことは、作品の創造の連鎖には終わりも始まりもないという文化的な観点につながります。

ある作品とは、文化という流れの中で連綿と続く創作の連鎖の、ひとつの結節点《ノード》であり、その作品の成立には単一の「作者」だけではなく、過去の作品や作者たちも関わっていると考えることができます。そしてこの作品もまた、未来のある時点において、未知の他者による違う作品の素材として関わっていくでしょう。

作品が作品を生むサイクル

以下の図（27ページ参照）は、過去に生まれてきたさまざまな作品の断片が、現在の作者によってひとつの新しい作品の一部として組み込まれ、さらにはその作品の

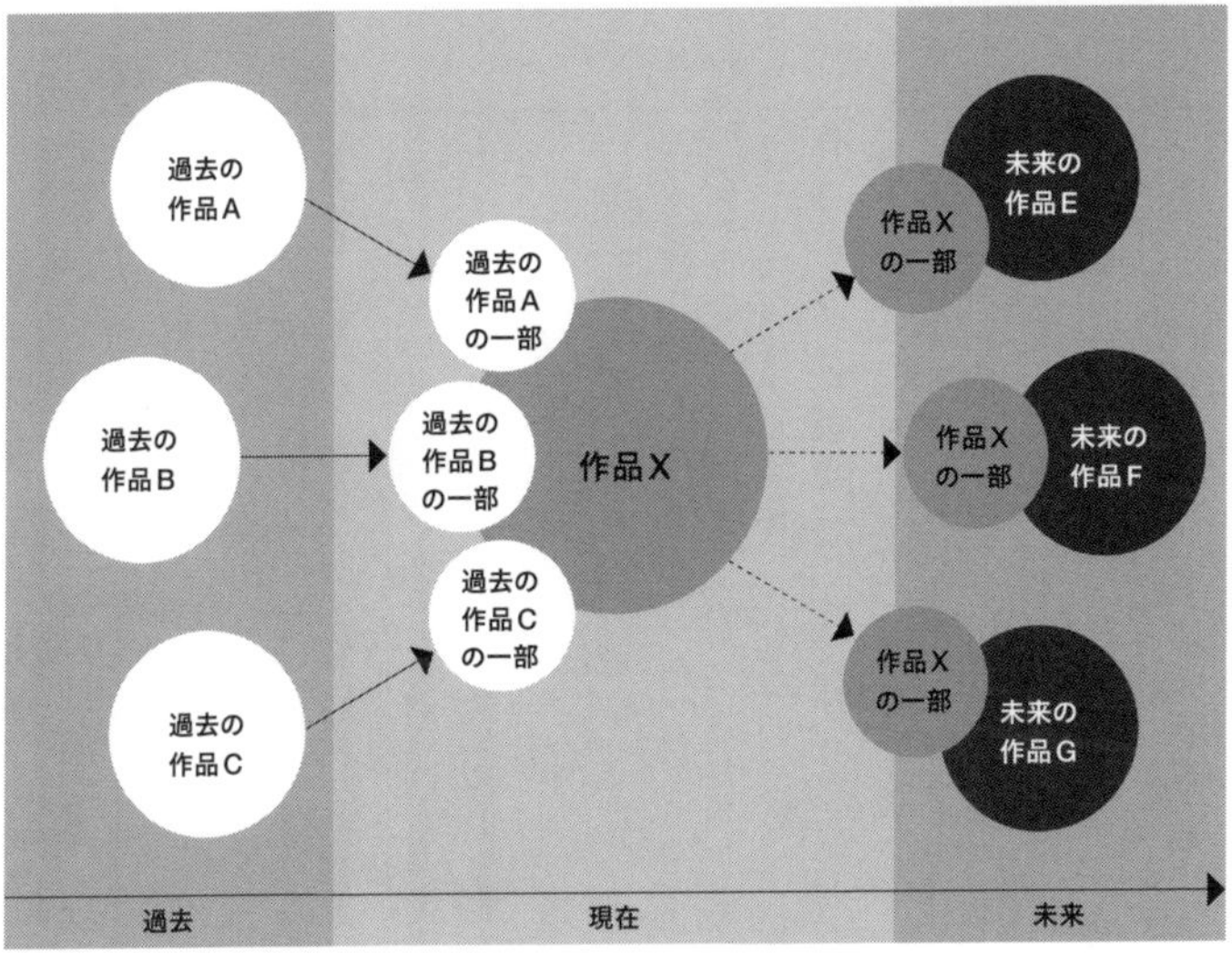

断片も未来の作品の一部として使われるという流れを表わしています。もちろん、過去の作品の一部のみによって作品が構成されるだけではなく、作者が新たに産み出すオリジナルの要素も重要な構成要素です。しかし、厳密に考えていけば、オリジナルの表現要素も過去に蓄積してきたさまざまな事象の記憶が複雑に再構築された結果としてとらえることもできます。ですが、それを図式化するのは難しいので、ここでは省略しています。

この創造に関する力学は、インターネットが新たに生んだものではありません。それはインターネットが普及する以前からずっと存在し、文化の発展を支えてきたものでもあります。インターネットがもたらした唯一の変化とは、コミュニケーションにかかるコストをほとんどゼロにまで下げて、従来から存在した文化における創作の連鎖を飛躍的に加速し、その量を大幅に増加させたことです。

その結果として、過去の作品の断片や作品としてまとまる前の情報が、作品というひとつの完成形（パッケージ）として結晶化する過程《プロセス》や、作品が違う作品と接続《リンク》する様子がより細かく、はっきりと見えるようになったのだといえます（29ページ参照）。

なので厳密にいえば、文化の核心にある本質がインターネットによって変わったというのではなく、インターネット以前においては把握することの難しかった文化の力学をより克明に可視化しつつある、という表現の方が正確でしょう。以前は巨視的にしか見えていなかった文化という有機的なシステムの実態が、より高い分解能をもって見えるようになったということです10。

創造における貢献を量るには？

このことを厳密に考えていくと、ある種の思考実験を行なうことができます。たとえば今こうして書いている本書は、単一の筆者の作品として出版されていますが、実際のところ筆者が行なっていることは筆者が他者から学んだことを自分の価値観や優先順位にもとづいて編集しているに過ぎません。そうして考えていくと、たとえば本書には値段がついていますが、本書の成立に目に見えない形で関わって

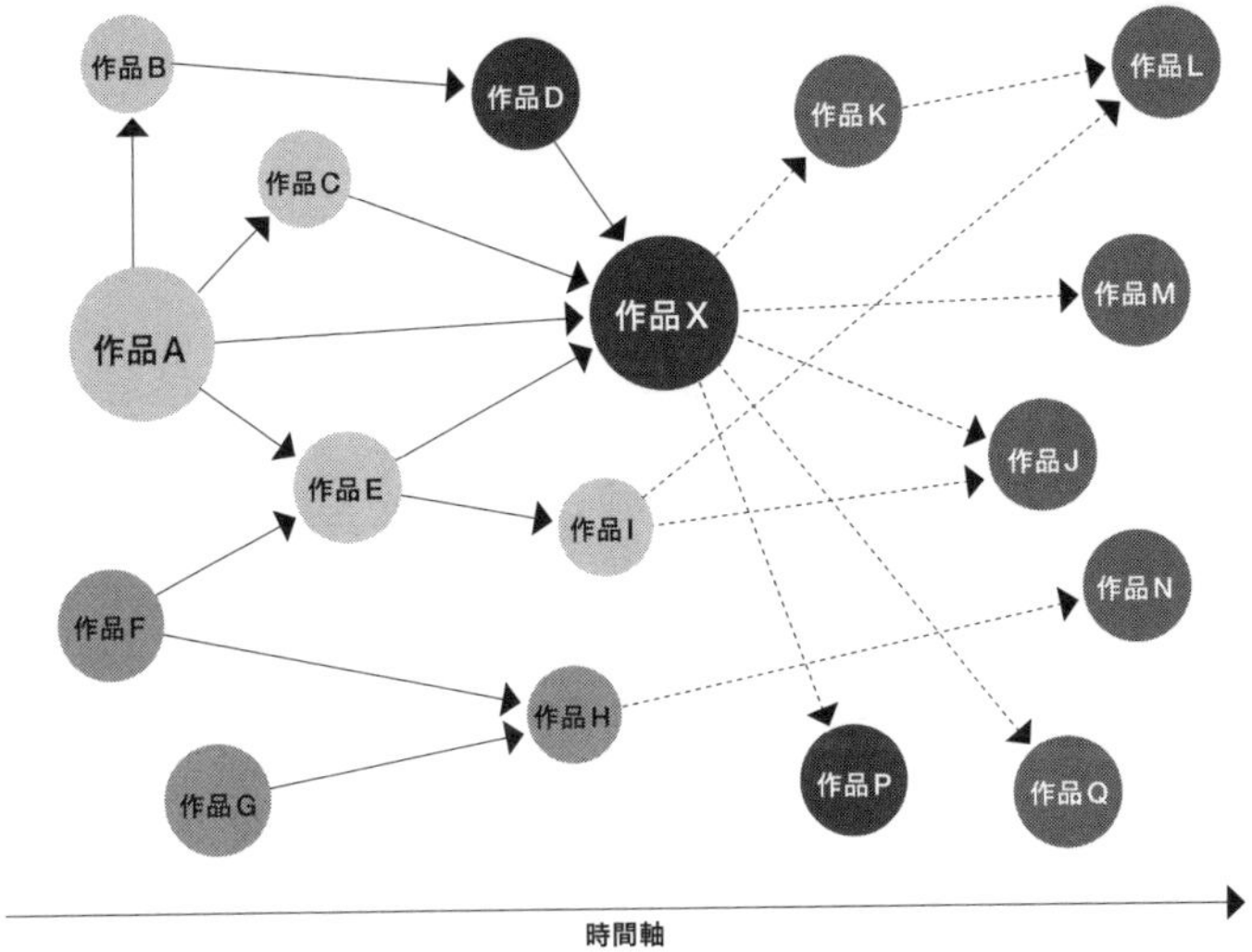

いるさまざまな情報や作品の作者たちに対しても本書で発生する金銭的利益が還元されるべきではないでしょうか？　さらにいえば、作品という形ではなくても、ある人と話をしているときに浮かんだアイデアが作品に活用された場合には、その人の貢献した分にも対価が生まれるべきではないでしょうか。

私たちの社会がそれをしないことの最大の理由は、ある作品の成立に関わっている要素をす

10　インターネットに接続していない文化的活動は把握できないではないか、という指摘も想定できますが、それは本質的な問題ではありません。なぜなら、インターネット上で生成されていない作品もインターネット上に集積することが可能だからです。このことを証明しているのが世界中の図書館の書籍をデジタル化し、オンラインで検索可能な形に変換しようとしているグーグル・ブックスの取り組みでしょう。

べて洗い出し、かつそれぞれの要素がどれほど作品の成立に貢献しているのかという度合いを客観的に計算することの困難さにあるといえます。Aという作品の成立に関して、ある人から見たらBという作品が最も貢献しているように見えるでしょうし、違う人から見たらCという作品の方が重要かもしれません。異なる人間同士の主観的な価値の度合いを計算し、最適解を提示する方法はまだ産み出されていないのだといえます。

そしてさらに複雑なこととして、創造の連鎖に終わりも始まりもないのであれば、ある作品に貢献している作品たちもまた、別の作品を要素として産み出されているのであり、この関係をさかのぼろうとし続けると、文字通りきりがなくなってしまいます。

私たちの脳は残念ながら、認知的な限界を持っているので、このシナリオがあくまでも理想論であり、現実に適用することが困難であることがすぐにわかると思います。ただし、インターネット上で制作され、流通する作品を対象として、作品の相互関係や貢献の度合いを計算して記録するような技術が開発されれば、この理想のすべては難しいとしても、少しずつ近づいていくことは可能です。そして後述するように、この系図を構築することによって、より正確に各人の貢献度が評価されるようになれば、それは公正な文化へ近づく道筋だと考えることができるでしょう。

それでは私たちの近代的な社会ではどのような解決方法を採ってきたのかというと、作者に対しては、限られた期間だけ、他者による作品の複製や二次的な利用を通して金銭的な利益を得ることを許し、その期間が過ぎたあとには誰でも自由に使えるようにするというルールが設けられてきました。これが著作権という社会的ルールの基本的な内容です。つまり、作品を作る作者個人と、作品を使うその他全員の双方の利益を調整して満たすことによって、新しい作品が生まれやすくするというルールが著作権なのです。

作品から利益を受け取れることがわかれば、作者が作品を作る動機が高まり、新しい作品が制作される確率が高まります。同時に、新しい作品が生まれるためには、作者がより多くの他者の作品を自由に参照し、引用し、組み込めた方が、その確率が高まることもまた事実でしょう。この際の「自由に」というのは、作品を使うための許可を申請したりお金を払ったりといった利用コストを支払うことなく、という意味であり、「ルールを無視する」ことでは決してありません。

個人と文化の利益を調整する

そしてこのルールにおいて、作者の立場と文化全体の観点の双方を満足させるための焦点が、作者に権利が与えられる期間の長さです。端的にいえば、現在の著作権の実態としては、この作者の権利を保護する期間は年代を追うごとに延長されてきました。最初の近代的な著作権の制度は18世紀初頭のイギリスで制定され、作者の権利の保護期間は当初は最初の印刷後から14年（更新をすれば28年）と定められていました。しかし19世紀、20世紀を通して、多くの作品の権利を有する企業の働きかけによってこの保護機関は延長され続け、現在では「作者の死後50年」から「死後70年」までに延ばされています。作者の死後は、作者の権利を相続した遺族や買い取った企業が作品からの利益を要求し続けることが可能になります。

これは作者以外の人々に対して公正《フェア》な設定だといえるでしょうか。もちろん、何がフェアかフェアでないかという判断は主観によって異なるので、より客観的な論点に変えてみましょう。果たしてこれだけ長い年数の間、作品を保護することによって、文化全体を考えたときに新しい作品が活発に生まれることを期待できるのでしょうか、と。

当然のことながら、保護期間の延長を推進している人々は、文化全体の利益を考えることに関心を持っていないことになります[11]。このような考えにもとづいて、保護期間の延長に加えて、さらに作品の相互利用を阻害する動きがアメリカを中心に活発になっています。それは後述するように、作品の海賊版の流通を阻止するという名目で、価値中立的なインターネット技術を規制したり、私的複製は許されているはずの作品を複製できないようにする技術を施したり、子どもや学生を含む何万人もの市民を対象に違法ダウンロードの疑いで企業によって集団訴訟が起こされたり、著作権侵害の可能性があるだけでウェブサービスのドメイン名からのアクセスを停止させられる規制法案（SOPA＝オンライン違法コピー防止法案やPIPA＝知的財産防護法案）が審議されたりもしました。2012年2月現在は採決延期となっていますが、いつまた可決されようとする動きが出てくるかはわかりません。こうした動きはすべて、特に次世代に対して、自由に作品同士が参照しあい、接続されることは違法、つまり悪しきことであるという意識を押し広げることとなり、結果的に創作行為全体を萎縮させてしまう影響を持ちます。

11　実際、1998年にアメリカで可決された著作権延長法の推進派の一人は「作者の著作権は永遠に有効であるべき」という趣旨の発言をしています。参考：144 Congressional Record H9952, in http://en.wikipedia.org/wiki/Mary_Bono_Mack

先ほどの作品が生まれるサイクルの図（27ページ参照）では利用コストが限りなくゼロに近い理想状態を想定していました。以下の図（35ページ参照）では、長過ぎる保護期間や海賊版撲滅施策の壁に遮られて、作品同士が相互利用することが阻害されている様子を表わしています。

自由に過去の作品を参照、引用、改変することが阻害され続ければ、現在作られようとしている作品が貧しくなるばかりか、未来の時点で作られるであろう作品もまた、その貧しさに甘んじなければならなくなります。この考えは決して突飛なものではなく、むしろとても理解しやすいことだと思います。それにも関わらず、著作権の保護期間が全体を犠牲にして一部の利益を最大化するべく推移してきたということの理由は、市場原理が司法や政治を制御するまでに肥大化したからにほかならないでしょう。

そしてこれからもインターネット上での創作が爆発的に増え続けることを考えると、現在の著作権の在り方が変わっていかなければ、そうして作られる作品のほとんどが潜在的に著作権法に違反する状況が日常のものとなってしまいます。

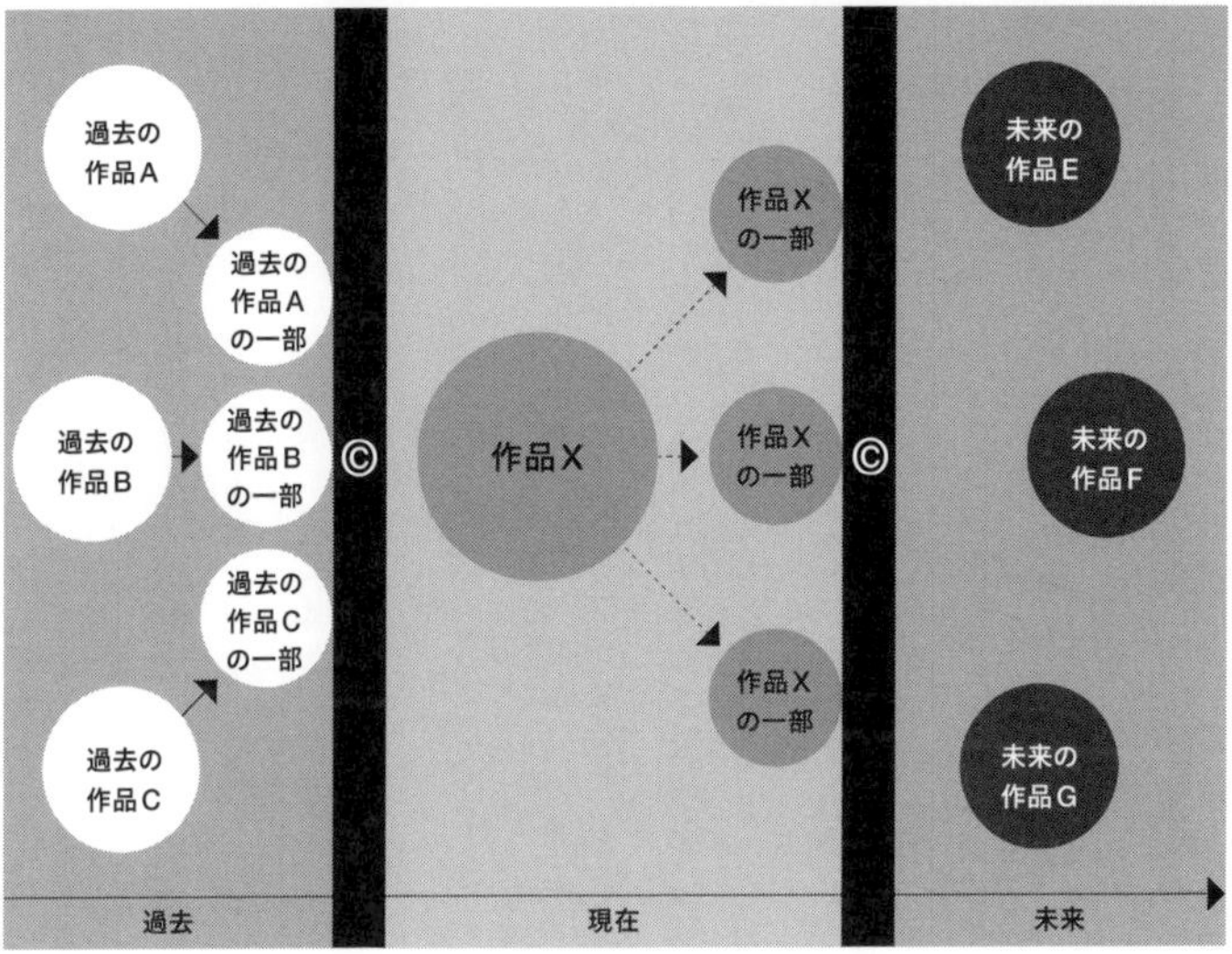

金銭以外の利益を探す

フリーカルチャーの擁護者は、著作権という作者に利益を還元するシステムの意義を肯定します。金銭的な利益も、社会的な価値に含まれるのであり、作者が正当な価値を受け取ることによって文化が活性化すると考えるからです。その意味でフリーカルチャーは、著作権そのものを否定する動きとは同調しません。

フリーカルチャーの運動は、インターネットが生まれる以前に制定された著作権の国際的なルールが、インターネット技術にもとづく現代的な文化の力学《ダイナミクス》に対応できていないことを指摘し、保護期間の延長を止めたり適切な改正を求めると共に、現行の著作権に従いながらも、より柔軟で開かれた作品の共有のルールを自生的に作り出し、広めようとするものです。

法律のシステムを変えようとする運動の中身としては、保護期間の延長に反対したり、または保護期間を短くしてしまったり、登録制にしたりするアイデアなどがあります。法の改正を追求することは、既得権益を守ろうとする既存の産業と争い、議会や国会に働きかける長期的なロビー活動が必要となります。この方法が抱える困難さにはさまざまな次元がありますが、中でも政治家や官僚が、すでに大きな利益を挙げ、国家経済に貢献している既得権益産業からの要請に耳を傾けざるを得ず、さまざまな立場の利害を調整することにとても長い時間が必要になってしまうという問題があります。

また、長期的に見たときに社会に還元されるメリットは理解できても、インターネット上で著作権の保護を緩やかにすることが果たして本当に大多数の市民や企業の経済的な利益に寄与できるのか、少なくとも短期的な視点では不確定である点も挙げられます。これは、短期的な指標を重要視してしまう現行の経済システムの問題も関連しているといえます。フリーカルチャーの主張の根幹には、文化の力学を決定する要因として経済的観点だけではなく、教育システムの改善やデジタル・ディバイド(情報格差)の解消、そしてより活発な作品の創造をうながすといった社会的な規範も強化し、その流れの中で新しい経済の在り方を作っていこうという長期的なビジョンをも内包しています。

しかし、こうした考えが正しいものであるとただ理論的に証明したところで、直接的に法改正には結びつきません。そこでフリーカルチャーがこれまで採用してきた主な戦略としては、新たに「ライセンス」というルールを自分たちで設計し、現行の著作権のルールの上にかぶせてしまおうというものです。こうすることによって、現行の著作権に違反するという反則を犯さないまま、著作権をあるべき姿に拡張することができます。

著作権は作品が完成した時点でいわば自動的に作者に与えられ**12**、かつ、作者にのみ与えられる権利です。それは作者を作品の盗用や剽窃から保護しますが、同時にほかの人がその作品について知り、違う人に広めたり、その作品から新しい作品を作り出すことを禁止してしまいます。このことによって、今日のインターネットの世界においては一般的に行なわれている行為——たとえばある作品を作者の許

12 この著作権の特徴は無方式主義と呼ばれ、1886年に締結されたベルヌ条約で定義されました。ベルヌ条約に加盟した国々において、作者は著作権を得るためには申請や登録を行なう必要は一切なく、作品が記録媒体(紙、テープ、電子ファイルなど)に固定された時点で自動的に著作権が与えられると取り決められました。

可を得ることなくブログやSNSで紹介したり、その作品へのオマージュとして異なる作品へと作り変えるということ——が潜在的に著作権の違反となってしまいます。

先述したように、こうした行為が直接的に訴訟などにつながらないとしても、他者の作品を利用することが違法となる可能性が高いという固定観念が社会に広がれば、新しい文化の創造を多大に萎縮させるという影響が生まれてしまいます。

作品の未来を作者がデザインする

こうした状況に対してフリーカルチャーのさまざまなプロジェクトが提案してきたことは、作者がみずから作品に「ライセンス」を付けて公開することによって、この著作権が禁止してしまう事柄を他者に対して許可するということです。こうすることによって作者は、自分の作品に出会う人々が作品を広めてくれたり、さまざまな形でフィードバックを送ってくれたりすることを期待することができます。作者がどのようなことを許可するかということはライセンスの種類に応じて異なりますが、ほとんどのライセンスは誰でも無償で作品のデータを入手し、それを複製し、ほかの人と共有する自由を与えています。より自由度の高いライセンスは、さらに作品を使って金銭的な利益を得ることを許容し、より厳しいライセンスは作品を改変してはならなかったり、作品の利用を通して利益を得ることを禁じたりします。作者は作品の置かれた文脈や状況に応じて、自分が最も望む形で作品を世に広めるために適したライセンスを選ぶのです。

このフリーカルチャーの基本戦略としてのライセンスとは、個々人の作品が法律によってトップダウンに「管理」されるという既存の著作権のルールに対して、個々人が自主的に各々の作品の自由度を「表現」するという方法を追加し、創造の秩序構築（ルール・メイキング）のシステムを補完するための道具なのだといえます。この考え方は、作者がみずからの作品がたどるであろう未来の軌跡をデザインし、その責任を持つということを意味すると同時に、作品はそれ自体として完結する存在ではなく、他者がそれを受け継いで新しい未知の作品を作るための材料としても機能するという認識によって支えられています。そしてこの認識に従うということは、今存在するすべての作品も、過去の他の作品を材料として作られていると認めることにほかなりません。言い換えれば、作品は固定物ではなく、過去から未来への時間的な流れの中で作動するものとしてとらえられるということです。

このように、インターネットが可能にしたこの新しい認識論《パラダイム》は、「何が違法で合法か」、「作者の利益を守るために違法な行為を撲滅させるためにはどうするべきか」

などといった近視眼的な議論から離れ、改めて「創造とは何か」、「文化が活性化するためには何が必要か」という本質的な問題を再考する機会を与えていると考えられます。それは同時に文化という概念のとらえどころのなさに対して、一種の生態システムとしてとらえることによって一定の輪郭を与え、有効な施策について個々の作者の観点から議論するための枠組み《フレームワーク》を産み出すことにもつながっていきます。

2

創造のルールを考える

著作権の歴史と法律

「作品」の「作者」を保護するルールの起源

現代の著作権の根底には、作品を公開した作者を社会的にも経済的にも保護すると同時に、一定期間が過ぎたあとには作者以外の人が自由にその作品を扱えるようにするという目的があります。ここには作者という個人に利益を与えつつ、社会や文化全体にも作品の価値が還元されるべきだという原則が示されています。この考え方がどのようにして生まれたのか、そもそもの著作権成立に至るまでの15世紀ルネッサンス以降のヨーロッパの歴史を簡単にたどってみましょう。

作者と社会のバランスを取るという理念を初めて体現した法律は1710年のグレート・ブリテン王国（現在のアイルランドを除くイギリス）で女王アンの名の元に制定されたアン法でした。アン法が施行される以前には、1557年から1695年まで、書籍出版業者の組合は著者の手稿を買い取り、印刷から得る利益を永遠に独占することができるという法令が存在していました。グーテンベルグの活版印刷技術の革新から1世紀以上経った当時でさえなお、書籍を印刷し流通させるコストは依然高く、著作の執筆は書籍を作成するプロセスのひとつとしてしか見なされていなかったのです。そして書籍出版業組合は国家から書籍の検閲を任され、その代

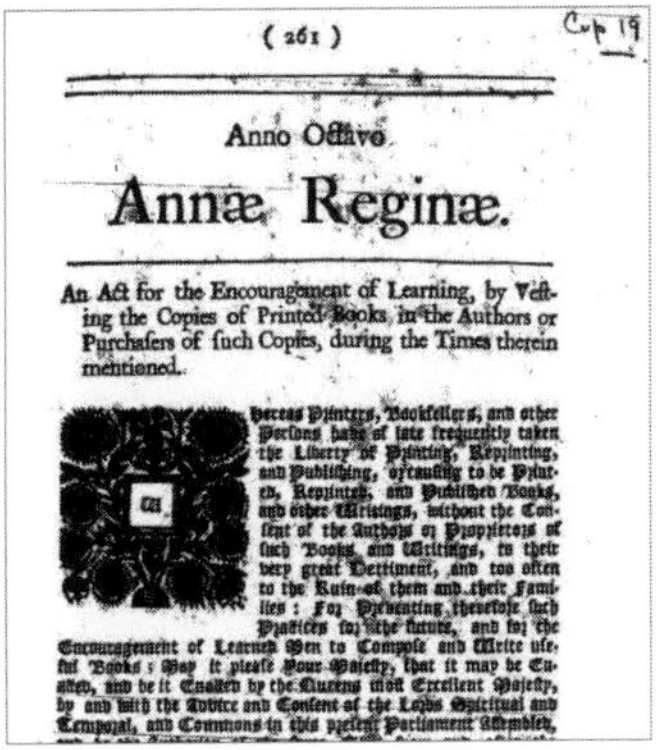

(261)

Anno Octavo

Annæ Reginæ.

An Act for the Encouragement of Learning, by Vesting the Copies of Printed Books in the Authors or Purchasers of such Copies, during the Times therein mentioned.

Whereas Printers, Booksellers, and other Persons have of late frequently taken the Liberty of Printing, Reprinting, and Publishing, or causing to be Printed, Reprinted, and Published Books, and other Writings, without the Consent of the Authors or Proprietors of such Books and Writings, to their very great Detriment, and too often to the Ruin of them and their Families: For Preventing therefore such Practices for the future, and for the Encouragement of Learned Men to Compose and Write useful Books; May it please Your Majesty, that it may be Enacted, and be it Enacted by the Queens most Excellent Majesty, by and with the Advice and Consent of the Lords Spiritual and Temporal, and Commons in this present Parliament Assembled,

わりに書籍市場を一手にコントロールする権力を与えられていました。

しかし18世紀に入ると、組合の独占的な権力が過剰になり、さらに作品の著者が受け取れる報酬が過小なままで、また組合による恣意的な検閲のせいで社会に流通する知識や情報が不当に抑圧されているといった批判が起こるようになり、１７１０年のアン法が生まれたのでした。アン法の制定後も組合の力がいまだ強かったため、アン法は当初からその理想をすべて実現するには至りませんでしたが、著者を作品の権利者として定めた点はのちのアメリカ合衆国憲法に受け継がれることになります[14]。

13 Wikipedia, The Free Encyclopedia: "Statute of anne.jpg", (Public Domain) http://en.wikipedia.org/wiki/File:Statute_of_anne.jpg

作者クレジットを体系的に扱った学術誌『Philosophical Transactions』 15

知識と「クレジット」

作者の存在を尊重するアン法が生まれた時代背景には、科学知識の発展も関わっていると考えられます。さらに時代をさかのぼってみると、1665年にイギリスで初めて自然哲学の学術誌『Philosophical Transaction』が刊行され、今日の学会のシステムの基礎が作られたことが知られています[16]。それは学者の著作を管理する公的な登記簿の役割を果たすことによって、学者同士の考察や発見の盗作や剽窃を防ぐという目的を持っていました。インターネットやテレビ、ラジオも電話もない時代では、偉大な発見をしたとしても、それをいち早く社会に発表しなければ、狡猾な他者に盗まれ、先に発表されてしまうというような危険性が存在したのです。地動説を発見した彼のガリレオ・ガリレイでさえ、木星が衛星を持つことを発見した際に、それを発見したのが自分であることを確実に知らしめるために、ケプラーなどの複数の知人の学者に手紙で知らせるという工夫をしなければなりませんでした。

作者が誰であるかを明らかにするという問題を「クレジット」と呼びます。クレジットとは信用や実績を意味する英語です。『Philosophical Transaction』のような雑誌を公開することによって、大学や学会といった機関は、社会的な参照根《リファレンス・モデル》を作

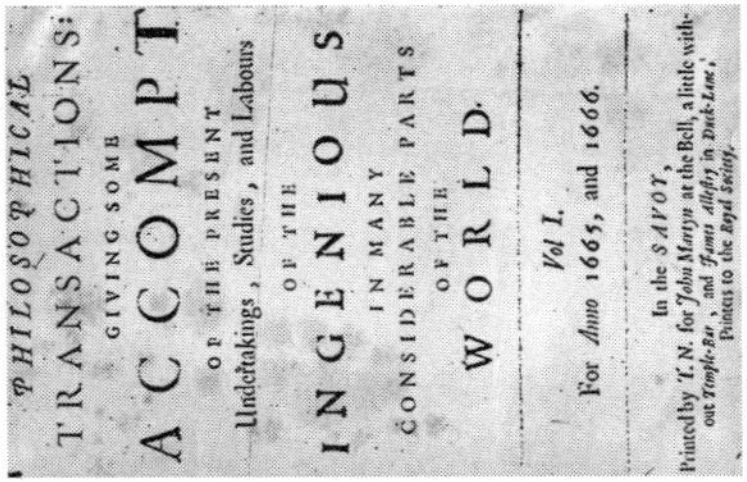
PHILOSOPHICAL
TRANSACTIONS:
GIVING SOME
ACCOMPT
OF THE PRESENT
Undertakings, Studies, and Labours
OF THE
INGENIOUS
IN MANY
CONSIDERABLE PARTS
OF THE
WORLD.

Vol I.
For Anno 1665, and 1666.

In the SAVOY,
Printed by T. N. for John Martyn at the Bell, a little without Temple-Bar, and James Allestry in Duck-Lane, Printers to the Royal Society.

14　アン法が登場した理由については諸説が議論されています。今日のように大衆的な複製媒体が普及していなかった時代のヨーロッパにおいては、著者の利益を担保することよりも、教会や国家による思想弾圧の機関として出版業者組合を組織することの方が優先されていたが、「科学や哲学の有用な知識文化の発達が国家の威信を高める」という考えや、単純に「組合の権力が肥大し過ぎることへの対応」、「組合が批判をかわしながらも利権の構造を温存するようにした」、もしくは「これらすべてが真実」など諸説があります。いずれにせよ、アン法のタイトルが「ここに記載する一定期間の間、印刷された書籍のコピーを、著者もしくは購入者（出版組合）に帰属させることによって学習を奨励する法律」となっており、初めて著者の権利と著作物の社会的な価値に言及した法案であることは事実です。

15　Wikimedia Commons: “Front Matter from Philosophical Transactions of the Royal Society. Vol.1., Royal Society archives (Public Domain), http://commons.wikimedia.org/w/index.php?title=File:Philosophical_Transactions_-_Volume_001_-_Front_Matter.djvu&page=1

16　Jean-Claude Gu_don: “In Oldenburg’s Long Shadow: Librarians, Research Scientists, Publishers, and the Control of Scientific Publishing”, http://www.arl.org/resources/pubs/mmproceedings/138guedon.shtml

り、学者や研究者が正当なクレジットを得られるようにすることによって、安心して研究を行ない、議論を戦わせることのできる「場」を形成したのです。このように今日の私たちには当然のように思われるこの「発表や発明のクレジット」は人類の歴史の中では比較的最近作られた概念なのだといえます。何か新しい考えや表現を発表してもすぐに盗作され、場合によっては自分の名声も奪われてしまうというように努力が報われない社会では、時間をかけて革新的な仕事をしようという意欲が削がれてしまうであろうことは誰にでも直感的に理解できることでしょう。

重要なこととしては、こうした秩序を作るシステムが純粋に思想道徳的に正しいから出現したのではなく、国家にとっては自国の科学や経済を強化するための方法として導入されたととらえる方が正確である点です。それではこのようなルールを国家が制定するまでにどうして18世紀まで待たなければいけなかったか、そしてどうしてヨーロッパで起こったのか、という点も重要です。後述するように、本書では今日の著作権というシステムの基礎に文化的な特徴が色濃く反映されていることを問題化するからです。

社会構造を変革させた技術と「個人」の増大

著作権が導入されたことの最も重要な要因としては、16世紀に登場したグーテンベルグの活版印刷の技術によって、それまで宗教に従事する人や学者、王侯貴族といった一部のエリート層にしか可能でなかった、「本を読む」という行為が一気に大衆化したことが挙げられます。この技術的な革命は、それまでの手による写本という、非常に時間のかかる方法に頼っていた書籍の複製を飛躍的に加速させることにより、今日のドイツにおいてカソリック教会の教義主義に抵抗したルターの宗教革命運動を誘発したことが象徴的であるように、それまでの社会構造を大きく揺るがすものでした。インターネットと共に生きる現代の私たちには想像することが難しいほど、当時のヨーロッパでは「知識」を作り出し、それを受け取るということがごく一部の人間にしか可能ではなかったのです。しかし印刷技術の登場によって「字」が人々の生活に浸透するようになり、識字率も上がり、教育機関も発達すると、本を書くという行為の敷居が大幅に下がり、結果的に「作者」の数も徐々に増えていきました。こうした状況も「作者」の権利を保護する著作権の誕生を準備してきたといえるでしょう。

著作権の整備において、活版印刷という技術革新とは別の要因として考えられるのは、「個人」という考え方が15世紀ルネッサンス以降のヨーロッパにおいて徐々に育まれていったことも挙げられるでしょう。コロンブスが切り開いた大航海時代において、最先端の文明を誇っていたアラブ世界との交流を通して古代ギリシャの文献を再発見することによって、中世という停滞期の中にあったヨーロッパ諸国はギリシャ哲学世界の知識や価値観を吸収することによって、文化的に再誕生することができたのです。汎神論的な世界観の中で合議制の議会政治を採用したギリシャ、そしてローマ帝国の地中海文明では、合理的な連邦自治制度にもとづいて多様な人種が活躍できる社会が存在していたのです。

唯一神信仰に縛られない社会では、王権国家と癒着したキリスト教会による知識の独占は行なわれず、より自由に哲学や科学が促進されていました。このルネッサンスの流れの中で、16世紀にフランスの哲学者であり数学者のデカルトは有名な「我思う故に我あり」という唯我論や身体＝機械論を提唱し、キリスト教の教義に従いながらも「個人」という考え方をより明確に打ち出しました。そして、それまではキリスト教の神によって王権を担保されていた王とその一族に隷属する存在でしかなかった圧倒的多数の人間が、次第に宗教の重力から解放され、「個人」という自我を目覚めさせていったのです。18世紀フランスのルソーやドイツのカントといった啓蒙運動《エンライトメント》の思想家や哲学者たちは、より多くの人が正しく知識を獲得し自由に思考を行なうことが社会のあるべき姿であるという主張を掲げ、自由、友愛、平等を唱えた1789年のフランス革命や1776年のアメリカ合衆国の創建の思想的な背景を形成しました。

この2つの歴史的な転換は、教会（宗教）と王権の複合的な統治システムから、資本主義と産業経済にもとづく国民国家への移行を意味しています。国家の観点から、教育や学術は国民により開かれた場所となり、知識や発明は自由に奨励されるようになります。

国際化された創造のルール

このように個人の創作性の権利を認め、かつその価値を社会に還元させるという姿勢はアメリカ合衆国憲法の著作権の条項に最もよく現われています。

「（アメリカ連邦議会は）著作者および発明者に、それぞれの著作及び発明に対する排他的権利を、限られた期間保障することによって、学術および有用な技芸の発展を促進する権限を有する」

個々の人間が著作物を制作することに対して権利を与えられ、利益を享受することを通して、文化全体が発展することが目的化されるという著作権の理念はその後の近代国家でのデファクト・スタンダード［注：国際機関や標準化団体による公的な標準ではなく、市場の実勢によって事実上の標準とみなされるようになった規格のこと］になります。日本の著作権第一条は次のように定義されています。

「文化的所産の公正な利用に留意しつつ、著作者等の権利の保護を図り、もって文化の発展に寄与することを目的とする」

しかし最初に著作権の国際的な取り決めを策定したベルヌ条約は、フランスの文豪にして政治家のビクトル・ユーゴーが中心となって1886年に世界各国間で締結されました。そのため、英米とは異なり、より作者個人の観点を重んじる大陸法の慣習が反映された内容となりました。象徴的に、英語では「複製の権利」(copyright) と呼ばれ、主に経済的な規制であることを示しているのに対して、フランスでは「作者の権利」(droit d'auteur) と呼ばれます（そのため、日本語の著作権という訳語はフランスの用語に近いといえます）17。

両者の違いのひとつがベルヌ条約で採択された無方式主義であり、著作権は登録する必要なく作品の成立時に自動的に与えられるとする点です。一方で、英米では登録や著作者表示を必要とする方式主義が採られていました。

もうひとつの違いは著作者人格権という、作品を財産として扱う著作権とは別に、作者が他者に譲渡することができない権利が定義されたことです。人格権は、作者の名誉を傷つけるような作品の使い方を禁止する権利（名誉声望保持権）、作者の氏名を作品に表記することを義務づける権利（氏名表示権）、作者の意に反して作品の内容を改変することを禁止する権利（同一性保持権）、未公表の作品を公表するかどうか、どのように公表するかということを決定する権利（公表権）によって構成されます。

17　フランスのイニシアティブによって国際化された著作権のルールが、作品の利用者が作品を複製する権利（コピーライト）よりも、作者の権利に重きを置いている点は注目に値するでしょう。それは作品が利用されることの社会的な価値よりも、作者個人の権利と名誉を保護することを優先する姿勢を表わしています。

必要とされる法の更新

現代の著作権法の基本的な在り方は、このような経緯に沿って策定されています。しかし、ベルヌ条約の考え方は、19世紀末に固有の技術的そして文化的な背景が前提とされているため、今日のインターネットによって可能となった諸々の文化的な活動は当然その射程に入っていません。このことが今日における著作権問題の原因となっているのです。

それでは、ここで作品の著作権がどのようにはたらくかということを作者の立場から見てみましょう。著作権を得た作者は、作品に対して次のような独占的な「権利の束」を得ることになります。

・作品の複製を作成すること
・作品の複製を販売すること
・作品の中身を改変し、派生作品を制作すること
・作品を公の場所で展示すること
・現代においては、インターネットやラジオ、テレビなどのメディアを介して不特定多数の人に向けて作品を送信すること

・この権利を販売したり譲渡したりすること

著作権者は、こうした権利を限られた期間のみ行使することによって、対価を得ることが可能となります。そして、決められた期間を過ぎたのちには、作品の著作権は無効となり、誰でも自由に、制約なく、作品を利用できるようになります。そのことによって、作品は他者が新たな作品を産み出すために自由に活用され、文化の発展に貢献することになります。

著作権は常に部分（作者）と全体（文化）のバランスを取るよう定義されていますが、このバランスは、インターネット以前には時代ごとの技術的革新《イノベーション》によって揺さぶられることはあっても、その根底が覆されることはありませんでした。しかしインターネットの登場によって、このバランスは大きく崩れてしまっています。

インターネットは、その利用者が作品をただ享受するだけではなく、能動的に作品を発信することを可能にします。そしてより重要なこととして、個々人が発信する作品は、その都度無から生まれるのではなく、相互に刺激しあったり参照したりしながら形成されていきます。インターネットはこの相互参照、つまり作品が利用されることの頻度と速度を飛躍的に増大させました。その結果、現在インターネット上で起こっている著作物の利用は、当初著作権法が想定していた範囲を大きく超えてしまっているのです。
たとえば次に挙げるケースはすべて著作権法に違反しています。

・社内ミーティング用資料を作る人が、会社にある新聞や雑誌の記事をコピーしたり、翻訳したりすること
・絶版になっている本や劣化が進んでしまうフィルムを図書館や文化施設が電子アーカイブ化すること18
・好きな音楽や漫画のリミックスを制作し、ホームページで誰でもダウンロードできる形で公開すること

もちろんこうしたケースに対して、著作権を持っている作者や企業が毎回訴訟を起こすということはありません。しかし、訴訟を起こされるリスクは潜在的に存在し続けるし、利用を止めるよう通告を受けた場合には従わなければなりません。すると必然的に、社会全体の中で他者の作品を利用することに対する恐れやためらいが蔓延していきます。

もちろん、作者に許可を得れば作品を利用することは可能になりますが、作者と利用者の双方が許可の取得をめぐる交渉に費やす時間的なコストや、ときには利用

者が金銭を支払わなければならない経済的なコストがのしかかることによって、作品の利用に対する敷居が高くなってしまっています。こうしたコストを払う必要があると知っただけで、作品の利用を諦めてしまうという心理的な萎縮効果も発生します。また、作者が連絡を見逃したり、もしくは主観的な判断によって、ある利用者には許可が与えられないという場合も起こるでしょう。

もうひとつの著作権をめぐる重要な問題は、当初は比較的短い年数でしか規定されなかった著作権の保護期間が、時代を追うごとに延長されてきたという歴史的経緯があります。

アメリカにおいて、1790年に制定された法律では保護期間は14年間であり、一度だけ更新可能で最大28年とされていました。それが、1831年には42年、1909年には56年、1976年には作者の死後50年まで、そして1998年には個人作者の場合は死後70年、法人著作の場合は発行後95年間までとなりました。

18　平成21年の著作権法改正により著作権法31条に「国会図書館はアーカイブしてもよい」という規定が追加され、国会図書館に限り電子アーカイブ化を行なうことができるようになっています。

アメリカにおける著作権保護期間の延長
（作者が35歳時に作品を制作し、70歳まで生きる前提） **19**

こうした保護期間の延長には、大きな著作権の利権を持つメディア企業による、議会に対するロビー活動が影響してきました（57ページ図参照）。1998年の法改正が、ミッキーマウスの著作権を延長させるために仕組まれたものとの揶揄を込めて、「ミッキーマウス保護法案」と呼ばれていることは象徴的です。著作権の原則が当初想定していた「限定的な権利」は、結局は大きな資本力を持つ産業の力によって恣意的に変えられてしまうという事態が起こっています。このことは利益の追求を原理とする資本主義経済の肥大化と、相対的に弱体化する政府との力関係を如実に表わしているといえます。また、これはアメリカ一国のみの問題ではなく、自国の作品が海外でも同じ期間の間保護されるように通商交渉などで圧力がかかるので、現在も保護期間の延長は国際的な傾向となっています。

このように、インターネットのもたらした作品の相互利用の速度に適さない保護を、当初定めていたよりもはるかに長い期間にまで延長して与える現行の著作権によって規定される文化は、フリーカルチャーの議論では「許可を必要とする文化」(permission culture) と呼ばれ、「自由な文化《フリーカルチャー》」と対比されます。フリーカルチャーの目的は、不要な許可の必要性を排し、個々人が自由に互いの創作物を利用しあう状況を作り出すことであるともいえます。

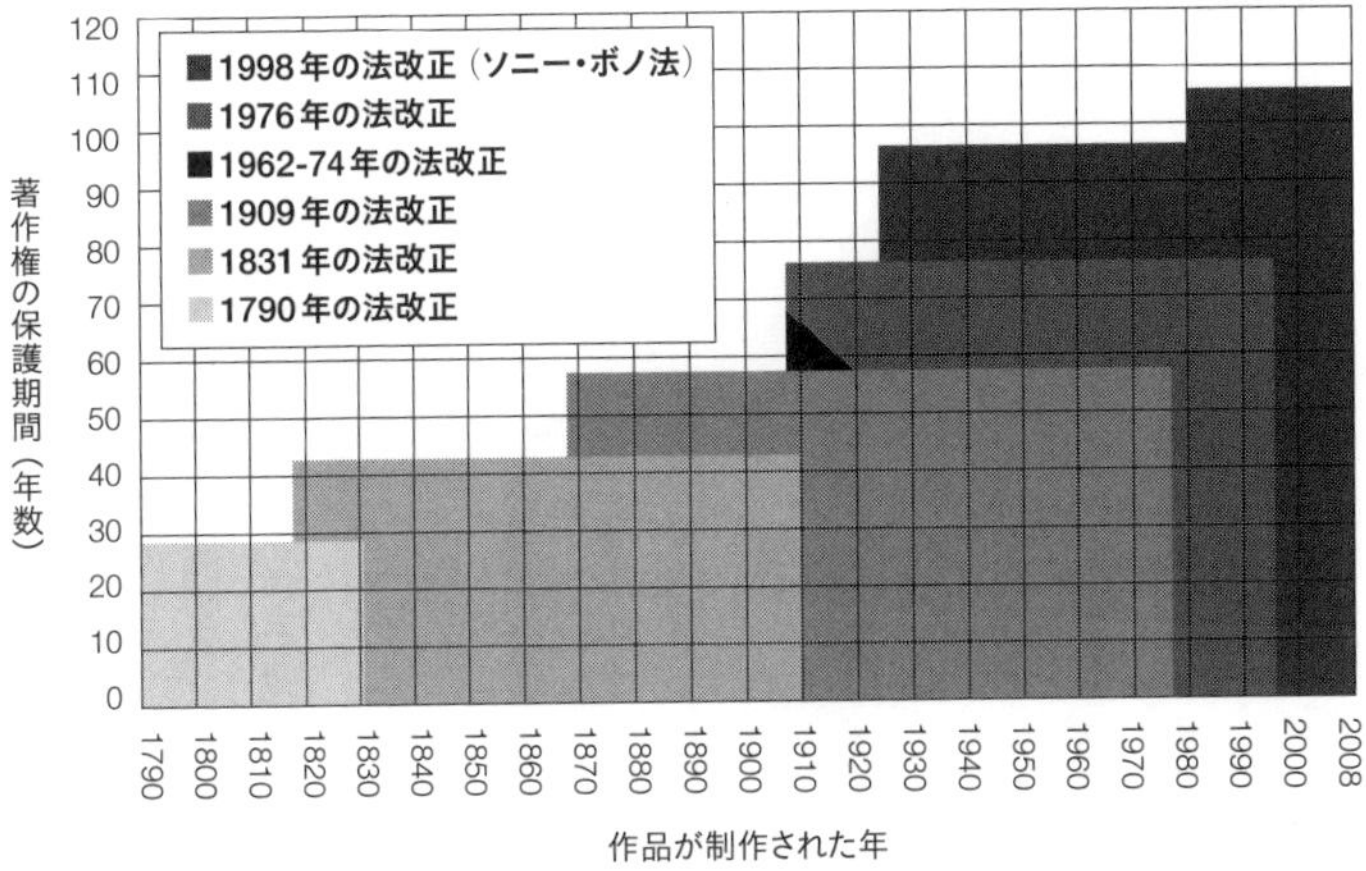

著作権の制限

著作権の例外規定

現行の著作権法にはすでに例外規定と呼ばれる、私的な目的での複製や教育機関での利用などのいくつかのケースに関しては、権利者の許諾を得る必要がない条項が定められています。しかし、例外規定は非常に細かいケースを厳密に規定しているもので、かつ権利者の利益を不当に害してはならないという曖昧な制約があります。さらに著作者人格権も制限されない

---

19 Copyright term.svg, BY: Vectorization: Clorox (diskussion), Original image: Tom Bell. http://en.wikipedia.org/wiki/File:Copyright_term.svg (CC:BY-SA 3.0 unported)

ため、例外規定にもとづいて無許諾での利用を行なう障壁はとても高いものとなってしまっているのです。

日本の著作権法においては著作権法第30条から第50条までに「著作権の制限」として記載されています。いかにこれらの条項が細分化され、全体が把握しづらいかを示すために、以下にそれぞれの条項を列挙します[20]。

私的使用のための複製（著作権法第30条）、図書館などでの複製（著作権法第31条）、引用（著作権法第32条）、教科書への掲載（著作権法第33条）、学校教育番組の放送など（著作権法第34条）、学校における複製など（著作権法第35条）、試験問題としての複製など（著作権法第36条）、視覚障害者等のための複製（著作権法第37条）、非営利目的の演奏など（著作権法第38条）、時事問題の論説の転載など（著作権法第39条）、政治上の演説などの利用（著作権法第40条）、時事事件の報道のための利用（著作権法第41条）、裁判手続などにおける複製（著作権法第42条）、情報公開法による開示のための利用（著作権法第42条の2）、国立国会図書館法によるインターネット資料の複製（著作権法第42条の3）、翻訳、翻案等による利用（著作権法第43条）、放送などのための一時的固定（著作権法第44条）、美術の著作物などの所有者による展示（著作権法第45条）、公開の美術の著作物などの利用（著作権法第46条）、展覧会の小冊子などへの掲載（著作権法第47条）、インターネット・オークション等の商品紹介用画像の掲載のための複製（著作権法第47条の2）、プログラムの所有者による複製など（著作権法第47条の3）、保守・修理のための一時的複製（著作権法第47条の4）、送信障害の防止等のための複製（著作権法第47条の5）、インターネット情報検索サービスにおける複製（著作権法第47条の6）、情報解析のための複製（著作権法第47条の7）、コンピュータにおける著作物利用にともなう複製（著作権法第47条の8）、複製権の制限により作成された複製物の譲渡（著作権法第47条の9）

こうした条項は非常に細かく自由利用の条件を定義しており、中には「必要と認められる限度で」や「著作者への通知と著作権者への補償金の支払いが必要」といった条件が付いているものがあります。そのため、作品の利用者にとっては理解の不安や手続きに必要なコストがかかっているのが現状であり、社会の中で共通認識と

20 ここでは社団法人著作権情報センター「著作物が自由に使える場合は？」のものを使用。http://www.cric.or.jp/qa/hajime/hajime7.html　原文は http://www.cric.or.jp/db/article/a1.html#030

して認知されることがとても難しい体系になってしまっています。

作者も利用者も共有できる認識が必要とされるはずです。そこで、個別規定とは異なり、より一般的な尺度をもって自由な利用を定義しようという仕組みも存在します。

フェアユース（公正な利用）

アメリカにはフェアユース（公正な利用）という、著作権の適用を除外する規定があります。たとえ権利者の許可を得てない作品の利用でも、社会的良識や経済的価値判断から照らし合わせて公正な利用であると裁判で判断できれば、著作権侵害にならないとする規定です。フェアユースは権利者の訴えによって裁判が行なわれ、法廷の判断の結果として認められることですが、以下に挙げる4つの指標を持っているので、作品の利用者は自身の利用が当てはまれば、フェアユースが認められることを期待することができます。

1　使用の目的および性質（使用が商業性を有するかまたは非営利的教育目的かを含む）：営利目的で作品を利用したのか、公的な利益が増えたのかを判断します。

2　著作権のある著作物の性質：利用された作品がフィクションかノンフィク

ションかを判断します。フィクションであれば創造性が高いと見なされ、ノンフィクションであれば事実性が高いものとして相対的に創造性が低いと見なされます。

3 著作権のある著作物全体との関連における使用された部分の量および実質性：使用した量が大部分に渡るのか、引用の範囲を越えているのかどうかということが判断されます。

4 著作権のある著作物の潜在的市場または価値に対する使用の影響：その利用によって作品の権利者の利益が減ったのか、市場に対して悪影響があったかどうかを判断します。

アメリカでは1976年に行なわれた著作権法大改正時おいてフェアユース規定が制定され、以降いくつかの有名な判例が出ています。そのひとつは1984年に起こったソニーのベータマックス裁判です[21]。ハリウッドの映画企業であるユニバーサル・スタジオによって、ソニーの家庭用ビデオ録画再生機「ベータマックス」が権利を侵害していると訴えられた裁判でしたが、法廷はフェアユースに当たると見なす判決を下しました。ビデオ録画再生機の利用者は、著作権を侵害するためではなく時間差で視聴するために、無料放送のテレビ番組を私的な目的で録画しており、また映画市場に損害を出していることが立証できないといった点が考慮されたのです。ビデオ録画再生機は当時では最先端の技術であり、既存の映画産業は権利を侵害されているとして警戒していたわけですが、結果的には映画の上映だけではなく家庭用ビデオ、のちにはＤＶＤやブルーレイ・ディスクの販売が映画産業にとって大きな収益源となりました。

インターネットに関わるフェアユース関連の裁判で最も有名な事例は、グーグルの検索エンジンがアメリカのある作家によって２００４年に訴えられ、２００６年に判決が下された裁判です[22]。作家は自身のウェブサイトで無料で公開していた文章が、グーグルの検索エンジンによってリンクされるために無断で一時的に記録《キャッシュ》されたことが権利侵害であると訴えました。グーグル検索のキャッシュ機能は、グーグルのソフトウェアがインターネット上のウェブサイトを走査《スキャン》し、ウェブページの内容を記録し、検索結果から「キャッシュ」をクリックするとウェブページの最新版ではなくグーグルによってキャッシュされたページが表示されるというものです。グーグルは検索エンジンの結果画面で広告費による収入を得ているので、作家はこのキャッシュリンク行為は著作権の侵害であると主張したのです。しかし、法廷は、グーグルの検索エンジンによるウェブサイトのキャッシュリンク行為はフェアユースであると判断しました。この判決の理由には次のようなものがあります。

1　ウェブページのキャッシュの表示が、それがグーグルによってキャッシュされた内容であり最新版とは異なる可能性があることを明示する等の処置を取っており、作品をそのまま表示するのではなく十分に変形していること。そして検索エンジンは著作物へのアクセスという社会的に重要な機能を提供しており、グーグルが営利企業である点はそのことに影響しない。そのため、公正な利用《フェアユース》であるという判断に有利に働く。

2　作家の作品は創造的であると認められるが、作家自身によって全世界に対して無料で閲覧できるように公開していること、そしてグーグルの検索エンジンによってキャッシュされるための処置を意図的に取っていたことを考えて

21　正式な判決名は「Sony Corp. of Am. v. Universal City Studios,Inc., 464 U.S. 417(1984)」判決文はウィキソースで閲覧可能。http://en.wikisource.org/wiki/Sony_Corp._of_America_v._Universal_City_Studios,_Inc.

22　正式な判決名は「Field v. Google, Inc., 412 F. Supp. 2d 1106(D. Nev. 2006)」判決文はウィキソースで閲覧可能。http://en.wikisource.org/wiki/Field_v._Google,_Inc.#C._Fair_Use

も、公正な利用《フェアユース》の認定には僅かにしか不利ではない。

3　グーグルが作家の作品の全文をキャッシュしていたとしても、キャッシュ機能に必要とされる以上の形で作品を利用していないので、公正な利用《フェアユース》の認定には中立的である。

4　グーグルのキャッシュリンクが作家の作品の潜在的な市場価値に影響を与える証拠がないことは、公正な利用《フェアユース》の認定を強く肯定する。

5　追加点としては、グーグルの検索エンジンが社会的良識を目的として機能していること、検索エンジンから作品を除外するための処置を公に提供していること、そして原告の作家からの申し立てを受けて検索結果から当該の作品を削除したことなどもグーグルのキャッシュリンク機能が作品の公正な利用《フェアユース》であることを支持する。

また、フリーカルチャーの文脈でよく引き合いに出されるフェアユース裁判の事例としては、音楽の業界で起こったプリティ・ウーマン事件があります。１９８９年にアメリカのヒップホップグループ２ Live Crewが、ロイ・オービソンが１９６４年に発表し、映画『プリティ・ウーマン』の主題歌としても使われた楽曲「オー・プリティ・ウーマン」（Oh, Pretty Woman）をサンプリングした楽曲「Pretty

Woman」を発表したところ、楽曲の権利者によって著作権侵害訴訟が起こりました[23]。この件は、パロディによる引用ということでフェアユースの範囲と認められ、2 Live Crew の勝訴となりました。

このようにフェアユースは基本的な判断基準をもとに分析を行なうことによって、新しい技術によって引き起こされる法律が定めていない問題に対応することができます。現在、日本においても日本版のフェアユース規定の導入が検討されていますが、当初はアメリカのそれと比べると限定的なものになる見込みです（2012年4月現在）。

しかし、フェアユースは過去の判決の事例を参照して法廷が判断を下す英米の習慣に根ざしている仕組みであり、制定された法律を重要視するフランスやドイツ、そして日本といった国々には向いていないという指摘もあります。

また、たとえフェアユース規定が存在するとしても、裁判が起こってしまえば結論が下されるまでには数年の時間がかかってしまいます。また、作品の利用者——

23 Campbell v. Acuff-Rose Music, Inc. http://en.wikipedia.org/wiki/Campbell_v._Acuff-Rose_Music,_Inc.

特に個人――からしてみれば、そのように法廷で争うことには多大な負担がかかってしまうため、自身の利用がフェアユースに当たると確信したとしても、大きな心理的な障壁が生じるでしょう。

つまり、例外規定やフェアユースのように著作権を制限する既存の仕組みに足りないことは、事前に何がフェアでフェアないかという了解を作者と利用者間の間で作ることだといえるのです。

3

フリーカルチャーの戦略

コピーレフトとオープンソース

フリーカルチャーの戦略とその射程

フリーカルチャーは、許可文化が過度に保護するあらゆる作品に対して、著作権とは別のルールの層を作り出すことで、バランスを是正しようとする動きであるといえるでしょう。そのため、フリーカルチャーは、著作権を文化の発展をうながす社会システムとして評価しますが、同時に著作権がインターネットの普及によって可能になった新しい利用形態の数々を制限している点を批判するものでもあります。そこで、フリーカルチャーにおいては、「ライセンス」という、誰でも活用することのできる法的な道具が整備されていったのです。

ライセンスとは、基本的には著作権に従いながら、著作権が定義していない自由の領域を拡張するための仕組みです。ライセンスを使うことによって、作者はみずからの作品の全部または一部に対して、事情や文脈に応じて柔軟な著作権の定義を行なうことができます。そうしたライセンスの元で公開される作品が増えれば増えるほど、より自由にかつ合法的に相互の作品を利用することが可能になり、著作権の本来の目的である文化の発展をより正しい形で実現できるのです。

フリーカルチャーが対象とする著作物には、大別するとソフトウェアとコンテン

ソフトウェアの種類

基本ソフトウェア	データベースソフトウェア
ユーティリティソフトウェア	ゲームソフトウェア
サーバーソフトウェア	プログラミングソフトウェア
アプリケーションソフトウェア	SaaS/ PaaS/ HaaS

コンテンツの種類

教育素材	映像	一般書籍
学術論文	音楽	社会統計データ
百科事典	文学作品	科学データ
ブログ記事	建築設計図	地図データ
写真／画像	プロダクトデザイン	ゲームデータ

ツの二種類があります。両者の違いを一言でいえば、ソフトウェアとはある目的を達成するために動的に作動する「機能」的な情報であり、コンテンツとは人間が閲覧して解釈する、それ自体が「目的」となる情報です（上図参照）。

ここまで、著作権という法律とインターネットという技術の間の摩擦を振り返るために、「作品」という言葉であらゆる種類の著作物を総称してきました。ここで、フリーカルチャーの起源を考えるにあたっては、1980年代よりアメリカ合衆国を中心に興隆したフリーソフトウェア運動を顧みることから始めなければなりません。今日の情報社会の基盤は20世紀後半に起こったコンピュータのハードウェアとソフトウェアの急激な発展に準拠しており、情報の自由の探求は最初にソフトウェアの領域において起こったからです。ここから、フリーカルチャーの具体的な運動が始まった経緯について、まずはフリーソフトウェアの紹介を通して説明します。

フリーソフトウェアとそのライセンス

フリーカルチャーの運動はソフトウェアという、最も新しい著作物の形態をめぐって始まりました。しかし、ソフトウェアと一言でいっても、その種類は非常に多岐に渡っています。そのためにまず、私たちの社会におけるソフトウェアの役割について振り返ってみましょう。

今日私たちは日常的にインターネットと接して生活をする中で、常にソフトウェアを利用しています。パソコンやスマートフォンを作動させているのも、ウェブサイトを表示するのも、またアクセスするウェブサイトの動作を担うサーバーも、階層の違いこそあれすべてソフトウェアです。しかし、そうしたソフトウェアが「自由《フリー》なソフトウェア」であるかどうかということを意識することはないでしょう。私たちが購入するウィンドウズやアップルのＯＳＸといった基本ソフトウェア（ＯＳ）や、アプリと呼ばれるスマートフォン用のさまざまなソフトウェアのほとんどは中身がブラックボックスであり、改変することは提供企業によって許可されていません。そうしたソフトウェアは企業や個人に権利を占有されているため、総称してプロプライエタリ（占有的）・ソフトウェアと呼ばれます。他方で、私たちが日々アクセスする世界中のウェブサイトのほとんどはフリーソフトウェア（もしくは後述するオープンソース・ソフトウェア）によって構成されるサーバー上で作動していますー24。

フリーソフトウェアにおけるフリー＝Freeという言葉は、「無償」のFreeではなく、「自由」のFreeを意味しています。フリーなソフトウェアとは、事前に許諾を得ることなく勝手に複製を人と共有したり、用途に応じて自由に中身を改変することができ、さらにはどの企業や個人にもその権利を独占することのできないソフトウェアを指しています。最も有名なフリーソフトウェアはリナックス（Linux）というOSですが、ウィンドウズやOSXと異なり、誰でもその中身をのぞいて自由に改変することがあらかじめ許可されています。2000年代に入ってインター

24　たとえばウェブサイトへのアクセスを受け付け、利用者のブラウザにデータを送り返すサーバー・ソフトウェア、ウェブサイトへのデータの入出力処理を担うデータベース・ソフトウェア、そしてこれらのソフトウェアが作動する基本ソフトウェア（OS）もフリーソフトウェアであることが多いです。

ネットが急速に普及し、ウェブサービスが爆発的に増えた要因のひとつとして、企業の制約に縛られることなく自由に開発が進められた、リナックスに代表されるフリーソフトウェアの存在が挙げられます。現代のインターネット産業においても、フリーソフトウェアは極めて重要な位置を占めているのです。

それではなぜ、ソフトウェアの自由が求められる必要があったのでしょうか。

1960年代から1970年代にかけて、まだコンピュータが高価で稀少であった時代に、大学や企業などに在籍する研究者やエンジニアたちが自由にお互いのプログラムコード（ソフトウェアの動作を定義する文書）を共有する文化が存在していました。当時はまだ個人用のパソコンも存在せず、ごく限られた人間しかコンピュータに触れる機会がなかったため、今日のようなソフトウェアの市場も存在しませんでした。当時のコンピュータ産業においては、ハードウェアの開発に資源が集中しており、ソフトウェアはまだ二次的な存在でしかなかったのです。そのため、ソフトウェアの著作権を強固に主張して独占するような研究機関や企業もなく、開発者たちはよりよいソフトウェアの制作のために積極的に協力しあっていました。しかし、80年代に入ってパーソナル・コンピュータが登場するようになると、コンピュータ産業は急速に発展し、並行してソフトウェア開発の需要も高まりました。そして企業がソフトウェアの著作権や特許権といった権利を主張しはじめると、個人間の自由なプログラムの共有は契約や守秘義務といった壁によって妨げられるようになり、互いにソフトウェアのコードを共有しあうコミュニティは徐々に消滅していきました。

こうした状況の中、「フリーソフトウェア」という概念を最初に提唱したのはマサチューセッツ工科大学（MIT）の人工知能ラボに1971年より勤務していたエンジニアのリチャード・ストールマンでした。彼は企業がソフトウェアの権利を占有しはじめた状況に苛立っていました。そして誰にも権利を占有することのできないソフトウェアを開発することを決意したのです。そのためには、コンピュータの基本的な動作を担うOS（基本ソフトウェア）を独自に構築し、それを誰でも自由に利用できるように提供しなければならないと考えるに至りました。そこでストールマンは1984年に、当時主流のOSであったUnixを模倣したGNUというOSの開発に着手し、その持続的な開発と普及のためにフリーソフトウェア財団（Free Software Foundation、以下FSF）という組織を設立しました。

GNUとはGNU is Not Unixの[25]略であり、Unixとは異なり、誰でも無償で、かつ、無許諾で自由に利用することができ、またその中身（ソースコード）を用途に応じて改変することも許された基本ソフトウェアとして公開されました[26]。この利用者に最大限の自由度を与える利用条件は、さまざまな試行錯誤を経たのちに、

1989年に最初のバージョンが公開されたGPL（GNU Public License）という名のライセンスとして結実しました。ライセンスとは、インターネット上で公開される著作物に対して、あらかじめ柔軟な利用条件を規定しておき、利用者がいちいち許諾を得るために連絡や交渉を行なうといったコストを省くための仕組みです[27]。

著作権を拡張するコピーレフト

GPLというライセンスは、著作権がコピーライト（copyright）と呼ばれることに対して、コピーレフト（copyleft）という新しい概念[28]を打ち出すものでした。著作権《コピーライト》とは、複製《コピー》を行なうための権利《ライト》です。コピーレフトとは、「右《ライト》」に対する「左《レフト》」として、既存の著作権《コピーライト》概念に対抗する秀逸な言葉遊びでもあります。

それでは具体的に、コピーレフトとは何を意味しているのかというと、以下の図（75ページ参照）のように、ライセンスの効果が何世代に渡って持続することを意味しています。GPLは、ソフトウェアの利用者に複製を配布する自由と、中身を改変する自由を与えています。同時に、その利用者が再配布したり、改変したりしたバージョンを受け取った別の利用者に対しても、同じ自由が保証されます。

GPLの条件で公開されたソフトウェアは、それをただ利用するだけなら特に

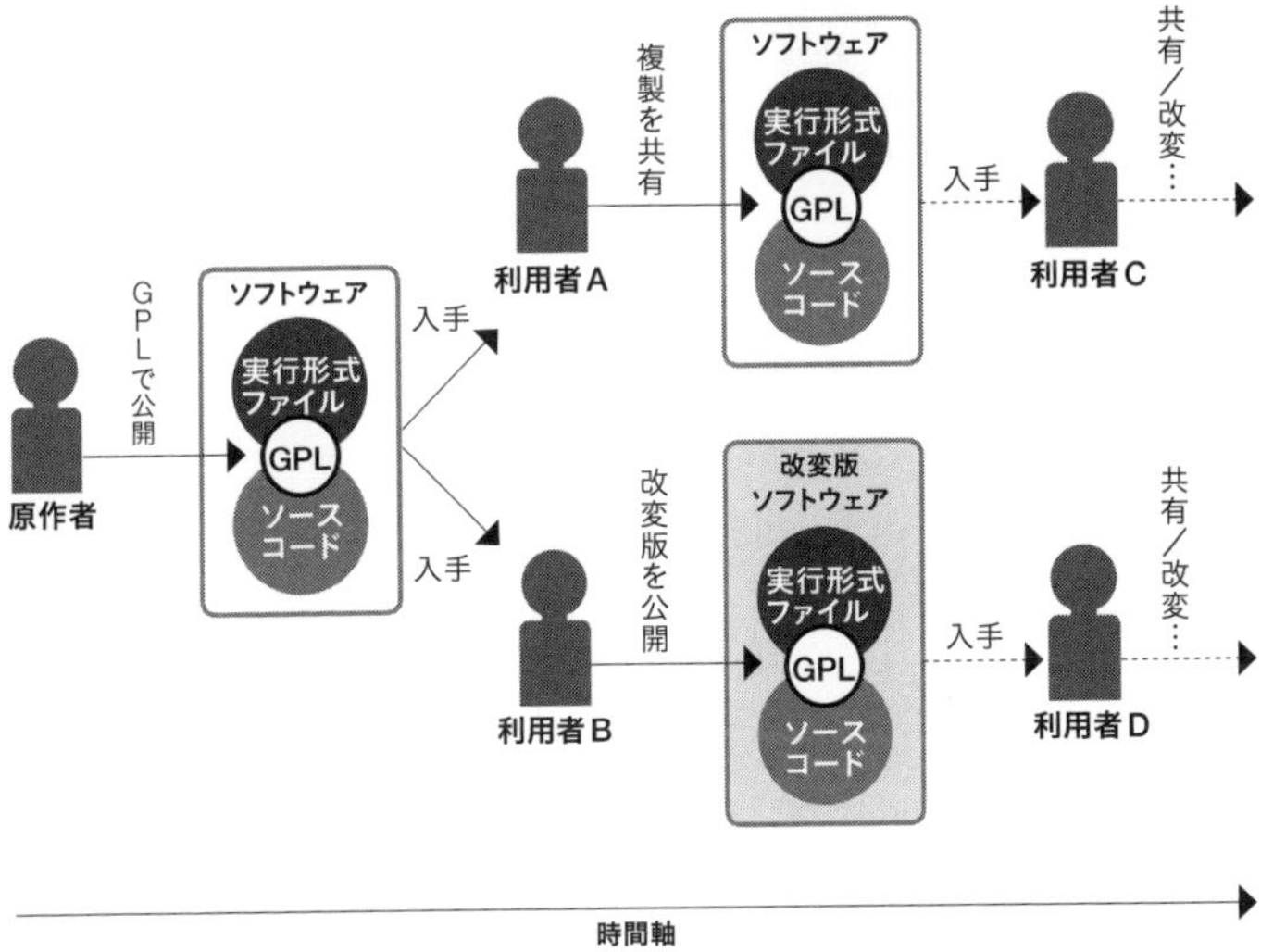

25　このようにみずからの略称が名称に含まれるネーミングの仕方は再帰的頭字語と呼ばれ、ソフトウェア業界においてよく使われます。

26　当時はインターネットが普及していなかったので、希望者は手数料をＦＳＦに支払ってデータが記録されたディスクを郵送してもらうか、または複製を持っている知人から譲り受けるかという形式でした。現在はＧＮＵのウェブサイトからダウンロードすることができます。

27　一般的に知られている「ブランドのライセンシング」というビジネスモデルは事業者同士が契約を交わして行なわれるが、フリーカルチャーの文脈におけるライセンスとは、主にＧＰＬのように「不特定多数の第三者にあらかじめ譲渡しておく権利の束」を指します。以下、本書においては特に明記しない場合は、「ライセンス」という言葉はこのフリーソフトウェア的なライセンスを指します。

28　Copyleftという言葉自体は１９７０年代のプログラマーのコミュニティやプロジェクトで散発的に使用されていたが、ライセンスという形に結実したのはＧＰＬが初めてでした。Copyleftの歴史的な経緯はWikipediaのCopyleft記事を参照。http://en.wikipedia.org/wiki/Copyleft

何も意識する必要はありませんが、もしもその中身に手を加え、改変する場合は、その改変したバージョンには同じくGPLの条件下で公開しなくてはなりません。この制約によって、誰かが改変したソフトウェアのバージョンに対して、GPLより制限的なライセンスの元で公開することを防ぎ、元のソフトウェアに対する改変バージョンが何世代経ようとも、最初にGPLによって担保された自由度は減衰しない、ということが担保されます。特に企業によってより価値のある機能を付け加えられたバージョンが独占的に販売され、囲い込まれてしまうという状況を防ぐことができます。

そしてコピーレフトのさらなる革新性は、ソフトウェアを含めたあらゆる著作物に対して著作権が自動的に発生することを逆手に取り、本来は著作権が禁止する再頒布や改変といった自由を利用者に対して与えるライセンスの効能が、著作権法によって担保される、という巧妙な戦略にあります。このように、ソフトウェアの利用者にライセンスが規定する義務を守らせることによって、全員の自由度を最大化することを目的とするコピーレフトの仕組みは、それ自体が創造的に法律を改変する仕組み《プログラム》であるといえます。

GPLに類似する構造を持つソフトウェア用ライセンスは多く存在していますが、固有のソフトウェアや分野に特化した内容の物も多くあります。GPLはその名の示す通り、汎用(General)的にソフトウェアに対して付けられることを前提として設計されており、現在も最も多くのフリーソフトウェアのプロジェクトにおいて採用されているライセンスです29。

GPLの定める条件は、あるソフトウェアがフリーと呼べるかどうかという判断の基準として定義され、ほかのライセンスがGPLと互換性を持っているかという尺度によって、それらがフリーソフトウェア・ライセンスと見なしていいかということを定義しています。

・目的を問わず、プログラムを実行する自由(第0の自由)。
・プログラムがどのように動作しているか研究し、そのプログラムにあなたの必

29 GPLでライセンスされているソフトウェア・パッケージの正確な数の測定は、測定に使う技術的方法よって値が異なるのでは常に議論の対象となっています。最新のFSFのエグゼクティブ・ディレクターのジョン・サリバンは2011年2月の段階で全パッケージの93%がGPL系のライセンスが付いていると報告しています(http://faif.us/cast-media/FaiF_0x23_ls-Copyleft-Framed_slides.pdf)。他方で、他社の報告によると、オープンソース・ライセンスのソフトウェアが急増した結果、GPL系の占める比率は50%を切ったという報告もあります("Open Sourcers Drop Software Religion for Common Sense", WIRED ENTERPRISE, http://www.wired.com/wiredenterprise/2012/02/cloudera-and-apache/all/1)。

要に応じて修正を加え、採り入れる自由（第1の自由）。ソースコードが入手可能であることはこの前提条件となります。

・身近な人を助けられるよう、コピーを再頒布する自由（第2の自由）。

・プログラムを改良し、コミュニティ全体がその恩恵を受けられるようあなたの改良点を公衆に発表する自由（第3の自由）。ソースコードが入手可能であることはここでも前提条件となります30。

最初の自由の規定にあるプログラムの実行とはつまりプログラムを起動し、利用することを指しています。この規定は、プログラムの作者が利用者を恣意的に差別したりすることを防ぐために定義されていますが、同時に商業的な目的を持っていてもプログラムを利用することができるということを意味しています。

次の自由は、プログラムをただ利用するだけではなく、その中身を調べることが許可されているということを意味しています。一般的にプログラムはコンピュータが理解するための言語で記述され、プログラムを実行し利用するときには、コンピュータが解釈した結果が作動します。このプログラムの二重構造は、ほかの従来の著作物（文書や画像、音楽や映像など）とソフトウェアが大きく異なる点です。たとえば文書はそれだけで完結し、利用（読むこと）を通して、それを参考にし、学習することができます。しかしプログラムは、その実行形式のデータだけではなく、プログラムの中身であるソースコードも提供されなければ、詳細にどのように作動しているのかを知ることは難しいのです。

そして最後の2つの自由は、プログラムの利用者に対してのみならず、利用者以外の人間に与えられる利益についても定義している点が重要です。まず、プログラムの完全な複製を作成し、それを知人に送ったり、もしくはウェブサイト上で不特定多数の人間に向けて公開することが許されています。そして、プログラムの中身を改良することは利用者個人のみの利益のためではなく、プログラムに関心を持つすべての人の利益となるよう書かれています。このように、GPLは常に他者とのつながりとその価値を想定しています。

こうしたフリーソフトウェアの条件から、主に2つの重要な価値が抽出できます。

・コピーレフトであること

30 「フリーソフトウェアの定義」 http://www.gnu.org/philosophy/free-sw.ja.html 八田真行訳。なお番号が0から開始するのは、コンピュータが通常0から数え始めることに拠っています。

誰でも自由に利用することができ、この自由度が誰にも断ち切られることなく伝播していくこと。

・オープンソースであること

ソフトウェアが実行可能な形式(バイナリー)だけではなく、その実行形式の基となるソースコードも、編集可能な形で提供されていること。

この2つの価値は、ソフトウェア以外のコンテンツの自由を設計する上でも参照されることになります。

フリーソフトウェアの倫理性から
オープンソースの実用性へ

GPLがもたらした革新性は概念的なものにとどまりません。GPLはその他多くのフリーソフトウェア・ライセンスの設計に影響を与え、現在も最も多くのソフトウェア開発プロジェクトで使用されているフリーソフトウェア・ライセンスのひとつです。また、今日広く知られているように、現在世界中のウェブサーバーで最も多く利用されているOSであるGNU/リナックスOSは、GNUプロジェクトが制作した数々のソフトウェアを吸収することによって完成したフリーソフトウェアです。

しかし、一般企業に対するフリーソフトウェアの運動やストールマン本人の姿勢が、倫理を重視するあまり、教義的に過ぎると一部の開発者から反発が起こりました。それによって、より緩くソフトウェアの自由度を再定義し、オープンソースの概念を実用性の観点からとらえ直したオープンソース・イニシアティブ（Open Source Initiative）という組織が1998年に結成されました。オープンソース・イニシアティブは占有的なソフトウェアを開発する企業に対しても、ソースコードを開示するオープンなソフトウェアの開発を推奨することによって、ソフトウェア産業全体が利益を享受できることを目指して活動してきました。オープンソース・イニシアティブの中心的な人物であるエリック・レイモンドというエンジニアは、『伽藍とバザール』という有名な論文の中で、従来のピラミッド型の組織による開発方式（伽藍型）よりも、多様な人間が並行して協働する開発方式（バザール型）の方が優れていることを主張し、後者を実現するための方法としてオープンソースでソフトウェアを公開することを挙げています。実際にリナックスOSは、その初期段階からインターネット上で作者によってソースコードが公開され、Eメールやメーリング・リストを活用ながらさまざまな国の開発者たちが参加してバザール型の開発が進められたプロジェクトでした。

GPLを管理するフリーソフトウェア財団が、フリーなソフトウェアの哲学的な価値に重きを置いたことに対して、オープンソース・イニシアティブは実体的な経済の世界にオープンソースなソフトウェアの価値を埋め込んでいくことに注力したといえます。実際、オープンソース・イニシアティブの活動に呼応して、IBMやサン・マイクロシステムズといった占有的ソフトウェアで知られる大企業がオープンソース・プロジェクトを公開するに至りました。

オープンソース・イニシアティブはフリーソフトウェアの条件よりも細かくライセンスの設計者がより詳細に満たすべき条件を記述する10項目からなるオープンソース定義を公開しました[31]。企業はこれらの条件に従って、GPLのように単一のライセンスに依拠せずとも独自のライセンスを設計したり、ほかのライセンスを選択してフリーソフトウェアの開発と公開が行なえるようになりました。

以下にオープンソース・イニシアティブによるオープンソース定義の抄訳を記します[32]。

1　再頒布の自由

オープンソース・ライセンスのソフトウェアを販売したり無料で頒布するこ

とを防いではならない。

2　ソースコード

オープンソース・ライセンスのソフトウェアは実行形式だけではなく、ソースコードを含まなければならない。

3　派生ソフトウェア

オープンソース・ライセンスのソフトウェアは、派生ソフトウェアが作成され、それが元のソフトウェアと同じライセンスの下で頒布されることを許可されなければならない

4　作者のソースコードの完全性

オープンソース・ライセンスのソフトウェアは、作者が責任を持っているコードを明確にするために、作者以外の人が改変した場合には元のソースコードと改変したコードの差分ファイル（パッチ）という形で配布することを

31　オープンソース定義はLinux OSから分岐したディストリビューションであるDebianプロジェクトによるＤＦＳＧ（Debian フリーソフトウェアガイドライン）を基にしています。

32　各項目のタイトルは「オープンソースの定義」、八田真行訳、２００４年2月21日版を使用（英語原文が残っている部分は省略しました）http://www.opensource.jp/osd/osd-japanese.html

義務づけても良い。

5　個人やグループに対する差別の禁止

オープンソース・ライセンスのソフトウェアは、万人が利用できる。

6　利用する分野に対する差別の禁止

オープンソース・ライセンスのソフトウェアは、特定の分野で利用される事を制限されない。

7　ライセンスの分配

オープンソース・ライセンスのソフトウェアは、別の追加のライセンスや契約を必要としてはならない。

8　特定製品でのみ有効なライセンスの禁止

オープンソース・ライセンスのソフトウェアは、特定のソフトウェアの一部であることを条件としてはならない。

9　他のソフトウェアを制限するライセンスの禁止

オープンソース・ライセンスのソフトウェアが他のソフトウェアと共に頒布される場合、他のソフトウェアもオープンソース・ライセンスで定義されることを要求してはならない。

10　ライセンスは技術中立的でなければならない

オープンソース・ライセンスのソフトウェアは、特定の技術やインタフェースに依存するような規定を持ってはならない。たとえば、「同意」ボタンをクリックする事を求めてしまうと、CD-ROMでの頒布や同意ボタンを表示できない環境などでソフトウェアが利用されることが阻害されてしまう。

以上のように、オープンソース・ライセンスの定義はフリーソフトウェアの定義を継承しつつも、より実用的な点に関する説明を行なっています。また、両者にはいくつかの相違点も見られます。第一に、オープンソース定義はコピーレフトを必要項目に加えていません。多様なプログラムを組み込んで開発されるソフトウェアでは、時としてGPLのプログラムをひとつ組み込むことによって、ソフトウェア全体をGPLで公開しなければならなくなります。このことが、企業などにとってオープンソース開発を行なう上での障壁となる可能性を、オープンソース・イニシアティブは認識していたといえます。しかし、これはオープンソース・イニシアティブがコピーレフトを認めていないわけではなく、コピーレフト条項を含むライセンスも多く認定しているし、先述したレイモンドは、GPLをほかのコピーレフト的なライセンスと共に、オープンソース開発において推奨するライセンスのひとつとしています。また、この問題に対してフリーソフトウェア財団は、LGPL（Lesser GPL＝劣等GPL）というライセンスを用意しています。

そしてオープンソース定義の原文の中に「進化」や「多様性」といった言葉が登場することも注目に値します。オープンソース・イニシアティブは、GPLが善意にもとづくコミュニティの創出を目的化していることとは対照的に、ソフトウェアの進化をあくまでも合理的に追求するという目的をより前面に打ち出しているのだといえます。

こうした思想哲学上の差異こそあれ、GPLを管理するフリーソフトウェア財団とオープンソース運動を啓蒙するオープンソース・イニシアティブは、同じFOSS（Free and Open Source Software＝フリーまたはオープンソース・ソフトウェア）の擁護者として相互に認知しあってきました。

FOSS（フリー／オープンソース・ソフトウェア）の功績

FOSSの重要な実績として、フリーまたはオープンソースなソフトウェアが結果的に今日私たちが日常的に触れるウェブの世界の全体を下支えする存在にまで成長していることが挙げられます。特に2001年に最初のインターネット・バブルが弾けたあと、潤沢な資本を持たない起業家たちでも、リナックスに代表されるフリーソフトウェアのみを使ってウェブサーバーのシステムを構築することが可能になりました[33]。また、政府や行政機関、教育機関でもプロプライエタリなソフトではなくＦＯＳＳを利用することによってコスト軽減を実施する事例が世界的に増加しています。こうしたＦＯＳＳによる経済効果は２００８年時点では年間６００億ドル（およそ４兆８０００億円）にも上るといわれています[34]。ＦＯＳＳが今日のウェブ経済において必要不可欠な要素にまで発展したことは偶然、もしくは善意の勝利ということだけでは説明できません。ＦＯＳＳがインターネットが普及した社会において今日の位置を獲得するには時代的必然があると考えた方が妥

33　たとえば今日世界最大のソーシャル・ネットワーキング・サービスとして知られるフェイスブックも創業時からＦＯＳＳを最大限活用してサービスを拡大してきました（現在は自社用に独自に開発したデータベース・ソフトウェア「カサンドラ（Cassandra）」やその他多くのソフトウェアをオープンソース・ソフトウェアとして公開し、管理しています）。

34　Rothwell, Richard (2008-08-05). “Creating wealth with free software”. Free Software Magazine, http://www.freesoftwaremagazine.com/community_posts/creating_wealth_free_software

リナックスOSの系統図 35 。GNU/Linuxから発生し、多様なリナックスのバージョンがフォーク（分岐）していった様子が見て取れる。 オープンソース・ソフトウェアは時として異なる用途や目的のために分岐し、独自に進化する系統が発生する。

当です。

フリーソフトウェアが掲げた「自由」とは、繰り返しになりますが、誰でもプログラムをただ利用するだけではなく、その内容を改良することができ、かつ、その自由を誰も遮断することができないように著作権のシステムを組み替えたことによって実現しました。このことはある意味、著作権という法律のシステムが掲げる限界を、著作権の内側から突き破る巧妙な手段の発明であるといえます。この発想が、あるシステムが思惑通りに動かない場合、自分でシステムを作り替えてしまうコンピュータ・エンジニアの文化から生まれてきたことは不思議ではありません。

現在は一般的には犯罪的なニュアンスを付与されて使用されることが多い「ハッカー」という言葉は、もともと1960年代のMITの学生サークルで醸成されたエンジニア文化において、「ただ必要最低限を学ぼうとする大多数の利用者とは異なり、プログラム可能なシステムの細部を探求し、その可能性を拡張しようとする人」を指す肯定的な呼称です 36 。ストールマンは著作権の限界をGPLというライセンスを設計して普及させることによって突破した、法の世界のハッカーであるともいえます。フリーソフトウェアは、机上の理論を唱えることだけでは実現することのできない社会変革の在り方を、コンピュータとインターネットの世界にお

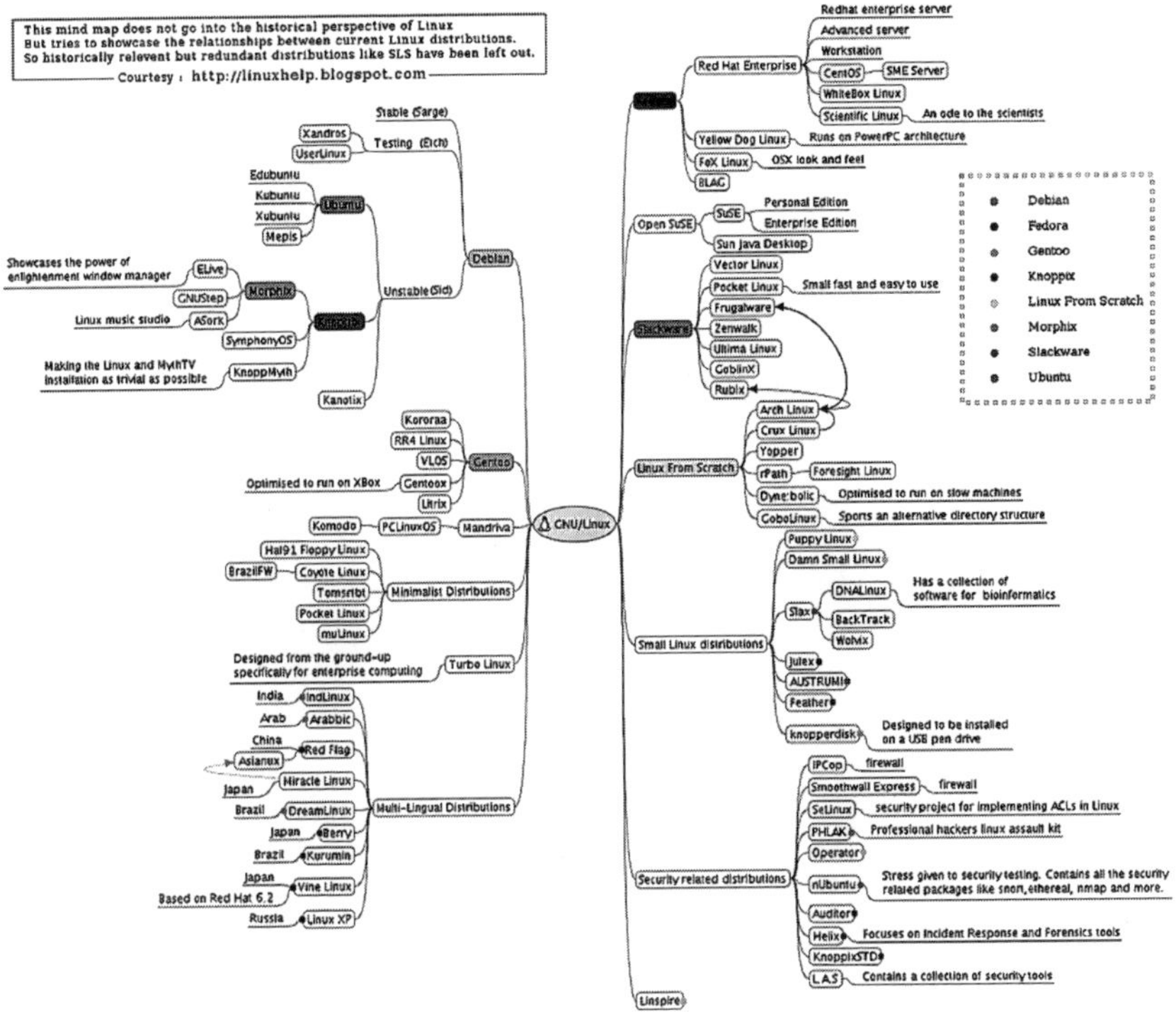
This mind map does not go into the historical perspective of Linux
But tries to showcase the relationships between current Linux distributions.
So historically relevent but redundant distributions like SLS have been left out.
Courtesy : http://linuxhelp.blogspot.com
GNU/Linux
Debian
Stable (Sarge)
Testing (Etch)
Xandros
UserLinux
Unstable (Sid)
Ubuntu
Edubuntu
Kubuntu
Xubuntu
Mepis
Knoppix
Morphix
ELive
Showcases the power of enlightenment window manager
GNUStep
ASork
Linux music studio
SymphonyOS
KnoppMyth
Making the Linux and MythTV installation as trivial as possible
Kanotix
Gentoo
Kororaa
RR4 Linux
VLOS
Gentoox
Optimised to run on XBox
Litrix
Mandriva
PCLinuxOS
Komodo
Minimalist Distributions
Hal91 Floppy Linux
Coyote Linux
BrazilFW
Tomsrtbt
Pocket Linux
muLinux
Turbo Linux
Designed from the ground-up specifically for enterprise computing
Multi-Lingual Distributions
IndLinux
India
Arabbic
Arab
Red Flag
China
Asianux
Miracle Linux
Japan
DreamLinux
Brazil
Berry
Japan
Kurumin
Brazil
Vine Linux
Japan
Based on Red Hat 6.2
Linux XP
Russia
Red Hat Enterprise
Redhat enterprise server
Advanced server
Workstation
CentOS
SME Server
WhiteBox Linux
Scientific Linux
An ode to the scientists
Yellow Dog Linux
Runs on PowerPC architecture
FeX Linux
OSX look and feel
BLAG
Open SuSE
SuSE
Personal Edition
Enterprise Edition
Sun Java Desktop
Slackware
Vector Linux
Pocket Linux
Small fast and easy to use
Frugalware
Zenwalk
Ultima Linux
GoblinX
Rubix
Linux From Scratch
Arch Linux
Crux Linux
Yopper
rPath
Foresight Linux
Dyne:bolic
Optimised to run on slow machines
GoboLinux
Sports an alternative directory structure
Small Linux distributions
Puppy Linux
Damn Small Linux
Slax
DNALinux
Has a collection of software for bioinformatics
BackTrack
Wolvix
Julex
AUSTRUMI
Feather
knopperdisk
Designed to be installed on a USB pen drive
Security related distributions
IPCop
firewall
Smoothwall Express
firewall
SeLinux
security project for implementing ACLs in Linux
PHLAK
Professional hackers linux assault kit
Operator
nUbuntu
Stress given to security testing. Contains all the security related packages like snort, ethereal, nmap and more.
Auditor
Helix
Focuses on Incident Response and Forensics tools
KnoppixSTD
L.A.S
Contains a collection of security tools
Linspire
Debian
Fedora
Gentoo
Knoppix
Linux From Scratch
Morphix
Slackware
Ubuntu

著作権によって阻まれた作品同士の相互利用を、
作品にライセンスを付けることによって乗り越えるイメージ

いて実現した傑出した例なのです。

そして、文化的な価値を重視すると主張してきたストールマンが意図した通り、フリーソフトウェアやオープンソースソフトウェアの価値観はソフトウェアの世界から、文化全般にまで適用されるようになりました。

フリーソフトウェアからフリーカルチャーへ

フリーカルチャーという用語は、アメリカの法学者ローレンス・レッシグの書籍『Free Culture』が出版されてから広く用いられるようになり、FOSSの思想を継承して、ソフトウェア以外のデジタル・コンテンツ——文章、画像、映像、楽曲——に対してフリーソフトウェアの価値観を適用した概念です。元々はオープンソースに対して、誰でも改変することが認められているコンテンツを「オープンコンテント」と呼ぶ動きや、誰でも有益な教育素材にアクセスできるようにすることを標榜する「オープンアクセス」という運動が存在してきましたが、そうした動きに加えてクリエイティブ・コモンズに代表されるデジタル・コンテンツのためのライセンスの普及活動が統合的な役割を果たし、今日インターネット上における自由な文化の促進を目指す動き全般を指す言葉として使われています。フリーカル

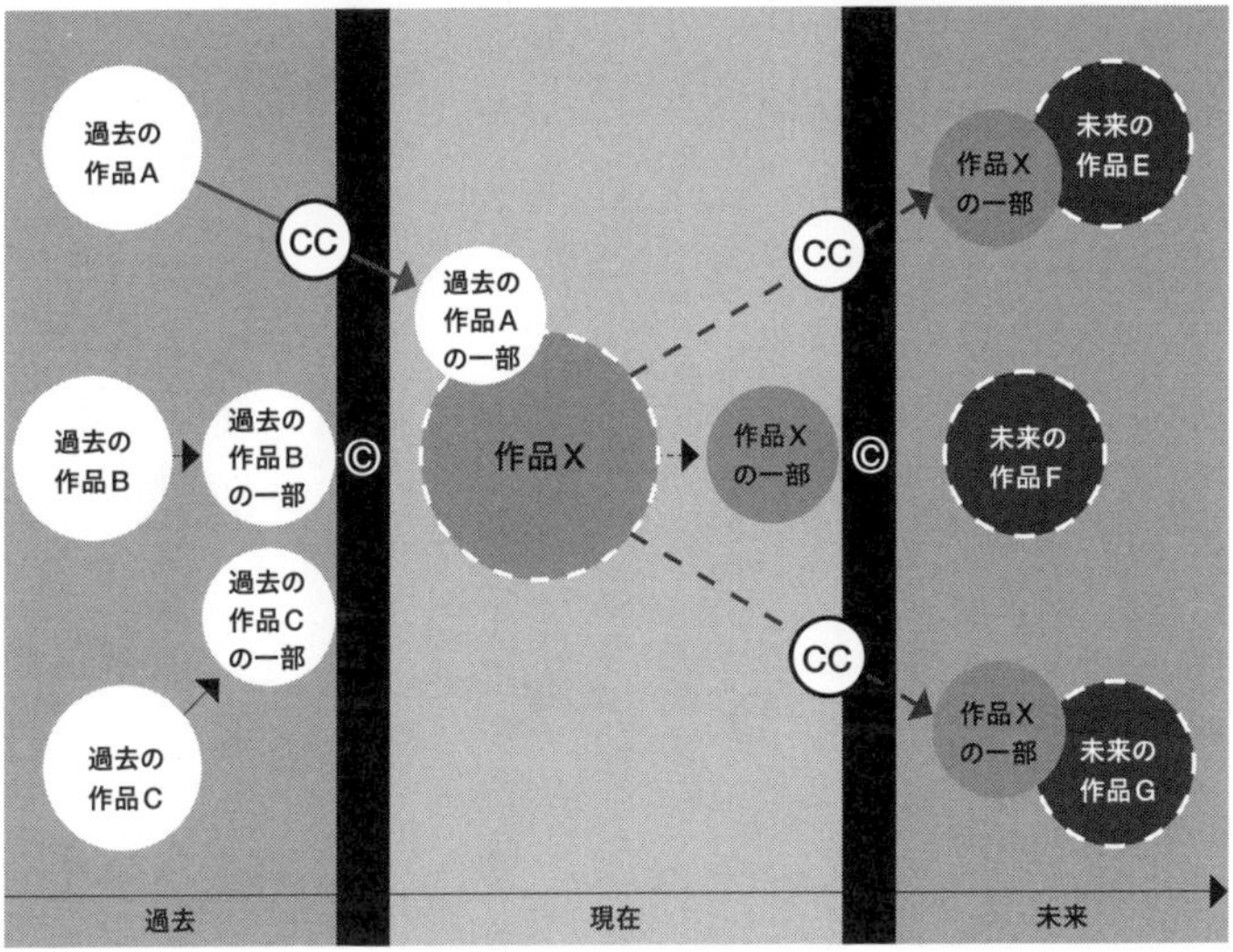

チャーも、フリーソフトウェアと同様に、作者が作品に対してライセンスを付けて公開することによって、現行の著作権が過剰に狭めてしまう自由な作品の利用を合法的に可能にするという戦略を採っています（上図参照）。

コンテンツの自由な利用を合法化しようとい

35　“Mind Map Of Linux - Version　2” BY about Linux Info, http://www.aboutlinux.info/2006/04/mind-map-of-linux-distributions.html

36　原文は「A person who enjoys exploring the details of programmable systems and stretching their capabilities, as opposed to most users, who prefer to learn only the minimum necessary.」ちなみにボストンのMITのキャンパスには今日も「ハッカー通行用道路」という標識が置かれていたりします。

らフリーカルチャーの動きが登場した時代的な背景としては、それまでは一部の専門家やエンジニアが主なインターネット利用者層であったことに対して、1990年代末からパソコンの廉価化やインターネット接続サービスの急増によって一般のユーザーがインターネット利用の過半数を占めるようになり、コンテンツ産業の秩序が大きく揺さぶられるようになったことが挙げられます。

コンテンツの秩序を揺るがしたP2P技術の登場

フリーカルチャー運動が興隆した重要な技術的かつ社会的な背景のひとつとして、1990年代末から2000年代初頭におけるブロードバンドの急速な普及によって、それまでは主にCDやDVDでパッケージ販売されていた楽曲や映像といったコンテンツが容易にインターネット上で共有可能になったことが挙げられます。特にP2Pファイル共有システムと呼ばれるアプリケーションが普及することにより、ファイルの送受信を制限するサーバーを経由せずに、直接ユーザー同士が大量にデータを交換できるようになりました。P2Pファイル共有システムが社会的な問題となったのは、そこで交換されるファイルの多くがCDやDVDからデータからリッピング（抽出）されていることに対して、そうしたコンテンツの著作権を管理する団体が著作権法違反を訴えたことでした。著作権の既得権益を有する産業はこぞってP2Pファイル共有システムによる経済的損失を計上し、P2Pソフトウェアの開発者や数千人の利用者を相手取った集団訴訟が行なわれたりもしました。他方でP2Pファイル共有システムの擁護者たちは、P2Pファイル共有システムは価値中立的で革新的な情報共有の技術であり、著作権違反幇助の名の下に技術革新を妨げてはならないと主張しました。

P2PとはPeer2Peer（ピア・トゥ・ピア）の略語であり、個人《ピア》と個人《ピア》を直接ネットワーク上で結びつけるという意味です。P2Pファイル共有技術の登場によって、ひとつの場所に保存されたデータを配信するという従来の方式とは異なり、ネットワークの利用者全員でファイルを分散化して共有するということが可能になりました。この技術は中立的なものであり、意図的に著作権に保護された作品を対象にして設計されたわけではありません。しかし先進国を中心にパーソナル・コンピュータが廉価化し、ブロードバンド網も整備されるにつれ、P2Pファイル共有システムの利用者が急速に増えていきました。その結果、各利用者が個人的にコンピュータ上に複製していた楽曲や映画といったコンテンツが大量にインターネット上を飛び交い、実際にCDやDVDを購入しなくても無料で入手できてしまう状況が生まれたのです。

この状況はインターネット文化の醸成の観点から見れば、大局的に多くの問題を孕んでいました。特に、著作物の制作者がそれまで合法的に得ていた報酬が支払われることなく、利用者が作品を手にしてしまうということは、持続的なモデルではありません。同時に問題であったのは、P2P技術を含むインターネット文化に対して、従来の産業が大規模なネガティブ・キャンペーンをかけることによって、インターネットが無法地帯であり、唯一の正しい経路は従来通りの販売方式に従うことであるというメッセージが強力にインターネットの利用者に発信されました。コピーコントロールという複製を禁止する技術が適用されたCDやDVDが発売されましたが、個人が私的目的で複製することも妨げてしまう処置は個人の自由の侵害でもあります。また、P2Pファイル共有システムを利用するすべてのユーザーが著作権に意識的であったわけでもありません。一般的な利用者の意識としては、現実の店舗にいっても手に入らないコンテンツがP2Pネットワーク上では容易に検索し、アクセスできるから利用する、ということに過ぎません。つまり従来の音楽や映画の販売事業者がP2Pより利便性の高い販売経路を提供することができなかったから訪れた状況だと理解できます。実際にこのことを証明したのがアップル社によるコンテンツ販売プラットフォームiTunesストアの成功です。

アップルはiPodという革新的な携帯型デジタル音楽プレーヤーをヒットさせ、

容易に新しく音楽を取り込めるiTunesというソフトウェアを連動させ、多くのメジャーな音楽レーベルと契約を結び、大量のコンテンツを提供することに成功しました。このことによって、合法的かつインターネットの利便性を提供するアクセス経路をインターネット利用者に提供できることが証明されたのです。実際、iTunesストアモデルの成功例を皮切りに、さまざまなネット音楽ビジネスが生まれるようになりました。

P2Pの事例は、インターネット技術の進化の速度が、従来の産業構造が適応する速度を上回ったことを端的に物語っています。こうした過渡期的な現象は、過去にも新しいメディアが発明されるたびに繰り返されてきたことだと指摘する論者もいます。先述したように、1980年代初頭にはソニーが販売したビデオテープ録画再生機がアメリカの映画産業によって同様の抵抗を受け、訴訟が起こりましたが、その後には映画製作者は映画上映だけではなくビデオテープやDVDといったパッケージ販売によって大きな利益を上げるようになりました。

P2Pネットワークが、果たして音楽産業に損害だけをもたらしたのかという検証を行なった研究も存在しますが[37]、P2Pネットワークの利用を通してそれまで無名だったアーティストが発見される機会も増加し、結果的にアーティストの利益につながることもあるともいえます。ウェブ上で運営するサービスの一部を無償で提供して利用者の数を増やし、付加価値のある機能を求めるユーザーには有償で提供するビジネスモデルは「フリーミアム」38と呼ばれていますが、これは提供するコンテンツをまずはより多くの人に知ってもらうというプロモーション戦略として理解できます。

実際に近年では、無償で作品を公開する動きが音楽や映画の世界でも増えてきています。世界的に有名なロックバンドのレディオヘッドがネット上で新作アルバムを無償でダウンロード提供し、代わりに利用者は好きな値段を付けることができるという投げ銭的モデルを行なったところ、想定よりも多額の代金が支払われたという成功例もあります。同じく有名なロックバンドのナイン・インチ・ネイルズは、誰でも自由に複製やリミックスを行なってもよいというCCライセンスを付けたアルバムをインターネット上で公開し、大きな話題を呼びました。こうした事例はプロモーションという観点に立てば決して異常なことではありません。ウェブ技術を活用して低コストで多くの注目を集め、ファンを増やし、コミュニティが形成されれば、経済的な利益は別の経路(楽曲のパッケージやデジタル配信、ライブ活動など)で回収することができることが判明されてきたのです。今日、プロモーションに費用をかけることのできない圧倒的多数の無名なクリエイターにとっては、無償でコンテンツを提供することは有効な生存戦略のひとつともなっています。

このように、フリーカルチャーは現行の法律などの制約と新しく誕生するコミュニケーション技術のせめぎ合いの境界上で発展しています。次章では、フリーカルチャーの発展を担う重要な要素となっているクリエイティブ・コモンズの活動と、クリエイティブ・コモンズに賛同する多数のプロジェクトについて紹介します。

37 P2P Music paper

38 クリス・アンダーソン『フリー――〈無料〉からお金を生みだす新戦略』（小林弘人監修、高橋則明訳、日本放送出版協会）

4

フリーカルチャーのライセンス運動

クリエイティブ・コモンズ

「創造の共有地」を作るために

開かれた文化を実装するということを掲げた社会的な多くの動きがウェブ上で花開いてきました。それは法律家であったり、法が社会にもたらす影響に意識的な一部のエンジニアやアーティスト、教育者といった人々が、現行の著作権の束縛をどう乗り越えるかという問題に対する活動として始まりました。

そうした運動の多くは、自由なソフトウェアを標榜するフリーソフトウェアやオープンソースの概念を継承し、文化に適用するという戦略を採りました。中でもクリエイティブ・コモンズは、現在も普及が進んでいるフリーカルチャーの運動のひとつであり、その他の運動と比較しても最も重要なものであるといっても過言ではないでしょう。本章ではクリエイティブ・コモンズの歴史に焦点を絞りながら、その具体的な活動やライセンスの使い方について解説を行ないます。

著作権保護期間の延長問題

アメリカの憲法学者ローレンス・レッシグは今日、クリエイティブ・コモンズの代表者として、そしてフリーカルチャーの擁護者として国際的に知られる存在です。レッシグがフリーカルチャーの運動を開始したきっかけとなったのが、エリック・エルドレッドという人の活動でした。エルドレッドはパブリックドメインに属する、つまり著作権の期限が切れている文学作品を電子化し、インターネット上で公開するという活動を行なっていました。

しかし1998年に「ソニー・ボノ法」と呼ばれる法改正によって、実に多くの作品の著作権が死後50年から死後70年に延長されることになりました。このことによって、それまで著作権が切れてパブリックドメインに属していた多くの作品の著作権が再び有効化され、それらの作品のデータをサイト上から取り除かなければならなくなったのです。そこでエルドレッドは、この保護期間の延長が文化に対してネガティブな影響を及ぼし本来の著作権の原則から外れているとして、アメリカ司法省を相手取って訴訟を起こしました。憲法学者として当初より、ソニー・ボノ法が文化に悪影響を及ぼすという考えを述べていたレッシグは、エルドレッドの主張に共感し、その弁護人を引き受けました。

2003年まで闘われたこの訴訟は、最終的にエルドレッド側の敗訴となりました。焦点となった「保護期間の限定性」を守るべきという主張は、裁判官の過半数に認められなかったのです。レッシグはこの間にもすでに、著作権産業の議会に対する影響力を目の当たりにしており、法廷訴訟とは異なる活動の在り方を模索していました。

1999年2月の時点でレッシグは、Copyright's Commons（「著作権の共有地」）という名称で、GPLやオープンソース・ライセンスの思想や価値を受け継ぐコンテンツのためのライセンスの在り方を構想していました。2001年には協働メンバーからの提案で「創造的な共有地」という意味の「Creative Commons」（「創造的な共有地」）という名称が決定し、活動の準備が加速されていきました。2002年の12月にはアメリカ有数の社会事業助成機関であるヒューレット財団から100万ドルの資金提供を受け、二人の弁護士をフルタイムで雇用し、NPOとしての活動を正式にスタートしました。そして、クリエイティブ・コモンズ・ライセンス（以下、CCライセンス）という、コンテンツのためのライセンス群の公開とその普及を開始したのです。その後、CCライセンスはさまざまな国の言語や法律に「移植」され、現在は世界で72カ国の支部を持つ国際NPOとなっています。

コンテンツのためのライセンス

クリエイティブ・コモンズは、フリーソフトウェアやオープンソースと同様に、誰でも自由に使うことのできるライセンスを提供する団体です。作者が自分の作品にライセンスを付けて公開したいときは、作品の公開先のウェブページに短いコードをコピー&ペーストするだけでよく、NPOであるクリエイティブ・コモンズに連絡する必要は一切ありません。唯一の違いは、クリエイティブ・コモンズがソフトウェア以外の創造的な作品、つまり文章、画像、音楽、動画などを対象としている点にあります。

CCライセンスは、作者みずからが自分の作品に付け、その内容に沿って作品が利用されることを想定しています。現行の著作権法に従いながらも、その不足する点を補う効果をCCライセンスは持っています。

たとえば、作品の利用者が自由に作品を複製したり改変できないようにする技術的な処置を総じてDRM（Digital Rights Management＝デジタル権利管理）と呼びますが、レッシングたちはこれをもじって、CCライセンスはDRMではなくDRE（Digital

39 ちなみにクリエイティブ・コモンズよりもラディカルな姿勢を表明するフリーソフトウェア財団はDRMのことを「デジタル制限管理」（Digital Restriction Management）と呼んで、明確にあらゆるDRM技術に反対するキャンペーンサイト「Defective by Design」（「設計不良」）を開設しています。http://defectivebydesign.org

Rights Expression＝デジタル権利表現）であると説明しました39。DRMが作品の利用者を総じて潜在的に著作権に違反する人間であると想定する、産業（著作権管理団体など）や権利によって利益を享受する企業による防御的な処置であることに対して、DREの概念は、あくまで個別の作品の作者がみずから、自分の作品がどのように利用されたいかを決定する権利があることを指しています。

この前提の違いは、インターネットという情報基盤がもたらす社会的な変化を示唆しています。これまでの文化的コンテンツはすべて物理的な媒体——書籍やテープ、CD——に複製し、大量生産を行ない、その後に流通経路に乗せ、販売し、利益を権利者に還元するという一連のプロセスが必要であったため、コストを分散させるためにも中間的な企業や団体に作者が権利管理を委託する必要がありました。

しかしインターネットが急速に普及するようになると、インターネットにアクセスする手段さえ持っていれば、作品のデータさえ届ければよいので、作品を利用者に届けるために必要となるコストは限りなくゼロに近づいていきました。そうすると作品の制作者たちがこれまでのように企業や産業に依存する度合いが減っていきます。それだけではなく、制作者みずからが自分の作品の販売やマーケティングを直接管理できるようになりました。既存の管理団体（日本音楽でいえばJASRAC）へ自分のすべての作品の権利の管理を委託するモデルとは異なり、作者は自分の作品に

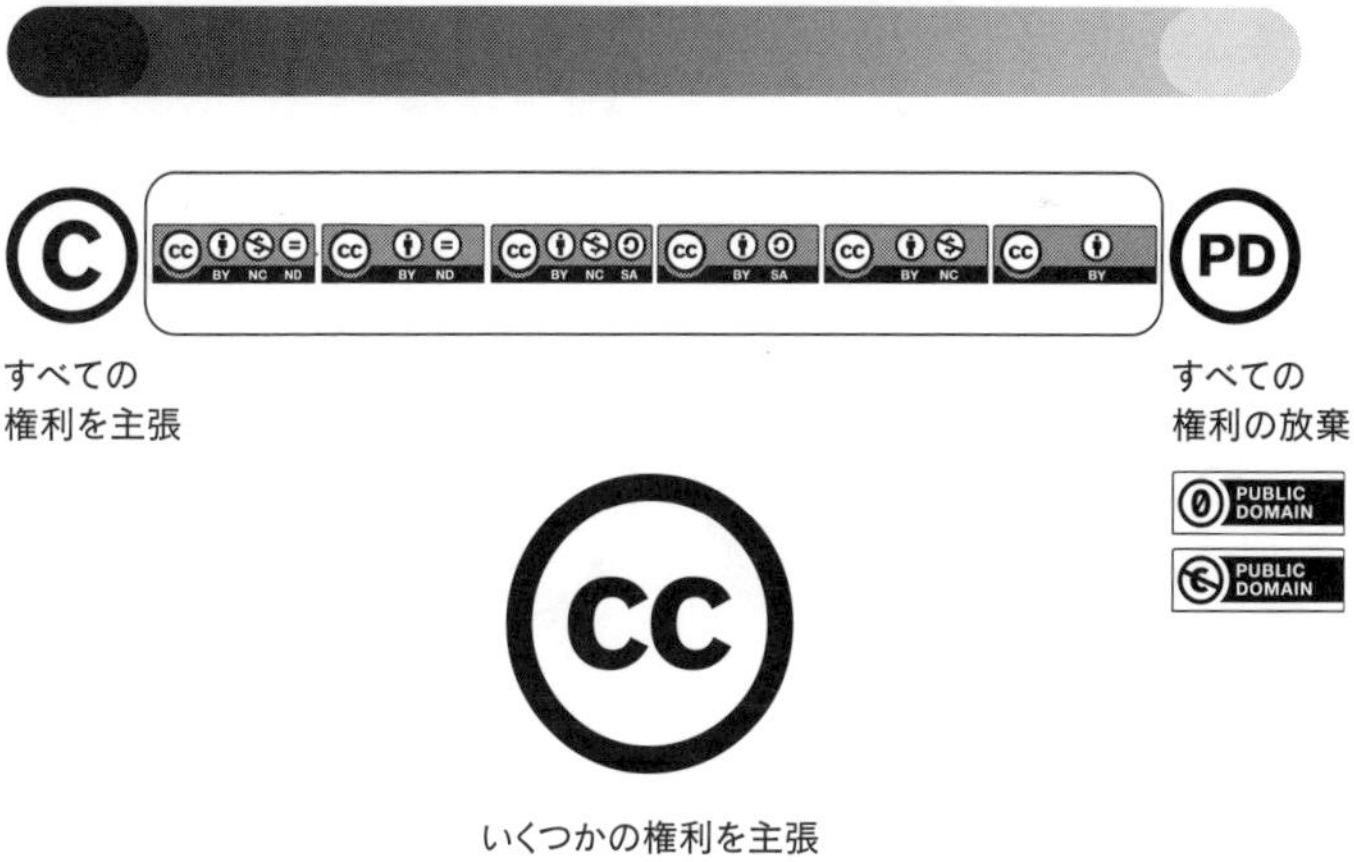

ついて、基本的に販売目的で公開するが、一部については自由に配布するというような柔軟な決定が行なえるようになったのです。

クリエイティブ・コモンズのライセンス群

CCライセンスは、ある作品が現行法の中で定義されうる2つの状態——完全に著作権によって保護される状態か、もしくはまったく保護されない状態——の間の中間層を提供します。具体的には、この中間層には6つの度合いが定義されており、それぞれがひとつの基本ライセンスに対応しています。各基本ライセンスは、それがどのような条件でどのようなことを許可しているのかということを表わす4つのマークの組み合わせによって作られており、作

CCライセンスにおける4つの条件

作り手の
名前を適切に
表示すること
［表示］BY

作り手の作品で
お金儲けを
しないこと
［非営利］NC

作り手と同じ
ライセンスで
発表すること
［継承］SA

作り手の
作品を改造
しないこと
［改変禁止］ND

品の利用者に対してより優しいライセンスや厳しいライセンスを選択することができます。

基本ライセンス以外では、すべての権利を放棄し、自分の作品をパブリックドメインに置くことを表明する〈ⓒ0〉（シーシーゼロと読みます）、そしてインターネット上で見つけたパブリックドメインの作品をマーキングするための「パブリックドメイン・マーク」も用意されています。

基本ライセンス

まず、CCライセンスの条件は、上図に示す通り、

・表示（Attribution／略記＝BY）
・非営利（Non Commercial／略記＝NC）
・継承（Share Alike／略記＝SA）
・改変禁止（No Derivative Works／略記＝ND）

の4つがあります。

すべてのライセンスに共通するものが〈ⓒ表示〉

の条件です。これは作品の作者の氏名やクレジットを表示する義務があることを意味しています。〈🅭非営利〉の条件は、作品を営利目的に使ってはならないという制約を意味しています。〈🅭継承〉は、もしも作品を改変したのであれば、その派生した作品を原作と同じライセンスで公開する義務を意味しています。この条件はフリーソフトウェアにおけるコピーレフトの概念を受け継いでいるものです。〈🅭改変禁止〉は文字通り作品の改変を禁止する制約を意味します。

表示（CC:BY）ライセンス

〈🅭表示〉ライセンスは最もパブリックドメインに近いCCライセンスです。二次利用者に唯一求められる条件は原作者のクレジット（氏名や作品のURLなど）を適切に表示することだけであり、そのことさえ満たせば再配布や改変、営利目的の利用が許可されています。また、派生した作品を別のライセンスや条件で公開することも可能です。

表示 - 継承（CC:BY-SA）ライセンス

〈🅭表示 - 継承〉ライセンスが付けられた作品を二次利用するためには、原作者のクレジットを表示することに加え、内容を改変して派生作品を制作した場合には同じ〈🅭表示 - 継承〉ライセンスを付与する必要があります。派生作品には同じライセンスを適用するという特徴はフリーソフトウェア・ライセンスを参考にしており、このライセンスはCCコピーレフトとも呼ばれています[40]。この条件を満たせば再配布や改変、営利目的の利用が許可されます。ウィキペディアの記事は現在、すべて〈🅭表示 - 継承〉ライセンスが付与されています。

表示 - 非営利（CC:BY-NC）ライセンス

〈🅭表示 - 非営利〉ライセンスは、二次利用者に対して原作者のクレジット表示を求め、そして作品の営利目的での利用を禁じます。このライセンスが付与されている場合、たとえば現作品や派生作品を販売して経済的利益を得ることはできません。また、派生作品も営利目的を許可するライセンスで公開することはできません。

表示 - 非営利 - 継承（CC:BY-NC-SA）ライセンス

〈ⓒ表示 - 継承〉ライセンスと同じ内容ですが、営利目的での利用を禁じています。原作者としては、自分の作品が営利目的で利用されることを防ぎ、かつ自分の作品から派生した作品が別の利用条件でライセンスされることを確実に回避したい場合に使われます。

表示 - 改変禁止（CC:BY-ND）ライセンス

〈ⓒ表示 - 改変禁止〉ライセンスは、原作者のクレジット表示を義務づけ、派生作品を公開することを禁じていますが、再配布と営利目的の利用を許可します。作品の内容が改変されることは望まないが、他者が作品をウェブ上で共有することや販売することを通して、作品が多くの人に広まることを期待する場合に活用できます。

40 もちろん、ＣＣライセンスはソフトウェアに付与することは非推奨となっています。

表示 - 非営利 - 改変禁止（CC:BY-NC-ND）ライセンス

〈🅭表示 - 非営利 - 改変禁止〉ライセンスは、CCライセンスの中でも最も規制の強いライセンスです。原作者のクレジット表示を義務づけ、派生作品を公開することと営利目的での利用を禁じています。そのため、非営利目的での再配布しか許可されていません。また、営利目的や改変を許可する条件で再ライセンスすることもできません。このライセンスの活用方法として、自分の作品がP2Pファイル共有システムやCGM［注：Consumer Generated Media＝消費者生成メディアの略。インターネットなどを活用して消費者が内容を生成していくメディアを指し、各種コンテンツ共有サービス、クチコミサイト、Q&Aコミュニティ、SNS、ブログなどがこれにあたる］サービスなどにアップロードされることを許可することによって、プロモーション効果を期待するという利用シナリオが挙げられます。

パブリックドメイン

基本的なCCライセンスのほかにも、特殊なCCライセンスが存在します。それは〈🅭0 - パブリックドメイン・デディケーション〉（CC0-PDD、または単純にCC0）とパブリックドメイン・マーク（PDM）の2つです。

CC0

〈🅭0（ゼロ）〉は現行の法律が自動的に作品に付与する著作権を作者みずからによって放棄することを宣言するためのツールであり、CCライセンスと同様に機械が読める層（メタデータ）、一般人が読める層（コモンズ証）、そしてリーガルコードの三層を持ち合わせています（詳細は113ページ）。最も自由なCC基本ライセンスである〈🅭表示〉ライセンスでも作者のクレジットを表示することを義務づけていますが、〈🅭0〉で公開された作品はクレジット表示すら求めません。ある作品をパブリックドメインに帰属させるということはその作品に関する著作権をすべて放棄することを意味しています。ただし、著作権法の管轄地（国）によっては、そのことは容易ではありません。実はアメリカのようにパブリックドメインという概念が法律的に定義されている国は、多くないのです。たとえば、日本の著作権法では著作者人格権は譲渡することが不可能と定義されているため、作品を完全なパブリックドメインに帰属させることは難しいのです。そのため〈🅭0〉は、特定の地域の著作権法に限定されない形で、作者が可能な限りのすべての権利を放棄し、実質的にパブリックドメインに作品を帰属させるという宣言を行なうツールとして設計されています。自分のクレジット表記さえも必要ないという場合にはぜひ使ってみてください。

パブリックドメイン・マーク（PDM）

すでに著作権が失効しパブリックドメインに属している作品を見つけた場合に使用できるツールです。自分が作者ではなくても、すでに著作権が失効している作品に対してPDMを付けることで、検索エンジンや他の利用者の利便性を向上させ、フリーカルチャーの発展に貢献することができます。ただしパブリックドメインにはない作品にPDMを貼り付けることは混乱を招くので、使用には注意が必要です。使用例としては、ウィキメディア・コモンズやフリッカーコモンズなどの信頼できるソースに載っている画像を自分のブログなどで紹介する際にPDMを貼る、などです。

＊ 通常、CCライセンスはコンテンツのために設計されており、ソフトウェアのソースコードに適用されることは想定されていません。そのためクリエイティブ・コモンズは、ソフトウェアにはGPLや他のオープンソース・ライセンスを付けることを推奨してきました[41]。しかし2011年4月にクリエイティブ・コモンズはGPLを管理するフリーソフトウェア財団との共同作業を通して、〈CC0〉とGPLが互換であることが認定され[42]、〈CC0〉は現在クリエイティブ・コモンズが提供するライセンスの中でソフトウェアに付加することが推奨される唯一のライセンスとなりました。

CCライセンスの構造

ライセンスや契約書というと、一般には難解な法律用語で埋め尽くされた文書を連想するでしょう。しかし、より多くのクリエイターやアーティストに使ってもらうために、CCライセンスは3つの層に分けて作られています（上図参照）。

41　GPLの文言も必ずしも一般的に理解しやすいとはいえないので、2003年よりクリエイティブ・コモンズ的にGPLの内容を簡潔に記したマークとライセンスページを用意していました。このことによって、GPLでライセンスされたソフトウェアにもCCライセンスと同様の構造を持つメタデータが与えられ、検索エンジンなどのソフトウェアによって解析できるようになりました。しかし、その後クリエイティブ・コモンズはGPLを管理するフリーソフトウェア財団と共同作業を行ない、2009年6月にGPLが公式にCCと共通のメタデータ形式を採用するに至りました。そのため現在、CC-GPLマークは提供されていません。

42　Mike Linksvayer, Using CC0 for public domain software http://creativecommons.org/weblog/entry/27081 (CC:BY)

43　"About the Licenses" BY Creative Commons, http://creativecommons.org/licenses/

「表示」ライセンス（日本2.1）のリーガル・コード画面 44

「リーガル・コード（Legal Code）」の層は、法の専門家（弁護士や裁判官など）が法的に解釈することのできる法律用語で記述された文書になっています。「一般人が読める層（Human Readable）」は、法の専門用語に慣れていない一般人が読めるように、可能な限り簡潔にライセンス内容を伝える文書である「コモンズ証（Commons Deed）」を指しています。そして「機械が読める層（Machine Readable）」は検索エンジンやソフトウェアが作品のライセンスを解析できるメタデータ（作品データに付随する二次的な情報）によって構成されます。

ここで、一般的に聞き慣れない言葉であろう3層のリーガル・コード、一般人が読める層（コモンズ証）、そして機械が読める層（メタデータ）、について順を追って簡単に説明しましょう。

リーガル・コード（利用許諾条項）

CCライセンスは法的に作者の権利を守る必要があるため、法的に有効な用語で記述される必要があります。たとえば非営利マークの付いたCCライセンスが付けられた作品を第三者が別途許諾を得ずに販売している場合、作者はCCライセンスを根拠にその違反者に法的な警告を行ない、必要があれば法定で争うことができるようにする必要があります。この際、CCライセンスが現行法に即して有

creative commons
LEGAL CODE

アトリビューション 2.1
（帰属）

クリエイティブ・コモンズ及びクリエイティブ・コモンズ・ジャパンは法律事務所ではありません。この利用許諾条項の頒布は法的アドバイスその他の法律業務を行うものではありません。クリエイティブ・コモンズ及びクリエイティブ・コモンズ・ジャパンは、この利用許諾の当事者ではなく、ここに提供する情報及び本作品に関しいかなる保証も行いません。クリエイティブ・コモンズ及びクリエイティブ・コモンズ・ジャパンは、いかなる法令に基づこうとも、あなた又はいかなる第三者の損害（この利用許諾に関連する通常損害、特別損害を含みますがこれらに限られません）について責任を負いません。

利用許諾

本作品（下記に定義する）は、このクリエイティブ・コモンズ・パブリック・ライセンス日本版（以下「この利用許諾」という）の条項の下で提供される。本作品は、著作権法及び／又は他の適用法によって保護される。本作品をこの利用許諾又は著作権法の下で授権された以外の方法で使用することを禁止する。

許諾者は、かかる条項をあなたが承諾することとひきかえに、ここに規定される権利をあなたに付与する。本作品に関し、この利用許諾の下で認められるいずれかの利用を行うことにより、あなたは、この利用許諾（条項）に拘束されることを承諾し同意したこととなる。

第1条　定義

この利用許諾中の用語を以下のように定義する。その他の用語は、著作権法その他の法令で定める意味を持つものとする。

a. **「二次的著作物」**とは、著作物を翻訳し、編曲し、若しくは変形し、または脚色し、映画化し、その他翻案することにより創作した著作物をいう。ただし、編集著作物又はデータベースの著作物（以下、この二つを併せて「編集著作物等」という。）を構成する著作物は、二次的著作物とみなされない。また、原著作者及び実演家の名誉又は声望を害する方法で原著作物を改作、変形もしくは翻案して生じる著作物は、この利用許諾の目的においては、二次的著作物に含まれない。
b. **「許諾者」**とは、この利用許諾の条項の下で本作品を提供する個人又は団体をいう。
c. **「あなた」**とは、この利用許諾に基づく権利を行使する個人又は団体をいう。
d. **「原著作者」**とは、本作品に含まれる著作物を創作した個人又は団体をいう。
e. **「本作品」**とは、この利用許諾の条項に基づいて利用する権利が付与される対象たる無体物をいい、著作物、実演、レコード、放送にかかる音又は影像、もしくは有線放送にかかる音又は影像をすべて含むものとする。
f. **「ライセンス要素」**とは、許諾者が選択し、この利用許諾に表示されている、以下のライセンス属性をいう：帰属

第2条　著作権等に対する制限

効であると法定で認められるために、リーガル・コードは現行法と適合するように記述される必要があるのです。

現代の先進国のほとんどはベルヌ条約という共通の著作権のガイドラインに従っていますが、国家間では著作権法の定義が異なっています。CCライセンスは国際的な運動であるため、そうした国家間の差異を可能な限り吸収するように設計されていますが、それでも実際には各国の法律の特徴に合わせて翻訳される必要があります。たとえば日本の著作権法は著作者人格権という、作者が他者に譲渡することができない権利がほかの国と比較して重要視されているため、その権利を不行使するということが書かれています。

法の専門家ではない作者や利用者は通常、このリーガル・コードを気にする必要はありません。ですが、コモンズ証に

44　http://creativecommons.org/licenses/by/2.1/jp/legalcode

〈(cc)表示〉ライセンス（日本2.1）のコモンズ証画面 **45**

書かれている簡潔な条件が、法律の用語でどのように記述されているのかを知ることは悪いことではありません。比喩的にいえば、コモンズ証がクリエイターのために利便性を向上させるサービスだとすれば、リーガル・コードはそのサービスを支える法律的なソースコードだといえます。

一般人が読める層（コモンズ証）

コモンズ証とは、一般人が簡単に読めて理解できるライセンス文書を提供することによって、大多数が法律用語を理解しないという問題を解決するものです。これによって実際にコンテンツを制作したり利用する人間がライセンス内容を理解すれば、ライセンスを使う敷居が下がり、より多くの人がライセンスを使用したり、ライセンスされた作品を利用することができるようになります。

下記の〈(cc)表示〉ライセンスのコモンズ証を例に見てみましょう（117ページ図参照）。まず、作品の利用者に許可されていることが列記されています。

「本作品を複製、頒布、展示、実演することができます」

「二次的著作物を作成することができます」

「本作品を営利目的で利用することができます」

そして作品の利用者が従うべき条件が次に記されています。

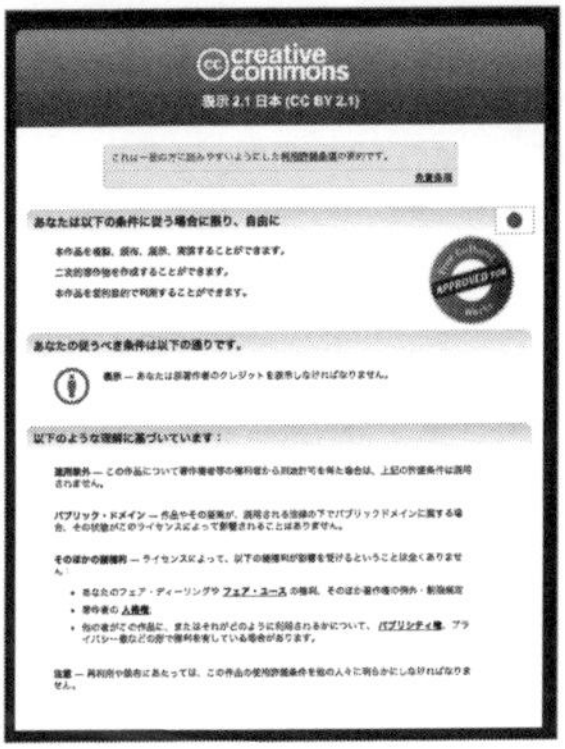
creative commons
表示 2.1 日本 (CC BY 2.1)
これは一般の方に読みやすいようにした利用許諾条項の要約です。
免責条項
あなたは以下の条件に従う場合に限り、自由に
本作品を複製、頒布、展示、実演することができます。
二次的著作物を作成することができます。
本作品を営利目的で利用することができます。
あなたの従うべき条件は以下の通りです。
表示 — あなたは原著作者のクレジットを表示しなければなりません。
以下のような理解に基づいています：
適用除外 — この作品について著作権者等の権利者から別途許可を得た場合は、上記の許諾条件は適用されません。
パブリック・ドメイン — 作品やその要素が、適用される法律の下でパブリックドメインに属する場合、その状態がこのライセンスによって影響されることはありません。
その他の諸権利 — ライセンスによって、以下の諸権利が影響を受けるということは全くありません：
- あなたのフェア・ディーリングや フェア・ユース の権利、そのほか著作権の例外・制限規定
- 著作者の 人格権
- 他の者がこの作品に、またはそれがどのように利用されるかについて、パブリシティ権、プライバシー権などの形で権利を有している場合があります。

注意 — 再利用や頒布にあたっては、この作品の使用許諾条件を他の人々に明らかにしなければなりません。

「〈cc表示〉——あなたは原著作者のクレジットを表示しなければなりません。」

基本的にライセンスの内容については、作者も利用者も、これだけ理解すれば大丈夫です。この「利用者に許可されていること」と「利用者が従うべき条件」の法的な記述は別の文書に記載されているので、ライセンスの法的な有効性について心配する必要はありません。

コモンズ証の下部分の「以下のような理解に基づいています」の箇所では、いくつかの注意事項が記載されていますが、これはすべてのライセンスに共通している内容で重要な点を含むので、一度覚えておくことをお勧めします。

45 http://creativecommons.org/licenses/by/2.1/jp/

適用除外について

CCライセンスは排他的なものではないので、作者が作品にCCライセンスを付けることによっても作者はその作品に関する著作権を一切失いません。この事は誤解が多いのですが、CCライセンスは権利を放棄することではなく、事前に許可を付与することを意味しているのです。たとえば、詳しく後述しますが、ある作品に対して〈Ⓒ表示－非営利〉ライセンスを付けて公開し、非営利目的であれば無償で自由に利用しても良いという状態にしておくと同時に、営利目的で利用したい場合は別途連絡を受け付け、営利利用できるバージョンを販売したり、別途契約を個別に交わすことができます。

パブリックドメインについて

仮にCCライセンスを付けられた作品が実はパブリックドメインに置かれていた場合は、その作品はCCライセンスの条件に制約を受けないという事を示しています。これは意図的かそうではないかに関わらず、誤ったライセンシングが行なわれた場合を想定しています。

フェアユースについて

すでに存在する著作権の例外規定――著作権の範囲内で定義されている、権利者に許可を得なくても作品を利用できるケース――やフェアユース――米国の法律で定義されている、公共への利益が大きく、権利者への損害が少ない場合などに認められる、権利者への許可を得ない作品の利用――といった著作権法の既存の制限に対して、ライセンスは影響しないということが示されています。

人格権について

著作者人格権は譲渡したり放棄することができないので、ライセンスによって影響を受けないことが示されています。ただし、人格権は潜在的に作品のあらゆる改変を抑制しかねないので、日本のCCライセンスのリーガル・コードでは人格権を行使しない条項が記述してあります。

パブリシティ権について

CCライセンスは著作権をあくまで対象にしているので、パブリシティ権（著名人のブランド力などの経済的価値に根付く権利）や肖像権（人の顔写真等）、プライバシーにまつわる権利などには関係しません。

再利用や頒布について

そして、CCライセンスで提供されている作品をそのままブログで紹介するなど再利用したり、人々に配布する場合は、その作品に付与されているCCライセンスを明らかにする必要があります。これは、原作がCCライセンスによって柔軟な権利表現が行なわれていることが周知されることが、利用者を介して作品がさらに広まるためにも有効だからです。

グーグルの検索オプション画面での
CCライセンスの条件による絞り込み

機械が読める層(メタデータ)

インターネットで公開される作品にとって、検索エンジンやその他のコンテンツ集積のサービスは作品が発見されるための重要な経路です。作品に付けるライセンスに、そうしたソフトウェアが解析できるメタデータ——作品がどのような許可を与えているかに関する二次的な情報——が追加されることによって、作品がより多くの人の目に触れ、適切に発見される可能性が高まるのです。すでにグーグルのようにメジャーな検索エンジンがCCライセンスのメタデータに対応しており、ライセンス条件に応じた検索が可能となっています。CCライセンスの作品を探す場合にはこうした検索エンジンを使ったり、もしくはCCライセンスに対応しているサービスのサイト内検索を使います。

作品を利用する側の立場を考えてみましょう。たとえば音楽アルバムのジャケットを制作しているデザイナーが花の写真を探しているとします。その場合は、改変可能かつ商用利用可能なライセンス(〈cc表示〉か〈cc表示-継承〉)で提供されている条件を付けて、その花の名前で検索した結果から好きな写真を選び、ライセンスの条件に応じて自由に利用することができます(115ページ図参照)。

以上のように、CCライセンスは一般人、ソフトウェア、そして法律家がそれぞれ解釈できるように設計されています。そしてCCライセンスはソフトウェア

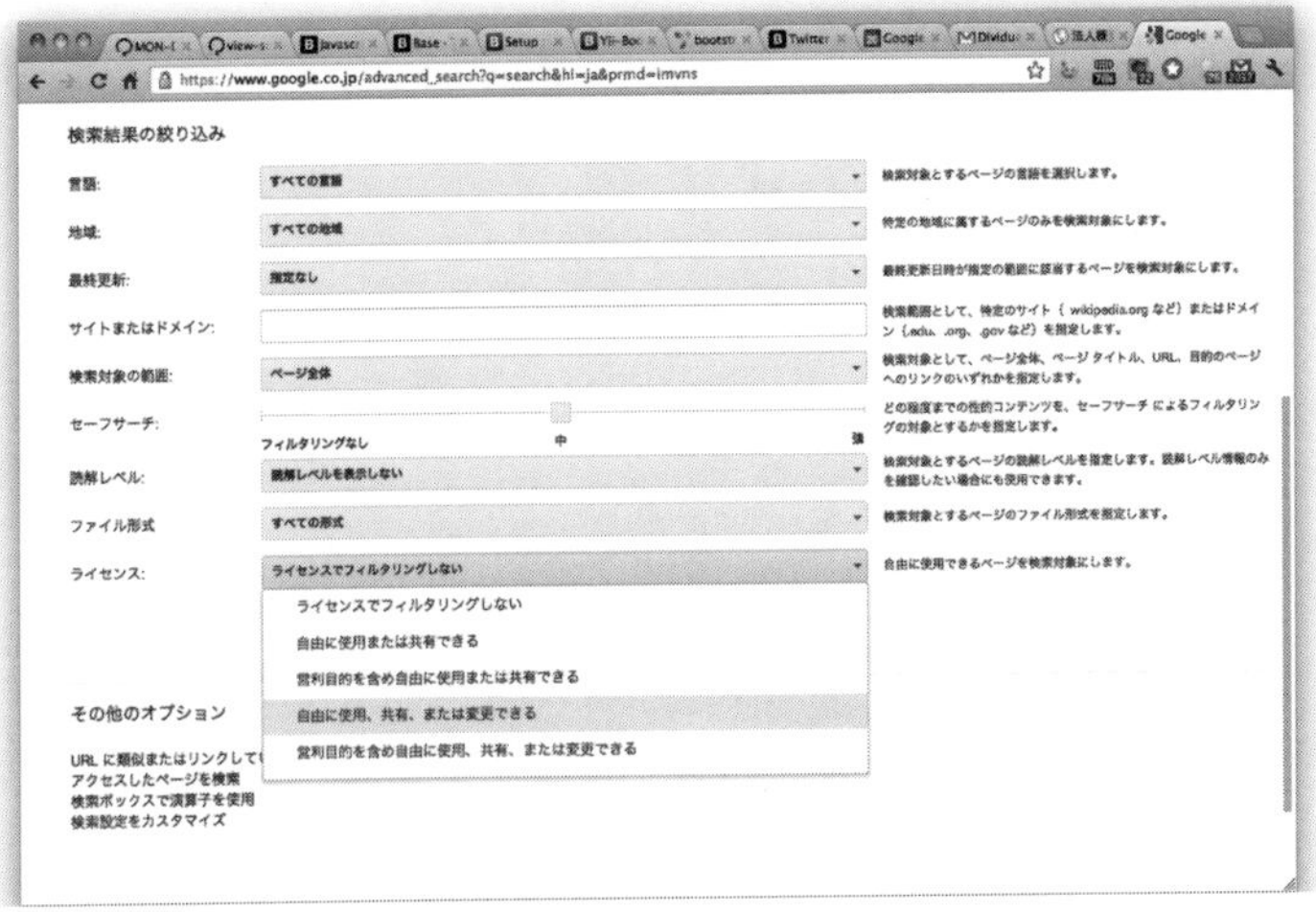

のように、常にバージョン更新が行なわれています。２０１２年現在、バージョン3.0が制定されており、次期バージョン4.0の議論が行なわれています。バージョン更新の長期的な目標としては、異なる国家地域間でのＣＣライセンスの互換性を高めること、ほかのオープンなライセンスとの互換性を築くこと、よりシンプルなライセンス体系にすることなどが挙げられます。

自分の作品にＣＣライセンスを適用させる

今日、フリッカーやウィキペディア、サウンドクラウドやユーチューブといったＣＣライセンスに対応しているユーザー投稿型のサービスでは、ＣＣライセンスを適用するのは、ユーザーが投稿する際やユーザーの設定画面などで「ＣＣ

（上）ライセンス選択画面 **46**
（下）「ライセンスを選ぶ」をクリックして表示されるメタデータ画面

ライセンスで作品を公開する」というオプションを選択するだけで済みます。もしもCCライセンスに対応していないサービスや自分のブログなどでメタデータを追加する場合には、作者は次の簡単なステップが提供されています。

まず、クリエイティブ・コモンズのウェブサイトのライセンス選択画面にアクセスし、「営利目的での二次利用を許可するかどうか」、そして「改変を許可するかどうか」という質問に答えると、該当するライセンスのメタデータのコードが表示されます。作品を公開するウェブページのソースコードにそのメタデータを貼り付ければ、その作品をCCライセンスで公開したことになります。

2つの質問に答え、あなたの住んでいる国を選択し、「ライセンスを選ぶ」をクリックします（123ページ上図参照）。必須ではないですが、作品の形態、タイトル、クレジットで表示してもらいたい名前と作品のURL、もし元にした作品があればそのURL、そしてCCライセンス以外の条件で利用したい人があなたに連絡をしたい場合のためにあなたの連絡先やCCライセンス以外の条件が記載されたページを記入することによって、さらに詳細なメタデータを生成し、あなたの作品の利用を助けることができます。

「ライセンスを選ぶ」をクリックして表示されるメタデータ画面（123ページ下図参照）から、あなたの作品が掲載されているページに表示したいボタンのスタイルを選べ

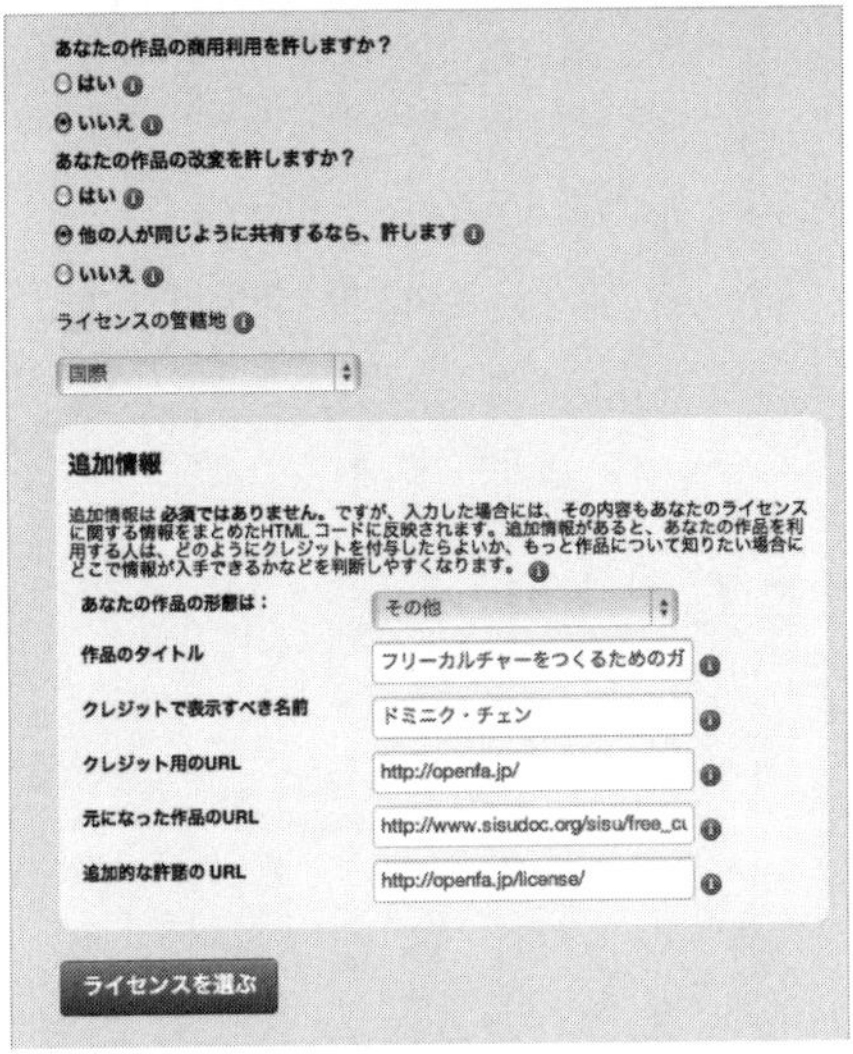
あなたの作品の商用利用を許しますか？
はい
いいえ
あなたの作品の改変を許しますか？
はい
他の人が同じように共有するなら、許します
いいえ
ライセンスの管轄地
国際
追加情報
追加情報は 必須ではありません。ですが、入力した場合には、その内容もあなたのライセンスに関する情報をまとめたHTML コードに反映されます。追加情報があると、あなたの作品を利用する人は、どのようにクレジットを付与したらよいか、もっと作品について知りたい場合にどこで情報が入手できるかなどを判断しやすくなります。
あなたの作品の形態は：
その他
作品のタイトル
フリーカルチャーをつくるためのガ
クレジットで表示すべき名前
ドミニク・チェン
クレジット用のURL
http://openfa.jp/
元になった作品のURL
http://www.sisudoc.org/sisu/free_cu
追加的な許諾の URL
http://openfa.jp/license/
ライセンスを選ぶ

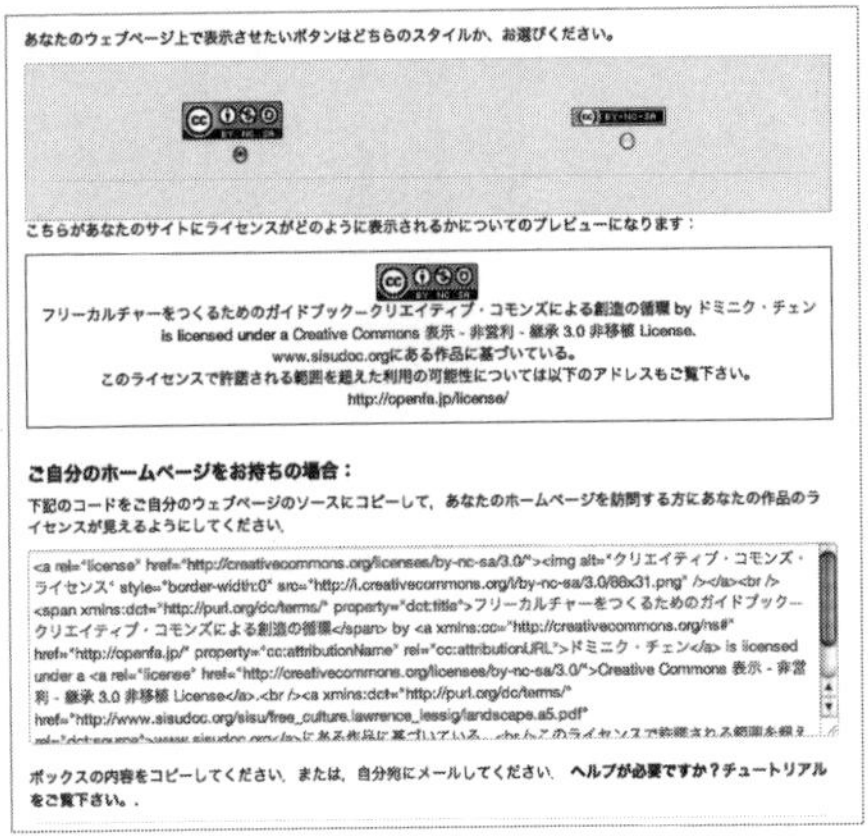
あなたのウェブページ上で表示させたいボタンはどちらのスタイルか、お選びください。
こちらがあなたのサイトにライセンスがどのように表示されるかについてのプレビューになります：
フリーカルチャーをつくるためのガイドブック―クリエイティブ・コモンズによる創造の循環 by ドミニク・チェン
is licensed under a Creative Commons 表示 - 非営利 - 継承 3.0 非移植 License.
www.sisudoc.orgにある作品に基づいている。
このライセンスで許諾される範囲を超えた利用の可能性については以下のアドレスもご覧下さい。
http://openfa.jp/license/
ご自分のホームページをお持ちの場合：
下記のコードをご自分のウェブページのソースにコピーして，あなたのホームページを訪問する方にあなたの作品のライセンスが見えるようにしてください.
<a rel="license" href="http://creativecommons.org/licenses/by-nc-sa/3.0/"><img alt="クリエイティブ・コモンズ・ライセンス" style="border-width:0" src="http://i.creativecommons.org/l/by-nc-sa/3.0/88x31.png" /></a>
<span xmlns:dct="http://purl.org/dc/terms/" property="dct:title">フリーカルチャーをつくるためのガイドブック―クリエイティブ・コモンズによる創造の循環</span> by <a xmlns:cc="http://creativecommons.org/ns#" href="http://openfa.jp/" property="cc:attributionName" rel="cc:attributionURL">ドミニク・チェン</a> is licensed under a <a rel="license" href="http://creativecommons.org/licenses/by-nc-sa/3.0/">Creative Commons 表示 - 非営利 - 継承 3.0 非移植 License</a>.
<a xmlns:dct="http://purl.org/dc/terms/" href="http://www.sisudoc.org/sisu/free_culture.lawrence_lessig/landscape.a5.pdf"
ボックスの内容をコピーしてください，または，自分宛にメールしてください． ヘルプが必要ですか？チュートリアルをご覧下さい。.

ます。そして、下部のフォームにＨＴＭＬタグのメタデータが表示されており、それをウェブページに貼るとどのようにＣＣライセンスのボタンとクレジットが表示されるのかがその上にプレビューされます。作者はこのＨＴＭＬをコピーし、作品を掲載する自分のウェブページに貼り付け《ペースト》るだけで、作品にライセンスを付ける作業は完了します。

ＣＣライセンスのメタデータを解釈し、処理するユーザー投稿型のサービスを構築したい人のために、ＣＣライセンスのメタデータの仕様[47]が公開されています。この仕様に沿って、あなたのサービスで投稿される作品に自動的に適切なライセンスのメタデータが追加される機能を作ることができます。そしてそれはソフトウェアの世界からフリーカルチャーに貢献する重要な方法だといえます。

ＣＣライセンスにおける「真の自由」の関係

ＣＣライセンスは「柔軟な著作権表現」を目的としているため、現行の著作権に近い条件のライセンスも含んでいます。ＣＣライセンスの普及活動はフリーカルチャーの主な活動のひとつとして位置づけられていますが、ＣＣライセンスのうち、作品の利用者に与える自由が少ないものは、厳密な意味でのフリーカルチャー、特にフリーソフトウェアの観点からは真に自由《フリー》とは呼べないものがあります。具体的には真に自由《フリー》なライセンスは〈🅭表示〉と〈🅭表示 - 継承〉の2つだけであり、その他の〈🅭表示 - 非営利〉、〈🅭表示 - 改変禁止〉、〈🅭表示 - 非営利 - 改変禁止〉、〈🅭表示 - 継承 - 非営利〉の4つのCCライセンスは、フリーソフトウェアの思想を受け継ぐフリーカルチャーの観点からは、真に自由《フリー》なライセンスではないと考えられています。この問題はただのマニアックな分類ではなく、作者が自分の作品の利用者の自由を最大化するための閾値が存在するという重要な考え方を指し示しているのです。

そしてこの点に関して、フリーカルチャー関連で活動する有志が、「フリーソフトウェアの定義」にインスピレーションを受け、フリーカルチャー作品の定義(「Definition of Free Cultural Works」)を執筆し、公開しています[48]。そこにはフリーソフトウェアの考えと照らし合わせて、利用者に真に自由を与えるというに値する条

---

46 http://creativecommons.org/choose/

47 http://wiki.creativecommons.org/Ccrel

48 "Definition of Free Cultural Works", http://freedomdefined.org/Definition/Ja 執筆者一覧：http://freedomdefined.org/index.php?title=Definition/Ja&action=history (CC:BY)

件が記されています。そのような自由を与えることのできるライセンス、そしてライセンスされる作品が従うべき条件を見てみましょう。

フリーカルチャー・ライセンスの定義

1　作品を利用し、上演する自由：
私的と公的とに関わらず、ライセンスを受けるものは作品をどのような形であれ利用することを認められなければなりません。関連性のある作品であれば、この自由は上演や作品の翻訳といった、すべての派生利用（著作隣接権）を包含するはずです。政治的、宗教的配慮といったものを含めて、何らかの点での例外はありません。

2　作品を習作し、その情報を応用する自由：
ライセンスを受けるものはどのような方法においても、作品を事細かに観察し、その作品から得られた知識を利用することを認められなければなりません。たとえば、ライセンスは「リバースエンジニアリング」を禁じることはできません。

3　複製を頒布する自由：
複製を販売したり、交換したり、無償で配ったりすることができます。これはより大きな作品の一部としてであったり、コレクションであったり、作品単独であったりします。複製できる情報量に制限はありません。複製できる人が誰でも、複製元がどこからでも、制限はありません。

派生作品を頒布する自由：作品をよりよくする才能を誰にでも与えるため、ライセンスは、その意図や目的とは関係なく、修正版（物理的な作品であれば、オリジナルから何らかの形で派生した作品）を頒布する自由を制限してはなりません。ただし、これらの基本的自由や作者への帰属を守るため何らかの制限が適用されることもあります。［注：許可可能な制限：作品の使用・配布に対するすべての制限が基本的な自由を妨げるわけではありません。特に、著作人格権の表示、相互協力（例：〝コピーレフト〟）そして、基本的な自由を保護するための要求は許可可能な制限です］

フリーカルチャー作品の定義

ある作品が自由であると見なされるためには、その作品にフリーカルチャーライセンスが付けられるか、その法的な状態が上記の「基本的な自由」を提供する必要があります。しかし、それだけでは十分とはいえません。実際に、ある作品は基本的な自由を阻害するほかの理由によって、自由であるとはいえない可能性があります。ある作品が自由であると見なされるために必要な追加の条件を下記に記します。

1　ソースデータの公開：

作品の完成版が一つのもしくは複数のソースファイルの編纂もしくは情報処理の結果として得られる場合、すべての関連するソースデータが作品と同様の条件で公開されるべきです。これは楽曲の楽譜、3D画像のモデル・ファイル、科学論文のデータで、ソフトウェアのソースコード、その他の該当する情報を含みます。

2　自由なファイル形式の使用：

デジタル・ファイルの場合、作品が提供されているファイル形式は、世界中で無制限にかつ取消不可能な形で無償での利用が許可されている場合を除き、特許で保護されているべきではありません。作品が自由であると見なされるためには、自由ではないファイル形式が利便性のために使用される場合でも、それに追加して自由なファイル形式が提供される必要があります。

3　技術的な制限の禁止：

技術的な処置によって、作品に関する上述の基本的な自由が制限されてはなりません。

4

追加の制限やその他の制約の禁止：

作品の基本的な自由が法的な制限（特許や契約など）やその他の制約（プライバシー権など）によって阻害されてはなりません。作品は既存の著作権の例外（著作権の付与されている作品を引用する事など）に頼ることはできますが、間違いなく自由である要素のみによって自由な作品は構成されます。

言い換えれば、作品の利用者が法的もしくは実用的に基本的な自由を行使できない場合は、その作品は〝自由〟であるとはいえません。

文化作品のソースコードを考える

この「フリーカルチャー作品」の定義は、フリーソフトウェアの思想をフリーカルチャーのコンテンツに向けて翻訳した内容だといえます。この定義は、自由な文化とは何かを考える上で、ある重要な前提を浮き彫りにしています。それはただ作品の自由な利用を許可することにとどまらず、作品の「源《ソース》」となるデータを提供しなくては意味が半減してしまう、というように表現できるでしょう。

ソースコードは本来的にはソフトウェアの実行形式を構成する要素を意味していますが、ソフトウェア以外の作品の「ソース」を問うことは実に重要な問題です。

なぜならデジタル・ファイル形式で作られる作品は原理的に、制作のプロセスが記録可能であり、その細かい構成要素が特定できるからです。

この定義文では、たとえば、音楽におけるソースデータは楽譜であると書かれています。私たちがイヤホンやスピーカーを通して耳にする音楽の最も基本的な構成要素は、メロディー（主旋律）を表現する楽譜であるといえます。もっと具体的なレベルで考えてみると、現代的な音楽は複数の楽器を用いて演奏されることが多いことを踏まえれば、ある楽曲を構成する複数の層《レイヤー》ごとに演奏方法を指示する楽譜が存在します。音楽を学ぶ人は、名演奏家の演奏を何度も繰り返し聞きながら、楽譜をどのように演奏しているのかを探り、模倣しながら技法を身に付け、技能を向上させます。これはソフトウェアの実行形式からソースデータを再構築しようとするリバース・エンジニアリングの手法に似ています。今日、ＣＰＵが内蔵され、デジタルな形で処理される楽器も多く存在しますが、そうしたデジタル楽器で行なわれる演奏の出入力（ピアノの鍵盤のタッチ、ギターやバイオリンの弦の弾かれ方など）を記録し、可視化するファイル形式を作れば、その演奏家の特徴を学習する上で非常に有益な情報となるでしょう。

同様に、コンピュータ上で楽曲を制作するツールでは、そうした複数のレイヤーが時間軸に沿って可視化され、作者はそれぞれのレイヤーでの音の出力方法を編集

しながら楽曲を制作する方法が主流になっています。そうした複数の層をソフトウェアは最終的な楽曲として出力しますが、編集ファイルそのものが公開されれば、同じソフトウェアを使う学習者にとってはとても参考になる情報となります。

もちろん表現の領域によってはソースデータの形態は大きく異なりますし、ソースデータが何であるかについても議論の余地が大きく残されています。しかし、このように文化作品（コンテンツ）のオープンソース化を考えることは、フリーカルチャーが目指す「開かれた文化」を構築する上では避けては通れないテーマだといえます。それは直接的にはライセンスの設計ではなく、アーティストやクリエイター、そしてエンジニアの実践にかかっている問題なのです。

CCライセンスとビジネス

CCライセンスをめぐって、早期から非営利利用と商業利用の領域を接合しようという議論が起こってきました。クリエイティブ・コモンズのチェアマンを務め、MITメディアラボの学長でもある伊藤穰一は「共有経済」（Sharing Economy）という用語を提唱し、作品を積極的に共有することによって商用利用の機会を増やせるという主張を行なってきました 49。これは非営利と商用双方の窓口を設けるという、いわゆるデュアル・ライセンスの発想をコンテンツに適用するという考えだといえます。

CCライセンスでは「CC＋（プラス）」という取り組みを実装しています。たとえば楽曲ファイルをウェブ上で公開する作家が、自分のファンや一般人に対しては、無償で改変も共有も許可して、より広い層に聴いてもらいたいと考えているとします。ただし、広告などの映像の挿入歌として商業目的に使いたい企業に対しては、お金を払ってほしいと考えています。この場合、CCライセンス以外の条件を記したウェブページを作成しておき、CCライセンスを選択する際に「追加の許諾のURL」というメタデータにそのページのアドレスを入力することによって、そのコンテンツと紐づいたコモンズ証の画面の中で「追加の許諾のURLリンク」を表示することが可能になります。こうすることにより、非営利目的での利用しか許可されていないCCライセンスが付いたコンテンツでも、営利目的での利用を望む人に対して条件を提示することが可能になっています。（本書のCCライセンス事例を紹介したケーススタディ集ではこの戦略を採ったプロジェクトを多く紹介しています）

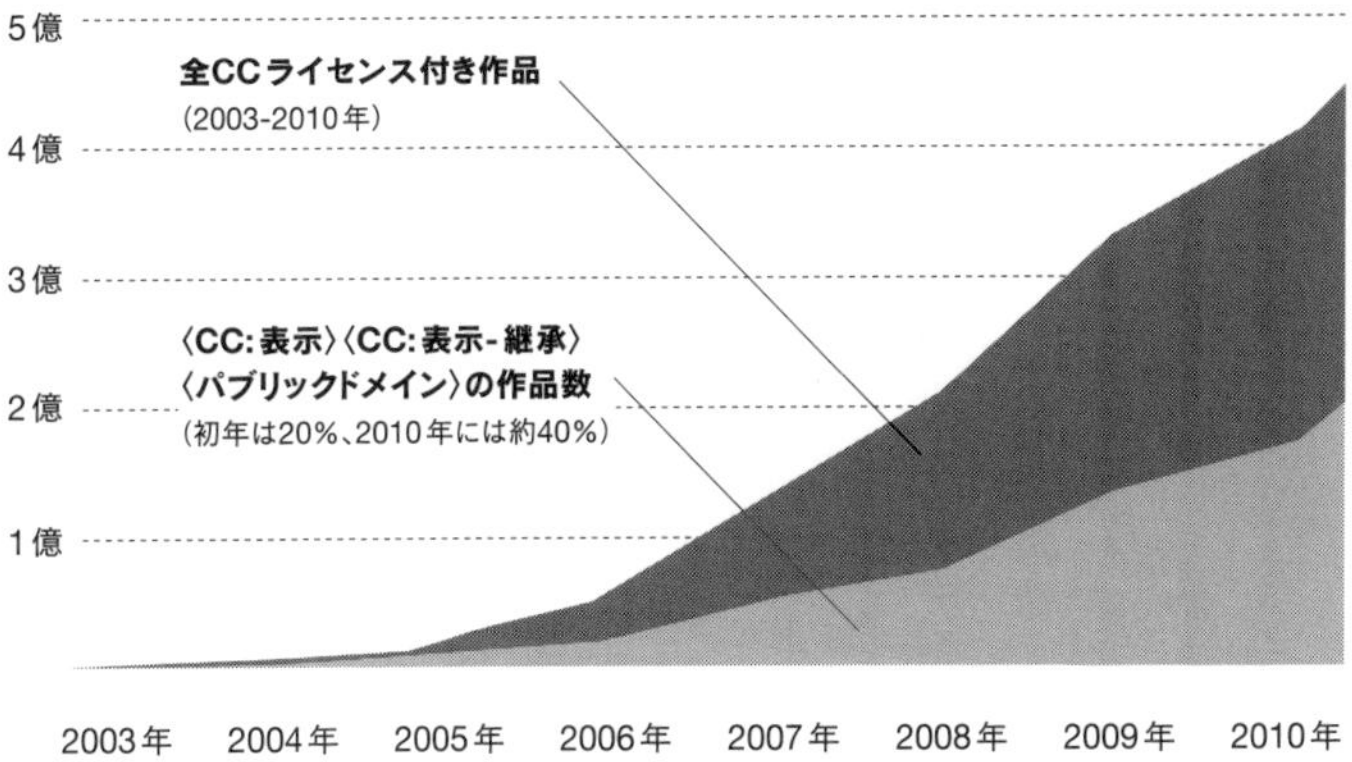

CCライセンスの普及

インターネット上に創作物の共有のルールを提案するCCライセンスが、社会の中で真に有効な存在となるためには、当然ながらより多くの人々に利用される必要があります。クリエイティブ・コモンズは2002年に最初のライセンス群を提供して以来、数多くのプロジェクトや個人によって利用されてきました（上図参照）。CCライセンスにはメタデータが実装されているため、グーグルやヤフーといった

49 Research Topic: The Sharing Economy, Joi Ito, http://joi.ito.com/pdf/joiresearchtopic.pdf

50 クリエイティブ・コモンズ『Power Of Open』〈cc表示〉 http://thepowerofopen.org/

CCライセンス検索機能を有した検索エンジンを利用した数量的な調査が可能です。しかし検索の範囲や論理形式《アルゴリズム》は検索エンジンごとに異なったり、各社のその時々の都合によって変化したりするので、調査の方法によっては数値に少なくない誤差が存在することも事実です。それでも大まかな普及の度合いを探ることは可能です。

2010年末時点での米クリエイティブ・コモンズ事務局による統計調査によれば、ウェブ上にはおよそ4億個以上のコンテンツにCCライセンスが付けられていることがわかっています。これは主にヤフー検索エンジンと写真共有サービスであるフリッカーのデータに依存しています。

少なく見積もっても4億のコンテンツがインターネット上でCCライセンスが付けられて公開されていることになります。また、先述したフリーカルチャー作品の定義に沿う、真にフリーなライセンス〈🅭表示〉と〈🅭表示－継承〉では、1.7億以上のコンテンツが存在します（135ページ図参照）。

また、メタデータが作品に適切に与えられていないものや、ほかの理由で統計手法から漏れてしまっている作品も含めれば、それ以上の数が存在すると考えられます。というのも、CCライセンスのメタデータが、コンテンツに対してどう記述されているかということにはゆらぎがあると考えられます。メタデータの付与はそ

年末	フリーライセンス数	全ライセンス数	フリーライセンス比率
2003	208,939	943,292	22.15%
2004	1,011,650	4,541,586	22.28%
2005	4,369,938	15,822,408	27.62%
2006	12,284,600	50,794,048	24.19%
2007	40,020,147	137,564,807	29.09%
2008	68,459,952	214,970,426	31.85%
2009	136,938,501	336,771,549	40.66%
2010	160,064,676	407,679,266	39.26%
2011.10	172,274,248	439,123,509	39.23%

れぞれのユーザー投稿サービスの仕様や自分のウェブページを管理している個別の作者の手に委ねられるので、クレジット表記がテキストで表示されていても、ウェブページのソースコードにメタデータを貼られていないといった「入力漏れ」を完全に防ぐことはできていません。これは現在進行形のCCライセンスの課題です。

CCライセンスの普及の歴史的な目印としては、2002年にMITによる教材をウェブ上で無償配布するオープン・コースウェア、2003年にはIT系出版社のオライリー・メディアによるオープン・ブックス、2004年には画像共有サービスのフリッカー、2005年には多くの著者やアーティストのプロジェクト、2006年には世界中の多様な分野での第一人者たちの講演を動画で公開するTED、2007年には音楽共有プラットフォームのサウンドクラウド、2008年には世界的なロックバンドのナイン・インチ・ネイルズのアルバム『Ghost I』、2009年にインターネット最大の百科事典であるウィキペディアとアメリカ合衆国大統領官邸（ホワイトハウス）、2010年にはヨーロッパ連合（EU）によって運営されるヨーロッパ文化遺産のデジタル・アーカイブのユーロピアーナ、そして2011年にはインターネット最大の動画共有サービスであるユーチューブといった著名なサービスがCCライセンスに続々と対応してきたことが挙げられます。そのほかにも、本書ですべてを紹介しきれないほど多くのサービスがCCライセンスに対応し、フリーカルチャーの拡大に貢献してきました。（より詳細な、フリーカルチャーの発展に重要な役割を果たしてきた事例を紹介するケーススタディ集として137ページより収録）。

そして、次章では、クリエイティブ・コモンズと並行して発展する、情報のオープン化の取り組みと、その社会に与えるインパクトについて考察していきます。

CCライセンス・ケーススタディ集

文化のオープンソース化の視点から

フリーカルチャーの多様性を感じ取ってもらうために、クリエイティブ・コモンズ・ライセンスを採用した数多くのプロジェクトをカテゴリーに分け、初心者にも役に立つと思われるものを中心にピックアップし、入手可能な情報からその目的や属性、成果を説明し、そのプロジェクトへの参加方法や作品の利用方法を記載しました。他者の作品を編集したり、リミックスを作ったりしたい人、みずからの作品をオープンな形で公開したい人、もしくはオープンな作品を集めるプロジェクトを開始したい人の参考になれば幸いです。

ここで何を取り上げるかという選択に筆者の恣意性が介在していることは否めませんが、最終的に多様な領域のプロジェクトに触れられるように努めました。また、筆者がフリーカルチャーに携わるようになった2004年頃には、まだ両手で数えられる程度の数しか重要なプロジェクトは存在していませんでしたが、現在はおよそ個人では把握しきれない数のプロジェクトが日々世界中で生まれています。興味を抱いた読者の方は文末に記載したウェブサイトからより多くのプロジェクトをみずからの手で探していただければと思います。

ここまで、ソフトウェアからコンテンツに至るフリーカルチャーの形成を振り返ってきました。インターネットがもたらした文化的な革新性に改めて注目すると、デジタルな形で制作される作品はソースデータを持ち、そしてその制作のプロセスが記録され得るという特徴が重要性を帯びてきます。このケーススタディで取り上げるプロジェクトの数々に、暫定的であれ、比較が行なえる基準を設けるとすれば、先述したフリーカルチャー作品の定義の観点を用いることができるでしょう。そこからさらに、多様な創造の領域——大まかに分ければ文章、音楽、画像、映像、ソフトウェア——のそれぞれにおいて、どのような新しい価値が生まれることを期待し、実装していけるかという議論は、未来の文化においてどのような「自由」の可能性が存在するかということを検証することにほかなりません。

『The Power Of Open』
〈CC: 表示〉
http://thepowerofopen.org/

＊このケーススタディ集の一部では、アメリカ本国が制作したＰＤＦ『The Power Of Open』の内容をクリエイティブ・コモンズ・ジャパンが翻訳した文章の一部を再利用かつ補足を行なっており、当該箇所には表記を追加してあります。原文ＰＤＦは上記ＵＲＬから〈ⓒ表示〉ライセンスでダウンロードできます。

動画の オープンソース化

動画作品は、インターネットのインフラ網が整備され、ブロードバンド接続が普及する過程で成長してきた分野です。動画の自由な二次利用とは、第一には閲覧者が動画をブログやSNSのタイムラインに勝手に埋め込むことです。動画共有サービスの運営者にとっては、ホストする動画が多くの回数閲覧されるほど、付随する広告収入が得られるので、現在はほとんどの動画共有サービスが埋め込み機能に対応しています。次に動画を素材として使いたい場合には、動画ファイルのダウンロードを可能にする必要がありますが、この機能への対応はサービスによってまちまちな状況です。

YouTube／ユーチューブ

これまで世界中のさまざまな動画共有サービスがCCライセンスに対応してきましたが、その中でも最大規模を誇るのが、2011年6月に〈ⓒ表示〉ライセンスを採用した**ユーチューブ（YouTube）**です**1**。

ユーチューブではそれまでも作品の説明文の箇所にCCライセンスの記述を書き足すことによって作品にCCライセンスを付けて公開することができましたが、現在は作品をアップロードする際に設定を行なうだけでCCライセンスで公開することが可能になりました。このことによって、ユーチューブ内でより正確にどの作品がCCライセンスで公開されているのかがわかり、サイト内検索やグーグル検索などで簡単に探し出すことが可能になります。同時に、C-SPAN、PublicResource.org、Voice of America、Al Jazeeraといった放送メディ

1 ユーチューブは以前からも、著作権のある楽曲が違法な形で動画に貼り付けられることを防ぐために、CCライセンスの付いた楽曲を動画に貼り付けられる「オーディオ入れ替え」（YouTube Audio Swap）機能を提供しています。http://www.youtube.com/audioswap_about

アから約1万個の動画が〈🅭表示〉ライセンスでユーチューブ上に公開されました。

　そしてユーチューブはCCライセンスの導入と同時に、簡易的な動画編集の機能「YouTube動画エディタ」を追加しました[2]。このことによって、ユーチューブの利用者は〈🅭表示〉ライセンスで公開されているほかの作品を検索して簡単に自分の動画を作ることができるようになりました。また〈🅭表示〉ライセンスで公開されているユーチューブの動画には「この動画をリミックス」というボタンが付いているので、それをクリックすれば簡単にリミックスを開始することができます。

YouTube上のライセンス選択画面

〈CC:表示〉ライセンスの動画作品は
リミックス用のボタン付き

　現時点で選択できるライセンスは〈🅭表示〉ライセンスのみとなっていますが、このことには複数の理由が考えられます。

　動画が編集されるということは改変されることも含んでいるので、改変を禁止するCCライセンス――〈🅭表示-改変禁止〉、〈🅭表示-非営利-改変禁止〉ライセンス――は適用できません。利用者の作品がただ閲覧されるだけではなく、新しい作品の制作にも利用されることは、ユーチューブの運営者にもメリットがあります。

　ユーチューブにアップロードされるほとんどの作品はあまり閲覧されることはなく、ごく一部の作品だけが人気を得ることができます。いわゆるロングテールの原理と呼ばれるこの現象はほとんどのウェブサービスもしくは文化全体で観察できることですが、運営者としてはあまり人気のない膨大な量の動画データを記録するだけでも多大な金銭的コストを要します。しかし、そうした個別には閲覧される回数の少ない作品でも、違う作品の一部として利用され、その作品が人気を得ることができれ

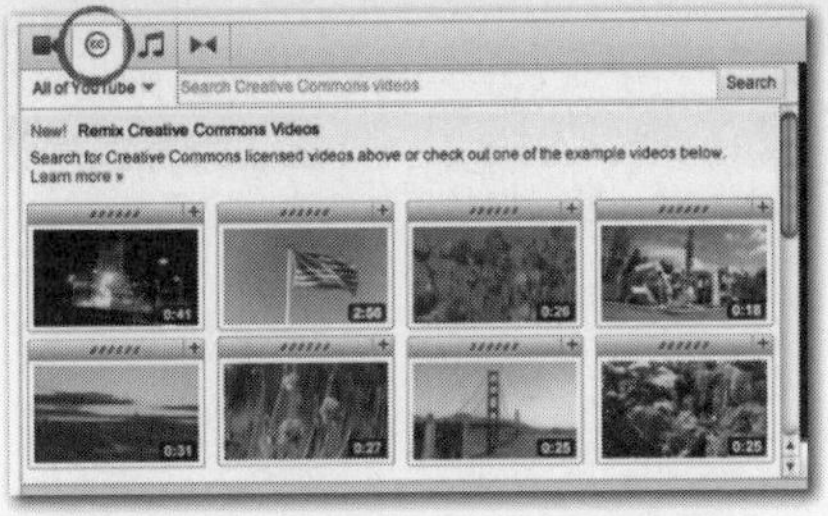

YouTube動画エディタ＋CCライセンス作品検索ボックス

ある作品の元になった動画の一覧リスト

二次利用したソース動画のリストとクレジット表示

ば、ユーチューブ全体に対しても有効な資源としてとらえ直すことができます。

そしてユーチューブは動画に広告を付けることによって収益を上げています。このことは、異なる作品の一部として使用されることになる動画に営利目的の利用を禁止するその他のCCライセンス——〈🅭表示-非営利〉、〈🅭表示-非営利-継承ライセンス〉——を適用

できないことを意味します。残る選択肢としては〈🅭表示〉もしくは〈🅭表示-継承〉ライセンスですが、〈🅭表示-継承〉ライセンスに対応していれば、CCライセンスの付いた動画を使用して作られた新しい作品にも自動的に同じライセンスを付けることができるので、作品間のライセンス互換性の問題を解決できるはずです。それでも〈🅭表示〉のみに限定したことには次のような理由が考えられます。

2 http://www.youtube.com/editor

まず、ライセンスの選択肢を増やすことによって利用者にはより大きな自由度が与えられますが、同時にどのライセンスを選べばよいのかわからない利用者も出てきます。その結果、利用者のコミュニティで混乱が生じることを、運営者が回避したいという意図も考えられます。このことは運営者がコミュニティに対して適切に説明を行なうことによって解決できる問題ですが、ユーチューブのように巨大なサービス規模となると、運営の意図が正確に伝達されるかわからない側面もあります。

もうひとつの理由は、ユーチューブの動画がユーチューブ以外のメディア、特にテレビで利用されることが増えてきたことと関係しています。ユーチューブの〈ⓒ表示 - 継承〉ライセンスが付いている動画がテレビ番組で放送されると、放送局も同じライセンスで番組を公開しなくてはならなくなりますが、そのことはインターネットでの番組配信を完全にシステム化できていない現在の放送業界の慣習ではまだ困難だといえます。

ユーチューブのCCライセンスの採用はまだ始まったばかりで、ユーチューブほどの認知度の高い動画共有サービスがCCライセンスを採用したことによって、インターネット全体における動画作品のオープン化が飛躍的に進むことは間違いないでしょう。

その他の動画共有サービス

ユーチューブ以前にも、CCライセンスを導入する動画共有サービスが数多く存在してきました。その代表的なものを以下に説明します。

日本においてはニフティによる「**@nifty 動画共有**」(2011年6月にサービス停止)がCCライセンスの選択機能を取り入れ、ブラウザ上で簡単に動画を編集し、ほかのCCライセンスで共有されている音楽を読み込んで動画作品を作ることのできる機能を提供していました。

ヴィメオ(Vimeo)は2004年11月に設立された動画共有サービスで、作者が作成した動画作品しかアップロードを受け付けないというほかのサービスと比較すると厳しいルールを課すことや、高画質(HD)動画にいち早く対応したり、デザイン性の高いユーザー・インターフェースやきめ細かい機能の提示などによって、芸術性の高い動画作品を集めることに成功しています。2010年7月よりヴィメオでは動画作品をアップロー

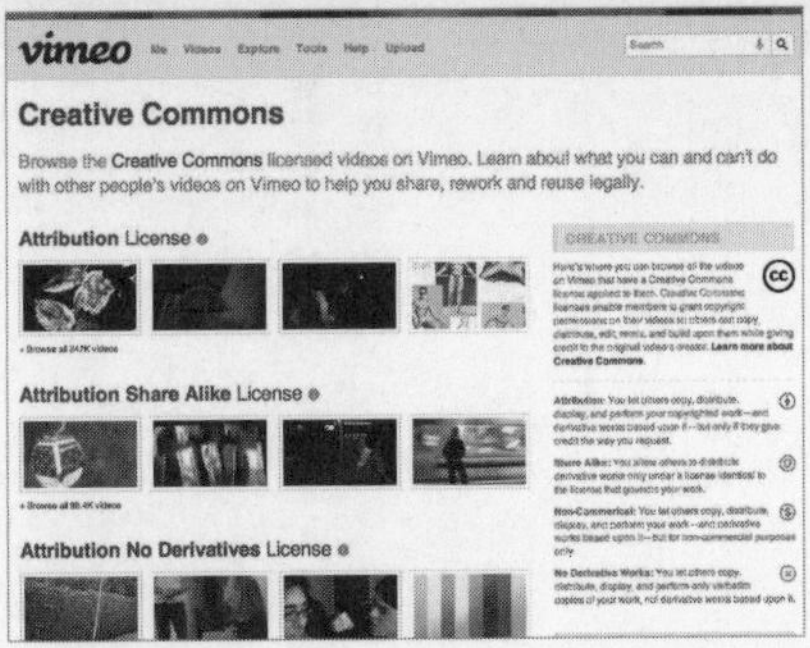

ヴィメオ

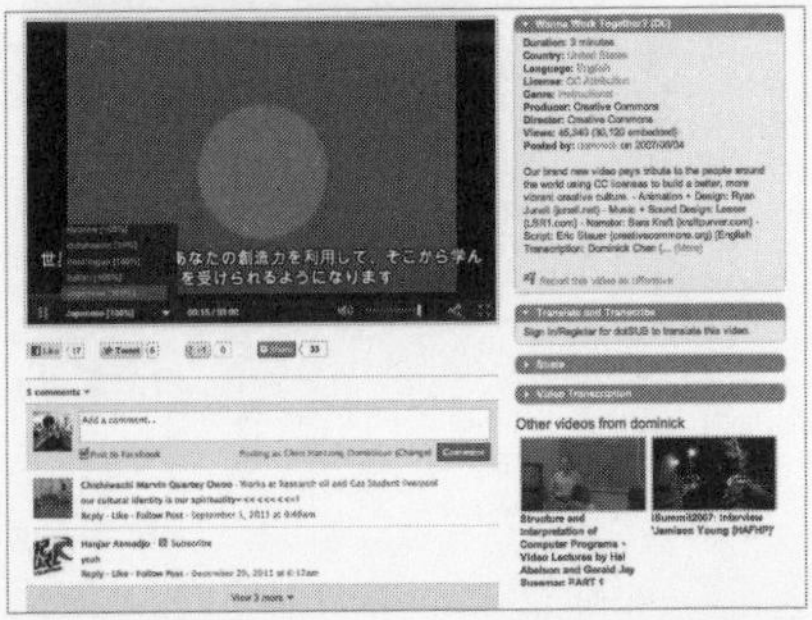

ドットサブ

ドする際に全6種類のCCライセンスの中から選ぶことができ、誰でも作品をダウンロードできるように設定することができます。また、ヴィメオは有償の月額プランを収益源としています。

ドットサブ(**Dotsub**)は動画作品に簡単に字幕を付けることのできるサービスです。作者が原語で文字起こしをして動画を公開しておくと、閲覧者が自分の好きな言語に翻訳することができ、結果的にドットサブにアップロードされている多くの動画に数カ国語、多いときには数十カ国語の字幕が付けられています。ドットサブでは動画作品をアップロードする際に全6種類のCCライセンスの中から選ぶことができます。

動画を作成するユーザーに広告収益を分配するモデルは、ユーチューブよりも前から存在してきました。**ブリップ・ティーヴィー**(**Blip.tv**)は2005年に開始した、シリーズ番組に特化した動画共有サービスで、動画に付随する広告からの収入の半分を動画の作者に与えます。ブリップ・ティーヴィーでは作者が動画をアップロードする際に、全6種類のCCライセンスの中から選ぶことができます。**レヴァー**(**Revver**)という動画共有サービスは現在は停止していますが、動画にCCライセンスを付けてより多くの場所で再生されることを促進することによって広告収入を増やし、さらにその収益を動画の作者に50／50で分配するというモデルを最初に行なった草分け的な存在です。レヴァーで有名になった作品としては、eepybirdという作者が制作した「コーラにメントスを入れると爆発する」現象をコミカルに描写した動画で、作者は3万ドルの広告収入を得たといいます。レヴァーはその後、ライブストリーミング社に売却されましたが、同社が広告収入の分配を停止すると、多くのユーザーはブリップ・ティーヴィーに移ってしまい、サービスの求心力が落ちてしまいました。

動画素材のオープン化とさらなる派生関係へ

動画のオープンソースを定義するならば、動画をひとつの作品としてダウンロードできるレベルから、動画の構成要素（動画の編集に使用した編集ソフトのファイルやそのほかの画像、楽曲といった素材）までも公開するレベルまで設定することが考えられます。動画編集を学習したりみずからも活発に投稿したりする利用者にとっては、基となる素材動画がどのように編集されているのか細かく知ることができたほうが参考になるという意味では後者が理想だといえます。しかし、一個人の動画作者にとっては、他者の参加による開発の効率化を期待するソフトウェアのオープンソース化とは異なり、自身の作品をそこまでオープンにする一般的な動機はまだ普及していないといえます。

もうひとつのアプローチとしては、動画の基となる構成要素そのものをオープンな形で集める方法があります。たとえば日本におけるニコニコ動画の「**ニコニ・コモンズ**」や初音ミクに代表されるボーカロイド作曲ソフトを販売するクリプトン・フューチャー社が運営する**ピアプロ**といったコミュニティでは、イラストや楽曲といった作品の二次利用を許可する独自のライセンスを採用しており、そうした作品を素材にして多数の動画が作成されています。ニコニコ動画はクリエイティブ・コモンズを参考にしつつも、ライセンスのような法的定義ではなく、サービス上のガイドラインとしてユーザー同士で創作物を共有する、というスタンスを選び、ニコニ・コモンズを開設しました。ニコニ・コモンズに投稿された素材は原則としてニコニコ動画に投稿される動画でしか利用できませんが（もしくはニコニコ動画と連携した他サービス）、ニコニコ動画内の二次創作の勢いは活性化しています。

また、2012年に展開予定の**ニコニコ動画（ZERO）**は、作品同士の引用や参照の関係をコンテンツツリーという機能で可視化し、発生した広告収益をその関係にもとづいて作者たちに分配する「クリエイター奨励プログラム」の開始を表明しています[3]。このコンテンツツリーの取り組みは技術的にも非常に挑戦的なもの（たとえば不正なコンテンツの登録によって収益をあげるユーザーをどのように防ぐかなど）ですが、動画の領域においても、柔軟にライセンスされたコンテンツを増加していく段階から、動画同士の派生関係や素材の継承関係を可視化し、創造のプロセスや流れを評価していく段階への移行が起こっていることを示唆していると考えられます。ユーチューブのCCライセンス採用による動画リミックスの促進も、同様の方向を向いているといえるでしょう。

TED／テッド

「Technology Entertainment Design」の略である**TED（テッド）**は、技術・教育・デザインの分野での第一線の人材を招いて講演を行なう事業で、2006年よりインターネット上でTEDトークと呼ばれる講演の様子を公開するようになってから一般のインターネット・ユーザーの間でも非常に有名になりました。TEDトークの講演映像は当初よりすべて〈ⓒ表示－非営利－改変禁止〉ライセンスによって配信されており、開始から5年間で、2億人以上の聴衆により視聴されてきました。今日、TEDトークで講演を行なうことは研究者やアーティストにとって大きな名誉であり、それぞれの分野における成功の共通の指標となっているとすらいえます。そして講演者たちが努めて科学者ではない一般の人にで

3　ニコニコインフォ「【5周年】発表まとめ&次回発表会 観覧募集!」http://blog.nicovideo.jp/niconews/2011/12/027835.html

も理解できるように語っていることにより、科学の最先端の研究内容を社会に伝えるコミュニケーションの場としても機能しています。

「私たちがみずからのコンテンツを公開すると決めたのは、アイデアを広めるという目的があったからです。私たちの取った決断はすべてその目的にもとづいています。その意味でもクリエイティブ・コモンズは最も効率よくTEDトークの普及を促進し、かつ私たちの動画コンテンツがどのように使われるべきかという議論から解放してくれました」とTEDメディア制作責任者のジュネ・コーエンは述べています。

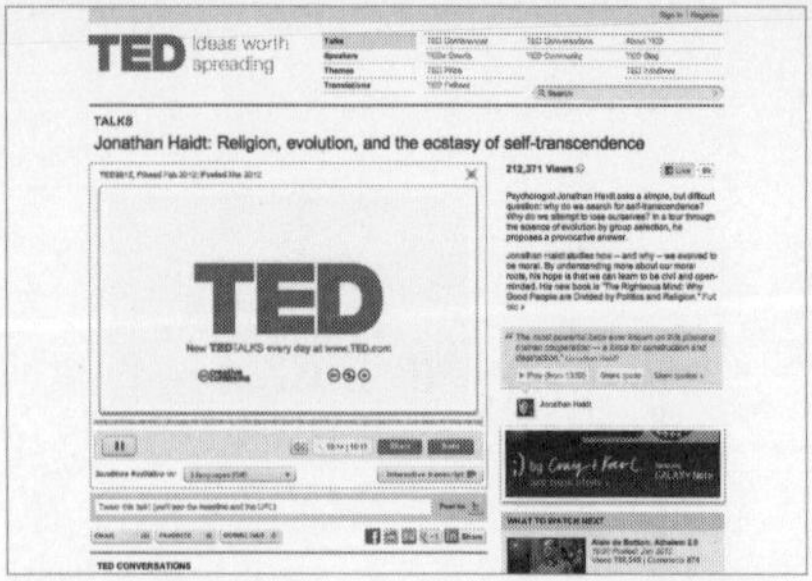

TEDのビデオ視聴画面

「講演内容をオンラインで配信するという決定は物議を醸しました。それによって、人々がカンファレンス費用の支払いを拒んだり、講演者に拒否されたりして、このプロジェクト自体が破綻してしまうのではないかとも懸念されました」

しかし今日のTEDトークの知名度を見てもわかるように、結果的にこの戦略は功を奏しました。「初めてTEDトークのコンテンツを無料でリリースしてから1年後にカンファレンス料金を50％値上げしましたが、それにもかかわらず参加チケットは1週間で完売し、さらに1000名の順番待ちが発生しました。講演者たちがトーク内容が早急に掲載されることを求めただけでなく、カンファレンス料金を払って参加していただいた人々は会場で聞いたばかりの講演を自分の家族、友人や同僚に伝えたいと切望していました」と、コーエンはいいます。

TEDトークでスウェーデンの医師兼統計学者のハンス・ロスリングが行なった発展途上国についての発表は、CCライセンスがある課題を世に広める手助けになるというよい例を示しています。ロスリングは、「私のTEDトークがオンラインで公開されたことは、それまで行なってきたどの活動よりも自分のキャリアに影響を与えた」とコーエンに話したそうです。

もうひとつ、TEDトークにCCライセンスが与えた副産物としては、TEDトークの映像の字幕を誰でも利用できるようになったことが挙げられます。TEDトークは、視聴者が動画に自由に各国言語の字幕を追加し、オープンソース的に編集できるサービス、ドットサブと提携し、世界中の視聴者が自分の国の言語に発表内容を翻訳することに参加しています。また、〈ⓒ表示-非営利-改変禁止〉ライセンスの条件に従う限りにおいて、学校の授業で使用したり、上映会を行なうことなども許可されています。

文章・百科事典のオープンソース化

Wikipedia／ウィキペディア

ウィキペディア（Wikipedia）はCCライセンスで公開されている作品を世界で最も多く集めている、フリーカルチャーの金字塔的なプロジェクトです。

2001年1月には26件の英語記事で開始し、2011年10月には約269個の言語で2000万件以上の記事が集まっており[4]、現在はすべての記事に〈ⓒ表示-継承〉ライセンスが付されています。

ウィキペディアには簡単に参加することができます。アカウントを作成して登録したあとに、新しい記事を作

4 ウィキペディアの公式記事数統計ページ：http://stats.wikimedia.org/EN/TablesArticlesTotal.htm

成したり、すでに存在する記事の編集を開始することができます。ウィキペディアには長年培われてきたマナーやルールを遵守することが求められますが、それらはほかのベテラン編集者などに助けられながら徐々に学ぶことができるでしょう。そしてウィキペディアに参加して新しい知識を追加したり、校正を行なうことによって洗練させたりすることによって、ほかの誰もが自由にその情報を利用して学習や創作に役立てることができます。

こうした多人数間での編集や履歴の保存、議論を行なうための機能はメディアウィキ(Media Wiki)というオープンソース・ソフトウェアによって支えられています。もともとはエンジニアのワード・カニンガムが1995年にウィキウィキウェブ(WikiWikiWeb)というソフトウェアを制作し、ウェブページを構成するHTMLなどのプログラミング言語を知らなくても簡単な文法を覚えるだけで誰でもウェブページを作れることを可能にしました。その後、さまざまなWikiソフトウェアが開発され、Wikiを使用するサービスが多く現われましたが、ウィキペディアは最大のWiki型サービスだといえます。

誰でも参加でき、自由に利用できるオープンソースな百科事典を目指して立ち上がったウィキペディアでは、記事はGNUフリードキュメント・ライセンス(GFDL)で公開されてきました。しかし、GFDLはソフトウェア用の印刷ドキュメント(説明書や仕様書など)を想定して作られたライセンスであり、GFDLで公開されている作品を引用したり改変する際にはライセンス全文を再掲しなくてはならず、さらにウィキペディアのようにひとつの記事が数百人の編集者によって数百回も編集されることがある場合は、たとえ短い記事の引用であってもその箇所に関連した編集者のリストを再掲しなくてはなりません。ウィキペディアの設立時には、著作物全般を対象としたCCライセンスはまだ存在しておらず、ソフトウェア以外の文章を対象としたフリーライセンスはGFDLしかありませんでした。つまり、GFDLはウィキペディアの掲げる理想の象徴としては機能しましたが、ウィキペディアの記事には必ずしも適していなかったのです。しかし、2007年の段階でCCライセンスで公開される作品がインターネット上で増加してくると、そうした作品とウィキペディアの記事を一緒に利用することのニーズが高まってきまし

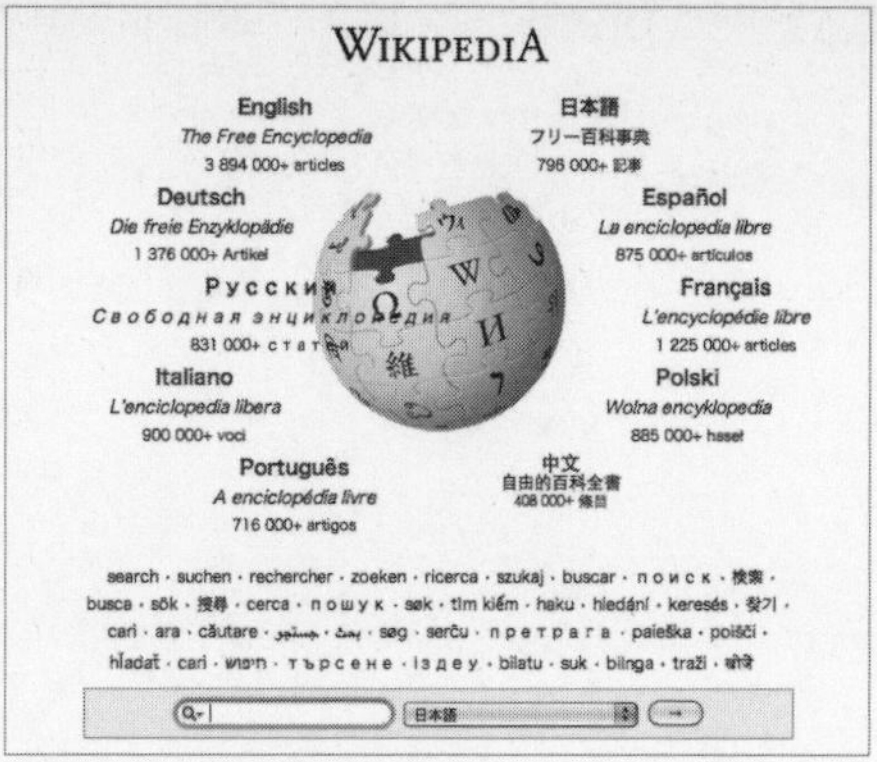

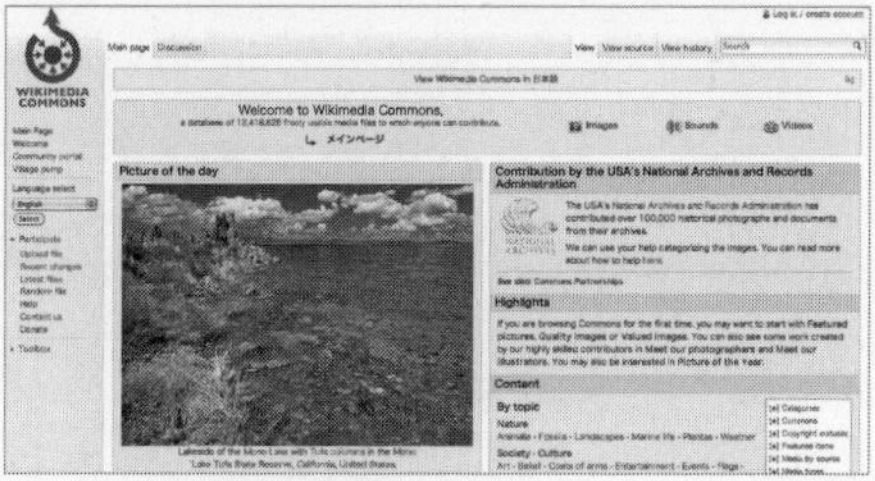

た。これはたとえば文章のみならず写真や動画、楽曲といった作品を関連するウィキペディアの記事の中に取り込むこと（移入）、またはウィキペディア記事をウィキペディア以外の場所でほかの作品と共に利用すること（移出）の2つの方向が考えられます。

そこでウィキペディアの記事にGFDLと互換のあるCCライセンスを適用する議論が2007年に始まり、2009年6月からはウィキペディアの記事はGFDLと〈cc表示 - 継承〉ライセンスの2つのライセンスで公開されることになりました。これはウィキペディア記事の利用者がGFDLと〈cc表示 - 継承〉ライセンスの好きな方を選択して利用することができることを意味しています。

ウィキペディアがCCライセンスを導入したことによって、ユーチューブの動画やフリッカーの写真、フリーサウンドの音源といった多種多様なCCライセンスの作品をウィキペディアの記事作成に役立てることができます。また、〈cc表示 - 継承〉ライセンスの「継承」の制約はありますが、ウィキペディアの記事を活用して異なる作品を制作し、公開することも容易になりました。

150ページの「移入」と「移出」の表は、次のことを意味しています。

・ウィキペディアの記事を作成するときには、〈cc表示〉、もしくは〈cc表示 - 継承〉でライセンスされている

コンテンツに付与されたライセンス	ウィキペディアの記事の中に取り込むこと（移入）		ウィキペディア記事をウィキペディア以外の場所でほかの作品と共に利用すること（移出）	
	以前	現在	以前	現在
パブリックドメイン	○	○	×	×
CC:表示	○	○	×	×
CC:表示-継承	△	○	×	○
その他のCCライセンス	×	×	×	×

ウィキペディアへの移入およびウィキペディアからの移出のライセンス対応表 5

かパブリックドメインにある外部の作品（文章、写真、楽曲、動画）であれば記事に取り込むができます。

・ウィキペディアの記事をウィキペディアの外部で利用（引用やリミックス）して違う作品に取り込む場合、その作品は〈ⓒ表示-継承〉ライセンスで公開する必要があります。逆にいうと、パブリックドメインや〈ⓒ表示〉、その他のCCライセンスを付けることはできません。

ウィキメディア財団のその他のフリーカルチャー・プロジェクト

ウィキペディアはフリーな記事を集めるプロジェクトですが、ウィキペディアを運営する**ウィキメディア財団**は、文章以外のフリーな作品（画像、音源、動画）をアーカイブしてくためのプロジェクトとしてウィキメディア・コモンズを運営しています。2011年12月現在の時点で1185万件以上のパブリックドメイン、GFDLやCCライセンスのファイルが登録されており、ウィキペディア記事の作成や、その他の創作全般のために活用されています。ウィキメディア財団が展開するフリーカルチャーのプロジェクトの一覧を、次ページの表にまとめます。

プロジェクト名	URL	内容	適用されるライセンス
Wikipedia / ウィキペディア	http://wikipedia.org	誰でも参加できる百科事典	表示-継承（もしくはGFDL）
Wikimedia Commons / ウィキメディア・コモンズ	http://commons.wikimedia.org	誰でも参加できるメディア（画像、動画、音源）のアーカイブ	表示-継承（もしくはGFDL）
Wikisource / ウィキソース	http://wikisource.org	パブリックドメインの書籍／文章のアーカイブ	表示-継承（もしくはGFDL）
Wiktionary / ウィクショナリー	http://wiktionary.org	誰でも参加できる辞書	表示-継承（もしくはGFDL）
Wikiquote / ウィキクォート	http://wikiquote.org	誰でも参加できる発言引用アーカイブ	表示-継承（もしくはGFDL）
Wikibooks / ウィキブックス	http://wikibooks.org	誰でも参加できる書籍のアーカイブ	表示-継承（もしくはGFDL）
Wikispecies / ウィキスピーシー	http://species.wikimedia.org	誰でも参加できる生命種の系統アーカイブ	表示-継承（もしくはGFDL）
Wikinews / ウィキニュース	http://wikinews.org	誰でも参加できるニュースサイト	表示
Wikiversity / ウィキバーシティ	http://wikiversity.org/	誰でも参加できる学習教材アーカイブ	表示-継承（もしくはGFDL）

ウィキメディア財団が管理するフリーカルチャー・プロジェクト一覧

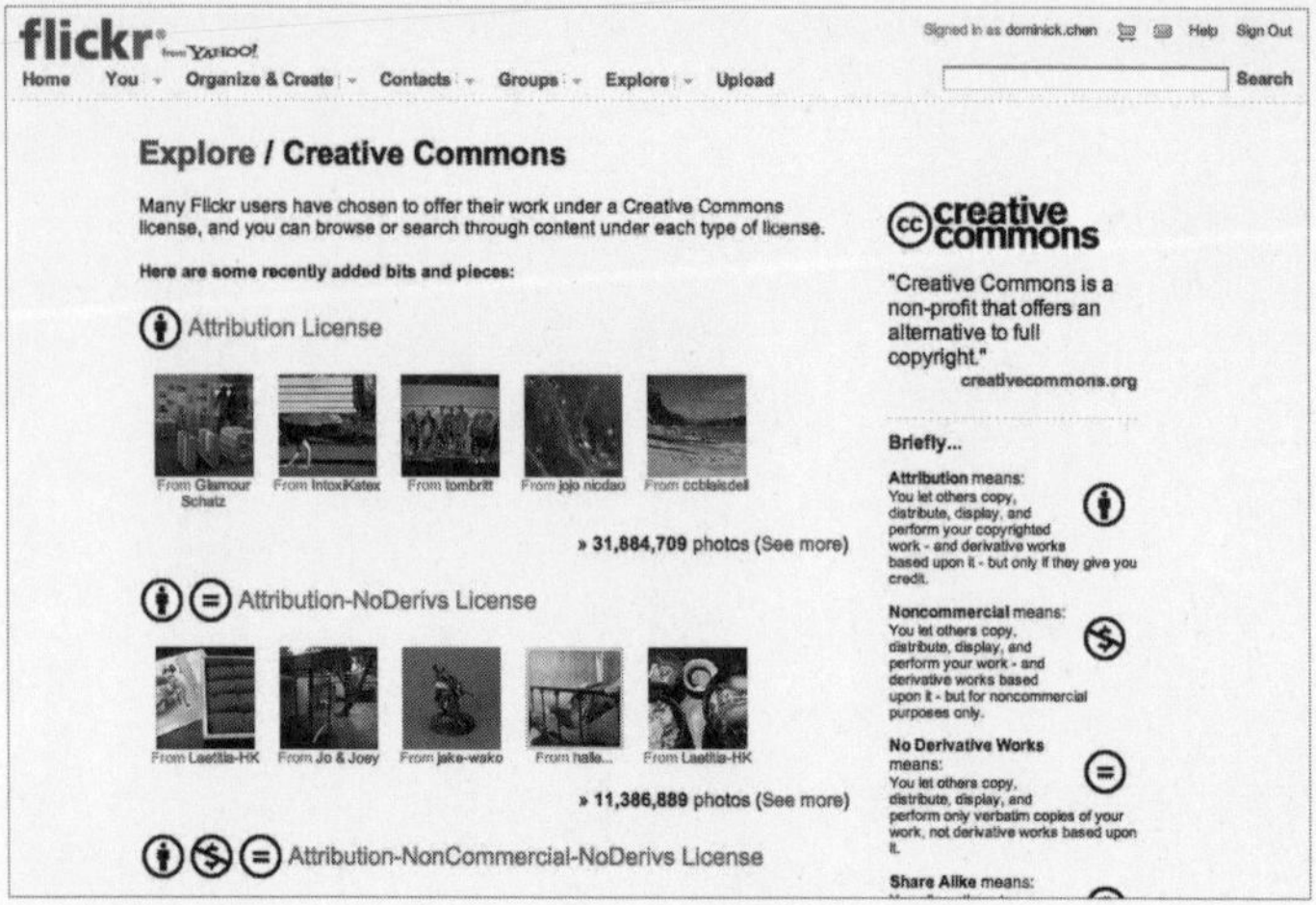

Flickr内のCCライセンスで公開されている写真のライセンス別紹介ページ **6**

写真のオープンソース化

Flickr／フリッカー

ウェブ上ではさまざまな写真共有サービスが展開してきましたが、中でもいち早くCCライセンスを採用した大規模なサービスとして、ヤフーが運営する**フリッカー（Flickr）**が挙げられます。フリッカーでは、2010年の時点で2億以上の画像がCCライセンスで公開されていることがわかっています。

フリッカーは早期から、ユーザーが写真を投稿するだけではなく、投稿された写真に誰でも「タグ」と呼ばれるキーワードを付与して分類することができ、共通のタグを元にユーザー同士が交流するなど、写真を介したコミュニケーションを促す工夫を盛り込んでいきました。その結果、デジタルカメラの普及にもともなって、創造的で高品質な写真が多数投稿されるコミュニティとして醸成してきました。そしてCCライセンスを採用することによって、フリッカーに投稿された写真がフリッカーの外部でも利用されることが促され、フリッカーは

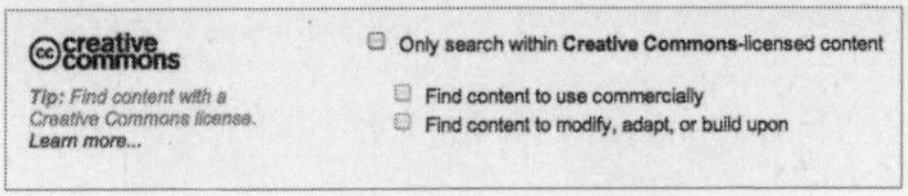

Flickrにおける CC ライセンス検索機能 **7**

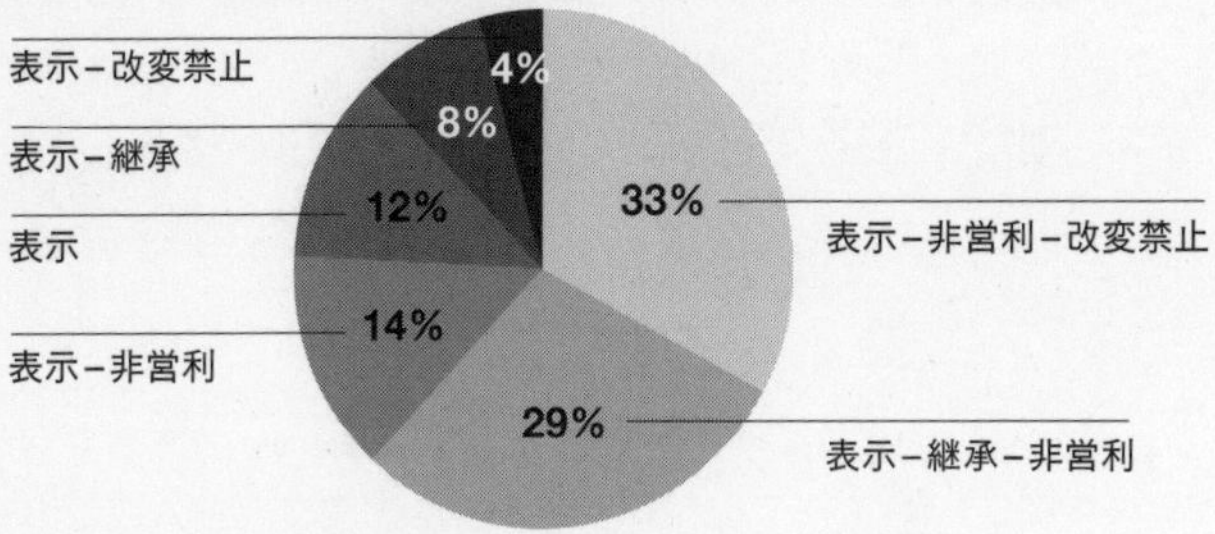

2009年時点での Flickr 内の CC ライセンス分布 **8**

サービスとしての存在感を増すことに成功しています。

フリッカーの中でどのような写真がCCライセンスで投稿されているかということはフリッカー内で検索することができます。さらに、商用利用が許可されている写真、改変が許可されている写真、というふうに条件を指定して探すこともできます。

さらに特筆すべきことは、フリッカーがAPI（アプリケーション・プログラム・インタフェース）を公開していることによって、誰でもフリッカーのデータベースに接

5 「Wikipedia: ライセンス更新」中、「ウィキペディア日本語版への移入および移出ライセンス」表を基に作成。シンプルにするために、GFDLの項目は割愛。http://bit.ly/vg9TxZ　編集者クレジット：http://bit.ly/w3kHbw

6 http://www.flickr.com/creativecommons/

7 http://www.flickr.com/search/advanced/

8 次の画像を基に改変："Flickr Licenses edit.svg"，画像作成者：Acablue、パブリックドメイン画像 http://en.wikipedia.org/wiki/File:Flickr_Licenses_edit.svg

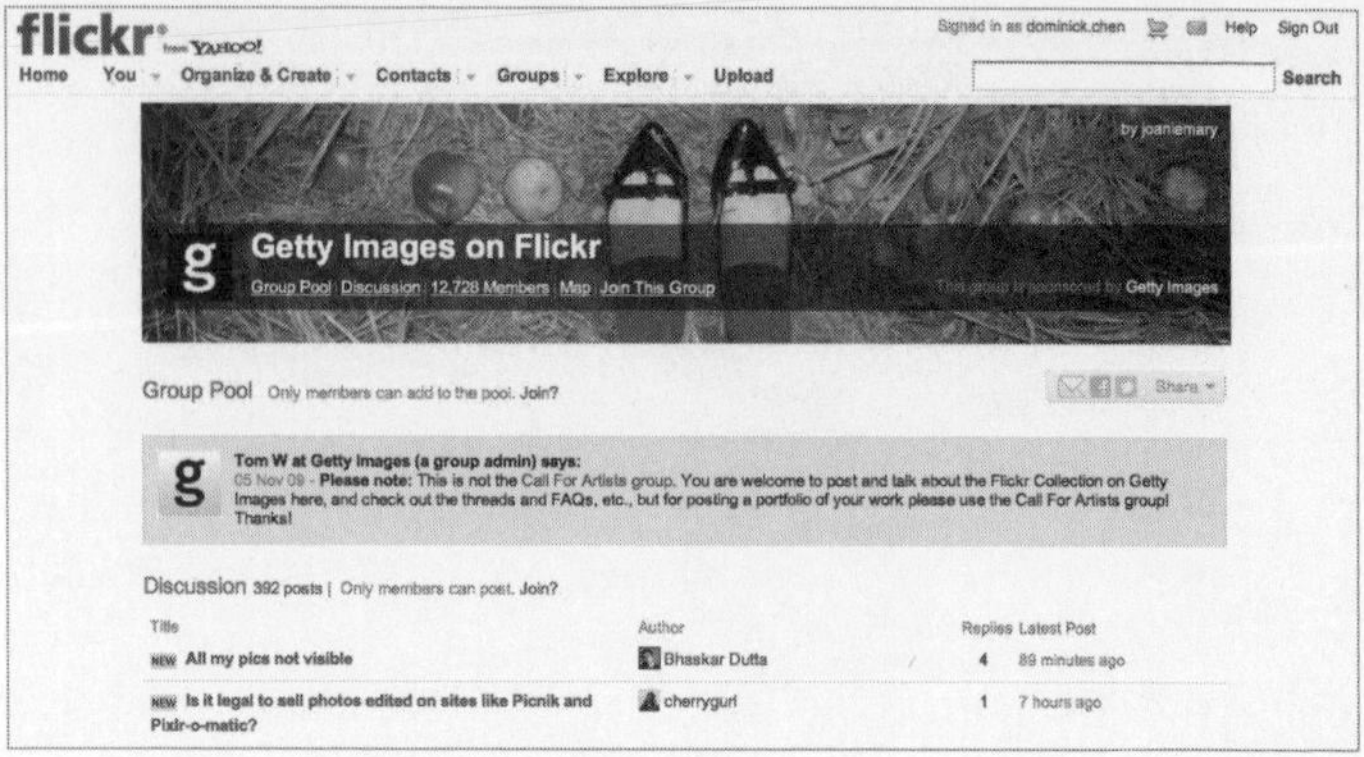

ゲッティイメージズとフリッカーの提携ページ

続するソフトウェアを作り、独自にサービスを運営することができる点です。このことによって、フリッカーのデータベースからCCライセンスで投稿されている写真を抽出し、活用するサービスを作ることができます。

たとえば商用利用可能な写真だけを特定のテーマに沿って検索し、デジタル写真集を作って販売できるサービスや、ユーザーが本を作って公開するサービスで挿絵をフリッカーから検索して挿入できる機能などが考えられます。こうしたサービスを構築する際には、フリッカーに写真を投稿した原著作者のクレジットおよびCCライセンスの種類を自社サービスの画面に反映するようにすれば、CCライセンスの「表示」条項が満たされます。ウェブサービス側の機能として引用が容易に行なえることは、作品の利用者がみずから作者の氏名を調べてコピー&ペーストする手間を省略し、かつ手動の入力ミスを防ぐことにもつながります。

個人のデザイナーの場合でも、フリッカー内の商用利用可能なCCライセンス写真から探し出し、CCライセンスの条件に従えば、作者と交渉を行なわなくとも、デザインの仕事などの素材として使用することができます。

フリッカーはほかにも世界でも最大規模の写真素材集を取り扱う**ゲッティイメージズ（Getty Images）**と提携を行なっています。ゲッティの編集者から招待が届くか応募審査にパスすると、自分の写真をゲッティイメージズに登録し、自分の写真がゲッティを通して売れる度に自分の口座にロイヤリティが支払われる仕組みになっています。さらにゲッティに写真を登録しておくことによって商用利用に関しては販売を行ない、非営利利用については引き続きCCライセンスを付けて通常のフリッカーページで公開する、というデュアル・ライセンスの方法を採ることも可能です[9]。

高機能なデジタルカメラが廉価になり、さらには携帯電話やスマートフォンに内蔵され、そして高度な画像補正や色彩処理を行なうソフトウェアが普及することによって、誰でもどこでもクオリティの高い写真作品を撮ったり加工したりできるようになりました。その意味で世界の断片を切り取る表現方法としての写真とは、現代において最も大衆化された創造的な媒体《メディア》だといえるでしょう。そしてデジタル画像編集のツールも身近になった現在、写真は広告やアートなどのクリエイティブな画像や動画にとっての優れた素材データとしてインターネット上に満ちあふれています。

その他の写真共有サービス

フリッカー以外でも、**ピカサ（Picasa）**、**PicPlz**、**フォト蔵**、**fotologue**、**Zorg**といった画像共有サービスもCCライセンスに対応しています。それぞれ異なる機能を提供しているので、写真をよく撮る方はいろいろと試して自分に合ったサービスを探すのがよいでしょう。

東日本大震災と写真投稿サービス

2011年3月11日に大地震と津波が日本を襲った後、グーグルは「**未来へのキオク**」というウェブサイトを開設し、震災前と震災後の街の風景を比較して閲覧できるようにしています。グーグル・マップのストリート

9　"Getty Images on Flickr" http://www.flickr.com/groups/gettyimagesonflickr/

ビュー機能で地図上を移動できるほかにも、広くユーザーからの写真投稿を受け付けています。グーグルはピカサという写真共有サービスでもCCライセンスの設定機能を提供していますが、この「未来へのキオク」ではピカサの写真とユーチューブの動画を「グーグル以外のさまざまな方により、それぞれの目的で利用していただくことができるよう、クリエイティブ・コモンズで再使用を許可する設定にご協力ください」（グーグルサイトより引用）のと呼びかけています。

グッドデザイン賞とCCライセンス

グッドデザイン賞の授与を管理する総合デザインプロモーション機関である財団法人日本産業デザイン振興会（JIDPO）は2007年10月から、ウェブサイトで公開する受賞情報データベース「**グッドデザイン・ファインダー**」においてクリエイティブ・コモンズを導入しています。

その目的としては「デザイン教育の現場などのデザイン界、そして広く一般社会においてもデザインの振興」のためとしています。対象となる情報は受賞商品の紹介

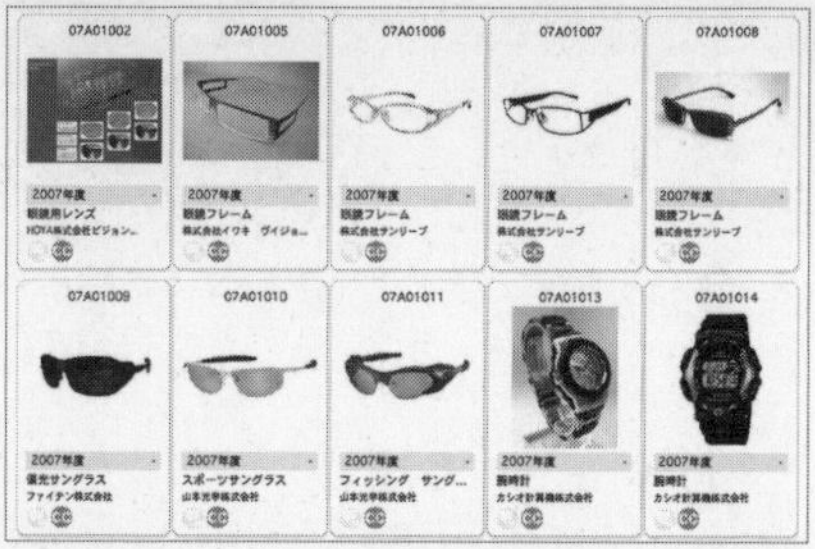

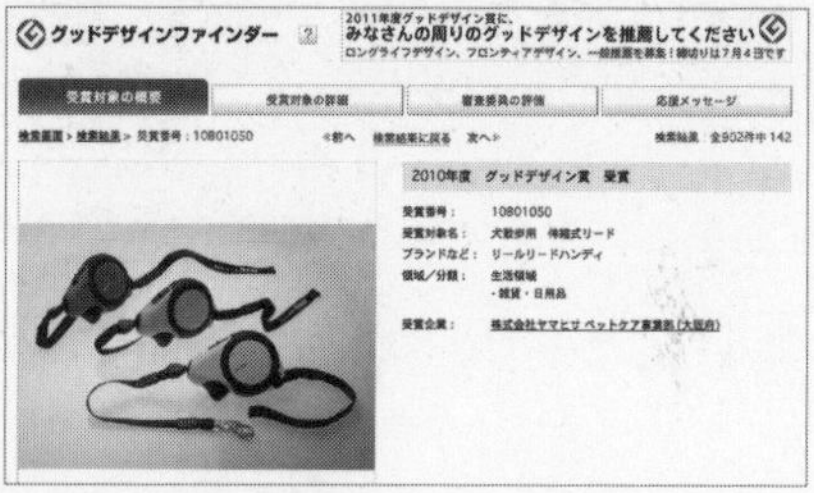

文言と商品写真であり、企業の承諾を得たものに限定してCCライセンスが適用されています。ライセンス形態としては〈ⓒ表示－改変禁止〉ライセンスであり、内容の変更は行なえないけれど、商業利用が可能なので、たとえば商業メディア（印刷、電子書籍問わず）の記事制作のために企業に問い合わせることなく利用することができます。

教育・学習のオープンソース化

デジタル・ディバイドの解消という目的

教育そして学習というテーマは、クリエイティブ・コモンズの活動の中でも特に注目される分野です。クリエイティブ・コモンズが登場する以前から、情報への自由なアクセスの社会的意義を唱え、その普及を目指してきたオープンアクセス運動や、教育学者のデヴィッド・ワイリーによって提唱されたオープン・コンテンツ・ライセンスの動きなどは、インターネットを利用して平等な教育環境をどう構築できるかというテーマを掘り下げていました。CCライセンスの設計もオープンアクセスの思想に影響を受けており、現在提供されているCCライセンスがすべて、少なくとも非営利目的であれば対象となる著作物を自由に複製したり共有することを許可しているという点は、オープンアクセスの要件に適合しています。

今日の先進国における教育の世界には、まだ多くの問題が山積しています。学生の家庭の所得に応じて発生する教育機会の不平等さのような社会経済的な問題から、そもそもインターネットへのアクセスが担保されていない発展途上国におけるインフラ構築の問題まで、教育をめぐる議論の射程は非常に広いものとなっています。

インターネットが今日ほど普及する以前には、有名な大学に入学する、優れた教師に出会う、といった教育機会の確率は裕福な社会階級に属しているかどうかに依存していました。デジタル・ディバイドとは、インターネットにアクセスすることすらできない第三世界の市民と、充足した情報環境を享受する先進国の住民との間で知識レベルの格差が増大していく問題を指しています。しかし、インターネットによって有益な情報にどこからでもアクセスできるようになることによって、誰でも一定水準以上の教育を受けることができるようになりました。また今後とも、ハードウェアやインフラの廉価化がさらに進めば、物理的な面においてもデジタル・ディバイドが解消されていくことが期待できます。

OpenCourseWare／オープン・コースウェア

デジタル・ディバイドの解消とも関連して、最初にCCライセンスを活用した大規模なオープン教育の動きは、2002年に発足したマサチューセッツ工科大学（MIT）の**オープン・コースウェア（OpenCourseWare、以下OCW）**プロジェクトでした。OCWは、大学の講義で使われているシラバスやその他の教材（文書、画像、動画）をウェブサイト上で公開しています。OCWの教材はすべて〈ⓒ表示‐非営利‐継承〉ライセンスが付されているので、MITに所属していない学生や教員、もしくは独学で勉強する人でも、非営利目的であれば自由に利用することができます。2002年の時点では扱う講義の数は50個程度でしたが、2010年の時点で2000個を超え、現在も増え続けています。

学生や独学者は、MITのような一流の大学の講義のシラバスを読んで学習の流れを知ることだけでも大きな利点を見出せるでしょう。加えて、実際の講義で使われている教材やスライドを読み、講義で議論されていることを見聞きすることによって、自分の学習のレベルを効率よく向上させることができます。

他大学の教育者にとっても、MITでどのように講義が組まれているかを知ることによって、自分の講義の質を上げることができるでしょう。そしてMITという大学としては、より多くの学生や教育者がMITの教材を参照することによって、社会への貢献を果たすと同時に教育業界の中での存在感を増すことにもつながります。

MIT OCWは定期的に詳細な利用レポートを公表しており、OCWが実際にどのように利用されているかということがわかります。

OCWはデジタル・ディバイドを情報の面から解消していく効果を持ち合わせていますが、同時にインターネットにアクセスしたり学習するためのハードウェアの面からのアプローチも存在します。

MITのメディアラボから立ち上がり、大きな注目を浴びてきた発展途上国の教育を支援するプロジェクト、ワン・ラップトップ・パー・チャイルド（One Laptop

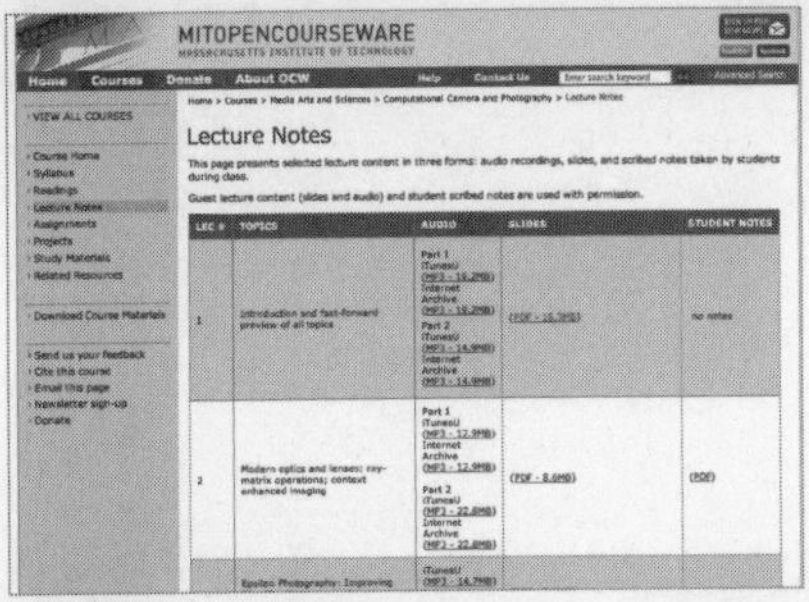

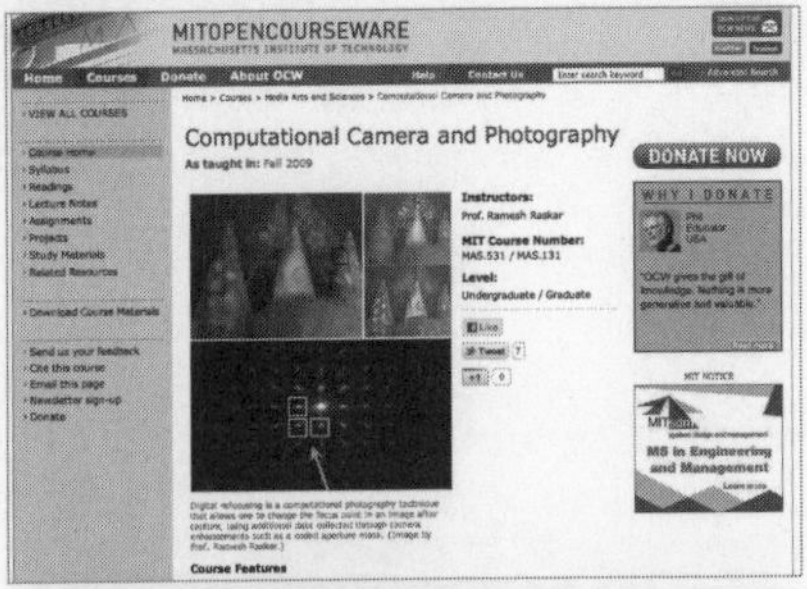

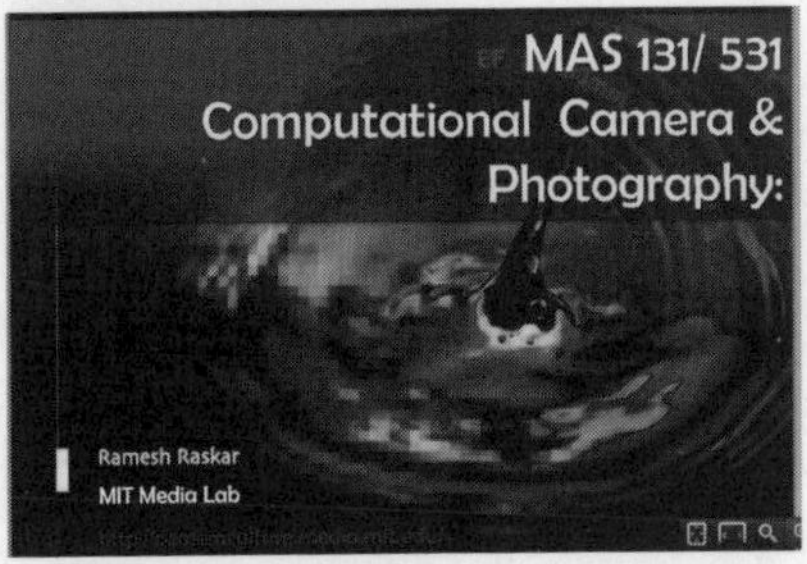

MIT OCWで公開されている教材集の一例。MITのメディアラボの学科で教えられている「コンピュテーショナル・カメラの撮影方法」という講義の講義メモ、講義の録音、と講義で使用されたスライドなどがダウンロードできる

利用シナリオ		全利用数の中の割合
教育従事者	個人的な知識の向上	31%
	新しい指導方法の学習	23%
	OCW教材を自身の講義に組み込むため	20%
	自分の学生のための参照文献を探すため	15%
	所属する学科や学校のためのカリキュラムを作るため	8%
学生	個人的な知識の向上	46%
	現在履修している講義内容を補完するため	34%
	学習プランを作るため	16%
独学者	自分の専門領域以外について知るため	40%
	自分の専門領域の基礎的な概念を学ぶため	18%
	将来の就学を準備するため	18%
	自分の専門領域の最新動向を知るため	17%
	仕事に関連するプロジェクトやタスクを完了するため	4%

MIT OCW サイト統計紹介ページより 10

Per Child）[12]においてもCCライセンスは採用されています。ワン・ラップトップ・パー・チャイルド はXOラップトップと呼ばれる非常に廉価（目安としては100ドルぐらい）かつ高性能なノート・パソコンを開発し、インターネットにアクセスすることのできない地域の子どもたちに無償で配布することによって、デジタル・ディバイドの解消に貢献することを目的とした長期プロジェクトです。この小さなパソコンは砂漠や山岳地帯などの過酷な環境でも動作するよう設計されたり、インターネット基地局が少ない地域でもパソコン同士がネット接続をリレーしてメッシュ・ネットワークを形成する機能が付いていたり、とにかく超高性能な機械ですが、そのOSはリナックスでインストールされているアプリケーションもフリーソフトウェア、内蔵されている教育用コンテンツもCCライセンスのもので構成されています。このことによって、子どもたちは小さいときからフリーカルチャーにおける知識を共有することの価値を学べます。XOラップトップは現在、世界のさまざまな地域で実験的に導入され、運用検証が行なわれています。

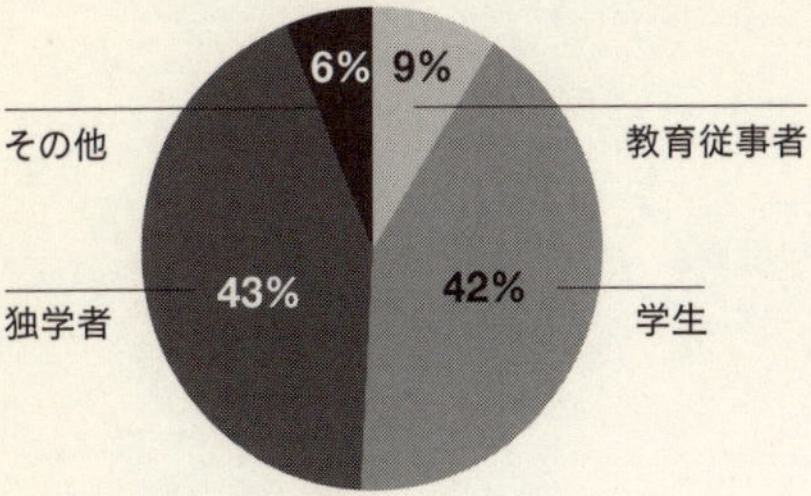

MIT OCWの利用者分布：
学生（42%）と独学者（43%）が最も多く、教育関係者は9% [11]

10 http://ocw.mit.edu/about/site - statistics/
11 http://ocw.mit.edu/about/site - statistics/
12 http://one.laptop.org/

ケニア、トカウングの学校でのXOラップトップを使った授業風景

OCWはその後、MIT以外にもOCWに賛同し、同様の取り組みに着手した大学から成るコンソーシアムに発展し、現在は46の国々[13]の201の大学[14]が参加しています。日本では参加大学をまとめるJapan OCW（JOCW）が存在し、現在は大阪大学、関西大学、関西学院大学、九州大学、京都大学、慶應義塾大学、国際基督教大学、国連大学、上智大学、女子栄養大学、筑波大学、東京工業大学、東京大学、同志社大学、名古屋大学、北海道大学、法政大学、放送大学、明治大学、立命館大学、立命館アジア太平洋大学、早稲田大学が参加し、それぞれのOCWウェブサイトでシラバスや各種教材を公開しています。

オープン教育の検索サービス

OCWはそれ自体が巨大な教育資源のネットワークですが、OCWという枠組みに参加していなくても、独自に教育資源をオープンな形で公開している機関も多く存在しています。OCWも含み、こうしたオープンな教育資源の提供機関を横断して検索できるサービスが**オープン教育資源コモンズ（Open Educational**

日本でのオープン教育の試み・エフテキスト

日本において、教育機関や政府系機関以外の、民間からの教育のオープンソース化の動きの一例として、2003年からオープンソースの数学教材を作成しているNPO「**エフテキスト**」（**FTEXT**）が存在します。エフテキストは現在までに数学I、数学II、数学A、数学Bの4つの教科書をPDF版とウェブページ版で〈ⓒ表示〉ライセンスで公開しており、ウェブページ版はWikiを使用しているため、プロジェクト参加者が自由に編集できるようになっています。エフテキストの教科書の水準は高く、入門から大学受験にまで使える内容となっていますが、こうしたオープンな教科書が増えていくことによって学生の選択肢も増え、また教科書の編集や配布にかかるコストも下げられるのであれば、今後民間のNPOや企業が参入する余地が多く残されている分野であるとも考えられるでしょう。

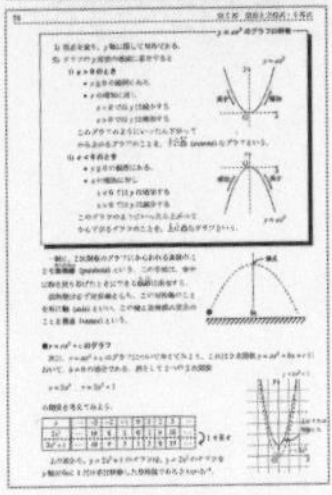

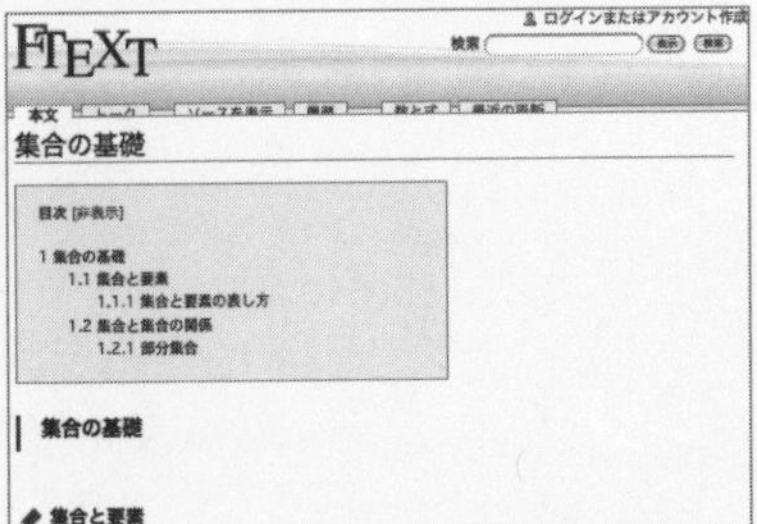

Resources Commons）です。

オープン教育資源コモンズでは、「オープン化された教育資源」を、無償で入手し、利用や再配布そして改変することができる教育者と学習者のための情報、と定義しています。本サービスは、大学教材のみならず、小学校から高校のレベルのオープン教材も網羅しており、その対象とするオープン教育資源の数は3万を超えています。この検索機能は、シラバス、ビデオ講義、ゲーム、採点モデル、教育と学習の戦略などといったテーマごとだったり、学年のレベルごとにオープン教育資源を細かく分類しています。また、通常はスタッフによって検索対象となるオープン教育資源が追加されていきますが、まだ追加されていないオープン教育資源を発見した場合には誰でも投稿を行なうことができます。

CCライセンスを採用することには、オープンな情報公開を企画する教育機関にとっても多くのメリットが存在しています。たとえば、イギリスの遠隔教育機関である**オープン・ユニバーシティ**（**The Open University**）が2005年よりOpenLearnというOCWスタイルのサイトを開設し、講義資料を〈ⓒ表示－非営利－継承〉ライセンスでの提供を開始しました。オープン・ユニバーシティは世界最大規模の遠隔教育機関であり、40カ国で約25万人の学生が登録しています。

これまでOpenLearnには200万人以上の訪問者が訪れ、オープン・ユニバーシティの講義資料は「iTunes U」で2000万回以上ダウンロードされており、iTunesで最も多くダウンロードされている大学コンテンツとなっています[16]。

また、余談ですが、CCライセンスを適用したことによって、コンテンツが周知されることの他にも利点を得られる場合もあるようです。オープン・ユニバーシティの担当者は、インタビューで「OpenLearnを構築する上で必要なライセンスを作成するための弁護士費用として10万ポンドを予算計上していましたが、CCライセンスを導入したのでその予算はまったく使用されていません」と答えています。また、「CCライセンスのように、広く知られているライセンスを採用することは、パートナーと協力関係を結ぶ時に役立った」とも述べており、CCライセンスの採用が、多額の法務費用を節約できたり、運営上に必要な信用を得る一助になることもあることを

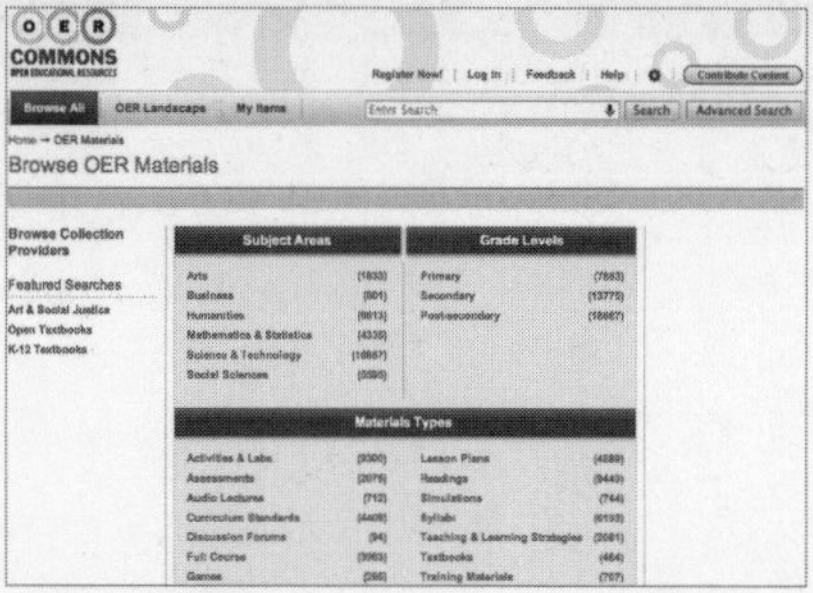

OERコモンズの検索ページ 15

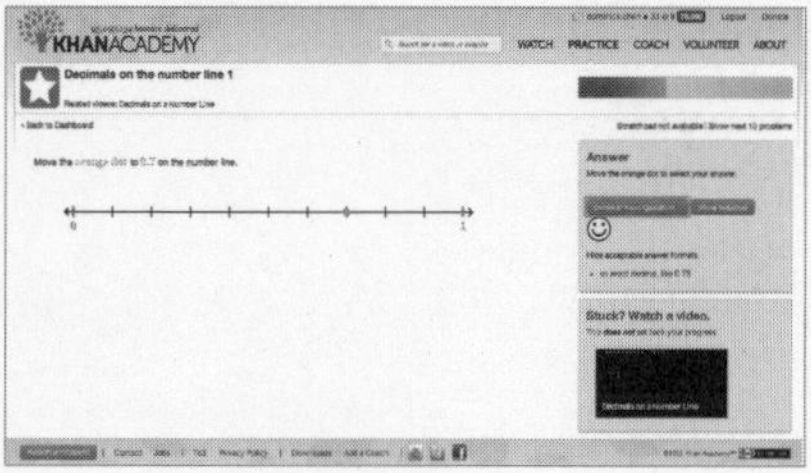

カーン・アカデミーの数学の問題ページ。
右上のゲージに回答達成率が表示され、
右下には関連項目のビデオ教材が表示されている

示しています。

Khan Academy／カーン・アカデミー

教育システムのイノベーションは、従来の教育機関や関連企業以外でも、個人の活動によっても引き起こされています。**カーン・アカデミー（Khan Academy）**という、ビデオによる解説教材や数学のオンライン教材を公開しているサイトは、サルマン・カーンというヘッジ・ファンドを脱サラした人物によって開始されました。カーンは元々、ヤフーの提供するオンラインのお絵描きチャット・ソフトを使って小学生のいとこに家庭教師をしていました。同時に、授業風景を動画に変換して、ユーチューブに投稿を始めたところ、そのわかりやすさから注目を集めるようになり、仕事を辞めてカーン・アカデミーというサービスを作ること

13 http://ocwconsortium.org/en/members
14 http://ocwconsortium.org/en/members/members/master
15 http://www.oercommons.org/oer
16 クリエイティブ・コモンズ『Power Of Open』〈Ⓒ表示〉 http://thepowerofopen.org/

に集中するようになりました。現在、カーン・アカデミーには1600本以上の化学や代数学から住宅危機の原因まであらゆる分野にわたるビデオ教材が掲載されており、すべてに〈ⓒ表示－非営利－継承〉ライセンスが付けられています。カーン・アカデミーでは毎月100万人のユーザーが受講していますが、その40％はアメリカ以外の国に住む人々です。CCライセンスが付けられることによって、誰でもビデオに字幕を付けて自分の言語に翻訳することができるので、言語の壁を越えて急速に広まることができたのです。

カーン・アカデミーは数学のオンライン授業システムを提供しており、PCのブラウザ上で基礎的な数学の知識を身に付け、実際に回答を入力し、採点してもらうことができます。正解した科目数に応じて完了バッジが与えられることで、学習の意欲を向上させる仕組みも組み込まれており、今後のオンラインで完結する学習システムのひとつのモデルを提示しているともいえます。

オープンな評価・採点という課題

学習が完了した結果をバッジに反映させるというアイデアは元々ゲームの世界から生まれたもので、現在はユーザー参加型のQ&Aサービスや掲示板など、実に多数のウェブサービス上に組み込まれています。ファイアフォックス・ブラウザをオープンソース開発し、文化のオープンソース化に取り組んできたモジラ財団は、オンラインで取得するバッジを実社会のなかで評価するための標準的な枠組みである「オープンバッジ」構想を始めました[17]。この構想が実現すれば、たとえばカーン・アカデミーで数学の授業を完了し、バッジをもらうと、大学入試や就職の際などに受け入れ先の大学や企業が正式に評価してもらえるようになります。このことが社会的に普及すれば、たとえば経済的な事情で有償の教育を受けられなかった人でもインターネットへアクセスする環境さえあれば社会に通用する教育と評価を受けられるようになります。そのほかでも、本業を持ちながら異なる分野の勉強を行なう人がオンライン学習を続けて、転職やキャリアアップに活用するということも可能になるでしょう。

　オープン教育資源における現在の課題のひとつとして、オープンな教材が増えることはよいとしても、そう

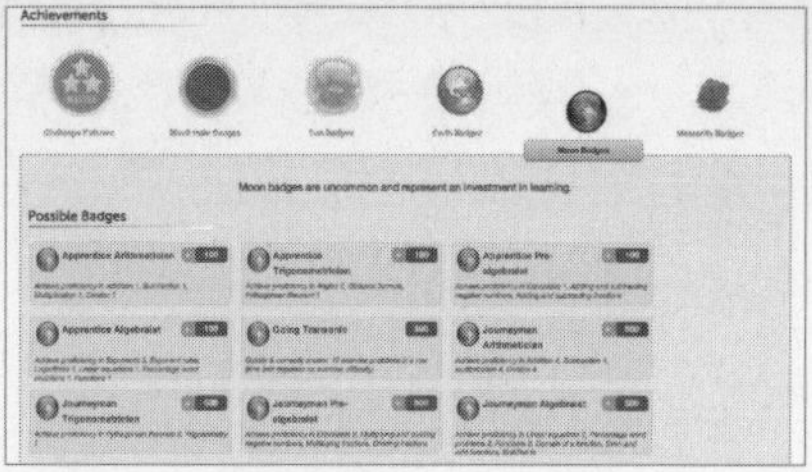

カーンアカデミーで取得できるバッジの一覧ページ

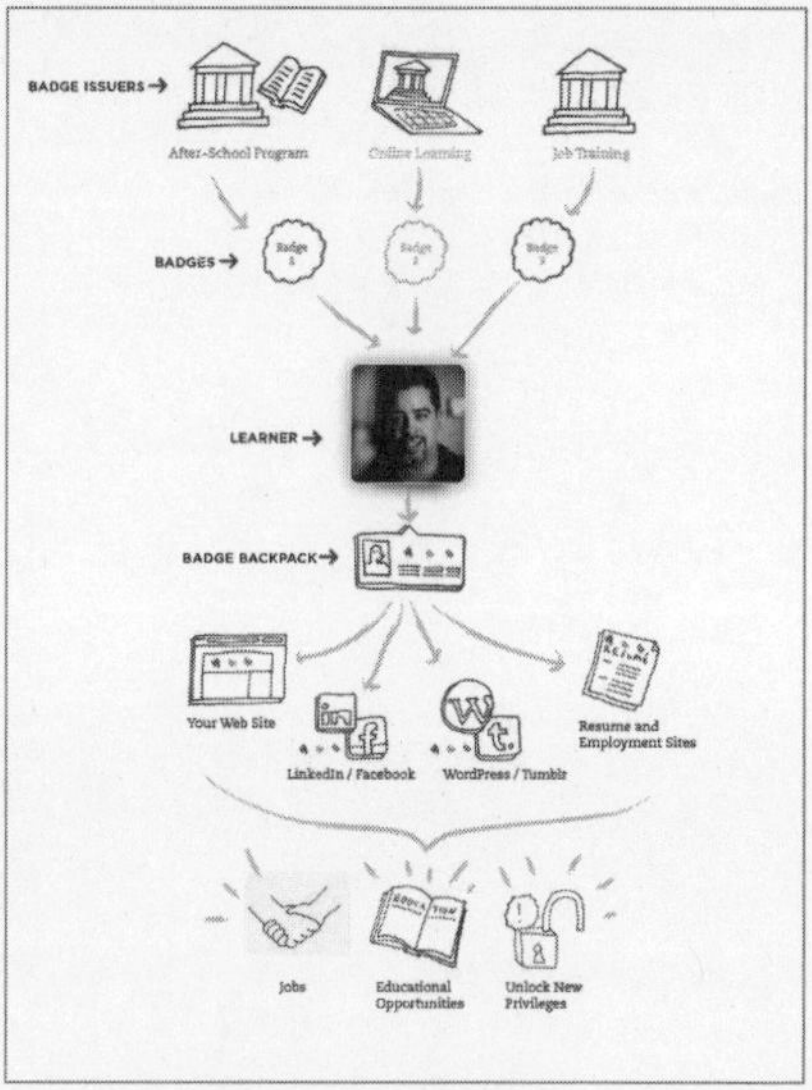

モジラのOpen Badgeインフラ構想の図解

した教材が実際にどのように使われて、人々にどの程度の学習効果を提供できているのかということを把握することはまだ難しいという点が挙げられます。その意味ではカーン・アカデミーが提供している高機能な採点システムはひとつの嚆矢であるといえるでしょう。

この点について、教育学者のデヴィッド・ワイリーはオープン教育資源に対してオープン評価資源（Open

17 Mozilla Open Badge

18 David Wiley: "The Primary Challenge for the OER Movement", http://opencontent.org/blog/archives/2042

Assessment Resource）のシステムの必要性を説いています[18]。今のところ、学習者は自分がオープン教育資源の文章を読んだり動画を見たりした結果、どれほど自分がその内容について学習できたのかということまではわかりません。

そこでワイリーは、カーン・アカデミーや、カーネギーメロン大学による**オープン・ラーン・イニシアティブ（Open Learn Initiative）**[19]が提供するインタラクティブな学習評価のシステムの意義を、真に学習者を支援するためには、オープン化された評価資源が利用者によって再利用可能（reusable）、改訂可能（revisable）、リミックス可能（remixable）そして再配布可能（redistributable）である必要があるといいます。これはほぼ、フリーカルチャー作品やオープンソース・ソフトウェアの定義に即した考え方であるといえます。そして、ある学習対象のオープン教育資源に対して、採点してくれる質問回答形式のドリルのようなオープン評価資源は複数あった方がより深い学習が行なえると考えるならば、確かにオープン教育資源そしてオープン評価資源はオープンソース的に分岐され、進化していくべき情報なのだといえるでしょう。

オープン教育資源をめぐる教育のオープンソース化の課題は、柔軟にライセンスされたコンテンツ（オープン教育資源）を増やすというフェーズから、学習の結果を評価するシステム（オープン評価資源）をオープンに構築していくフェーズへと移っていっています。

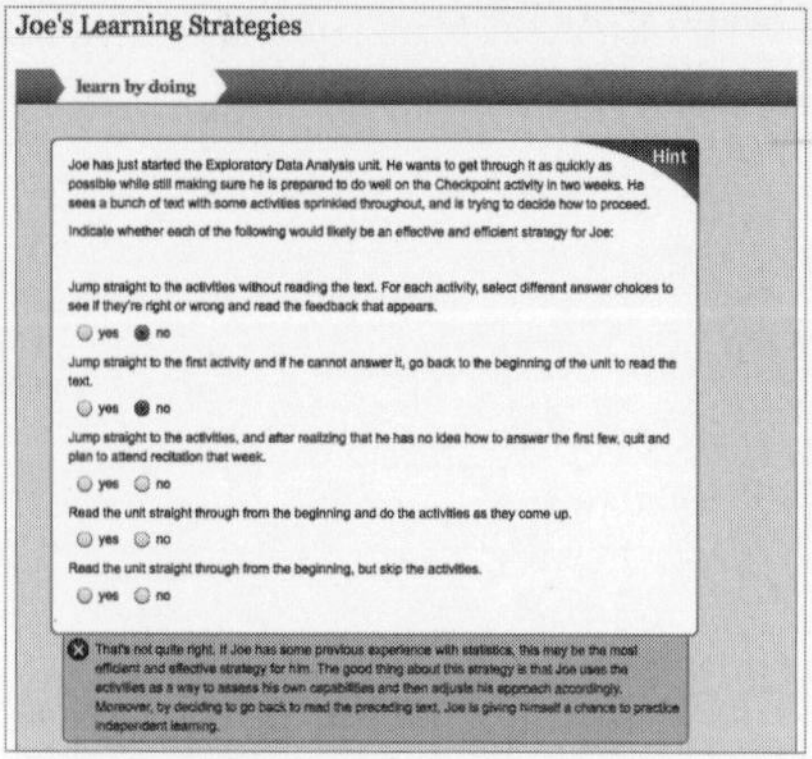

カーン・アカデミーの数学の問題ページ。
右上のゲージに回答達成率が表示され、
右下には関連項目のビデオ教材が表示されている

科学のオープンソース化

科学分野でオープン化が急がれる理由

科学的な論文や研究データにも著作権は存在します。科学的な発表成果をデジタル形式で誰でも無償でアクセスできる形でインターネット上で公開する運動の総称はオープンアクセスと呼ばれています。クリエイティブ・コモンズは、科学の分野においても研究成果に対して柔軟な著作権定義が付けられるように、オープンアクセスの運動と協働してきました。実際に多くのオープンアクセス系のプロジェクトが論文データの公開などでＣＣライセンスを採用しています。

著作権の取り扱いは科学コミュニティが直面している問題のひとつです。研究者は通常、学会に論文を提出する際に、論文をめぐるすべての著作権を学会に譲渡するよう求められます。こうして学会は受理する論文を印刷し、販売し、収益を上げるためのすべての権利を独占し、学会の運営費用をまかなってきました。このため、最新の論文にアクセスするためには通常、大学や学会に所属するか、個人の場合は決して安くはない費用を支払う必要があります。同時に、論文が学会によって印刷されるための費用を研究者が求められることも多いのです。このような状況は自由な学問の追求という科学の精神とはかけ離れたものであるといえます。

ＰＬｏＳ（Public Library of Science）

アメリカでは、この状況に対して異議を唱える科学者たちの動きがあります。そして２００３年に立ち上がった**ＰＬｏＳ（Public Library of Science）**という出版社も自然科学系の論文誌をオープンアクセスの思想にもとづいてオンライン発行しています。ＰＬｏＳの論文誌では採択された論文はすべて〈ⓒ表示〉ライセンスが付けられてウェブ上で公開されています。同様の動きとしては、２００１年に開始した『BioMed Central』という科学、技術と医療をテーマにする学会誌や、２００以上

19 https://oli.web.cmu.edu/

の査読付きオープンアクセス論文誌を出版する商業出版社**ヒンダウィ（Hindawi）**も、〈表示〉ライセンスを使用しています。元々従来の論文誌が研究論文を無償で一般に公開しないことへの抗議運動として2001年に始まったPLoSには、自然科学の発展という共通の目的に賛同した研究者が集まり、従来の学会とは一線を画す学術コミュニティの在り方が模索されています。

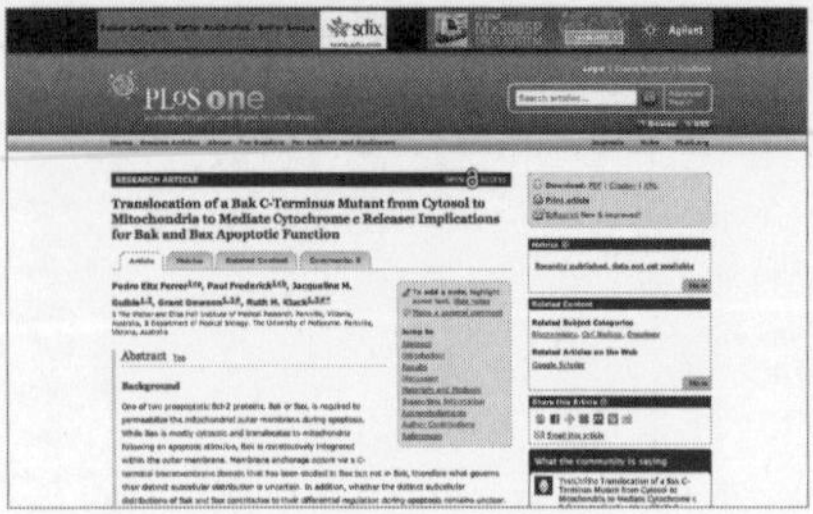

PLoS上でアクセスできる科学論文のページ

しかしPLoSのように代替的な学会の仕組みを作る動きが抱えている課題として、どのように自分たちの新しいコミュニティを旧来の学会と拮抗する存在として権威づけられるかという問題が挙げられます。求心的なリファレンスになるためには、より多くの研究者によって参照される場所にならなければなりません。

PLoSの出版ディレクターであるマーク・パターソンは「私たちはオープンネスの考え方を支援する科学者たちとたくさんの意見を交換してきましたが、彼らは同時に私たちがまだ権威を獲得していないことや出版界と摩擦を生じることについて不安を抱えていました」といいます。PLoSはそれでも地道に懐疑者を説得し、実績を作り、学会の中での存在感を増していったのです。

「私たちはオープンネスを促進する団体として事業を開始したので、当初より支持者の基盤は持っていました。結果的には彼らの情熱が成功につながり、数名の研究者が勇気を持って私たちのオープンな論文誌で素晴らしい研究成果の論文を公開してくれました。その一例からすべてが始まり、毎月数百の論文が公開される、持続可能で成長し続ける高品位のオープンアクセス型研究の論文誌、という今日の私たちの地位につながったのです」[20]

　オープンアクセス型論文誌の基本原則は、研究論文の成果が生むインパクトをより広く認知してもらうことにあります。「私たちはある研究が再利用され、研究文献という領域が新たな研究を生むための資源へと進化するための障害をすべて取り除こうとしています」とパターソンはいいます。そして今日、学術出版界の中でオープンアクセスに踏み込もうとする潮流が大きくなっているとも説明します。「今日、より多くのオープンアクセス型論文誌が刊行され、より多くの論文が公開され、資金を提供したりオープンアクセスを推進する機関の中で新しいポリシーが制定されています。これは学術界のすべての利害関係者に影響しています。現在の問題はこうした変化をどれだけ早く実現できるかということです」

　また、パターソンは、CCライセンスを「オープンな形式で公開された研究論文は、読者が自分の研究のために再利用できることを象徴するもの」とも位置づけています。専門家によって設計された強固な法的基盤を持つCCライセンスが、既存の閉鎖的な学会に対抗するための土台となることで、オープンアクセス型学術出版への動きが活性化の一助を担っているといえるでしょう。

人間の生命に関わることこそオープン化が必要

　直接的にCCライセンスは関連していませんが、医療研究の分野でオープンソースの方法を試みて成功を収める動きも活発になりつつあります。成功例をひとつだけ挙げると、アメリカの医師ジェイ・ブラッドナーらはガン細胞を正常化させる可能性を持つJQ1という分子の作成に成功しました。彼らは製薬企業の慣習に反してJQ1分子に関する特許を申請せず、初期の研究成果を公開論文として発表し、希望する他の研究所にJQ1分子のサンプルを無償で送付しました[21]。その

20　クリエイティブ・コモンズ、前掲書

21　ブラッドナー博士の研究所のホームページでは、JQ1分子のサンプル送付を無償で申請できる。http://bradner.dfci.harvard.edu/jq1.php　また、ブラッドナー博士の講演ビデオ（〈ⓒ表示－非営利〉ライセンス）はTEDのサイトで視聴できる。http://tedxboston.org/speaker/bradner-md

結果、主に米国を中心とした40余りの研究所で同時並行でJQ1分子を用いた実験がマウスを対象に行なわれ、ブラッドナー研究所の設備だけでは実現できなかった検証が可能となり、2011年7月の時点で製薬化が予定されています。

　このように科学的な研究成果やデータを研究者同士が共有することによって難病治療の研究を効率化したり結果的に特許の独占を回避することによって医療費の高額化を防いだりする効果が現われています。自然科学や医療には人間の健康と生活の改善という大きな共通の目標が分野をまたいで設定されやすいので、オープンソース的な手法が採用されることはむしろ当然の方向性だといえるでしょう。

　また、著作権の概念を適用しない方がよいと思われるデータについては著作権の主張を完全に放棄する動きも存在します。ハーバード大学によるパーソナル・ゲノム・プロジェクトは、志望者の遺伝子配列を解析し、すべてのデータを〈🅭0（ゼロ）〉の条件下、つまりパブリックドメインの情報として公開しています。特にヨーロッパ連合（EU）では、著作物に該当しないデータベースについても一定範囲の情報の抽出を禁止するスイ・ジェネリス権という権利が制定されているため、科学データのオープン化のためにも〈🅭0〉の採用が適しているといえます。

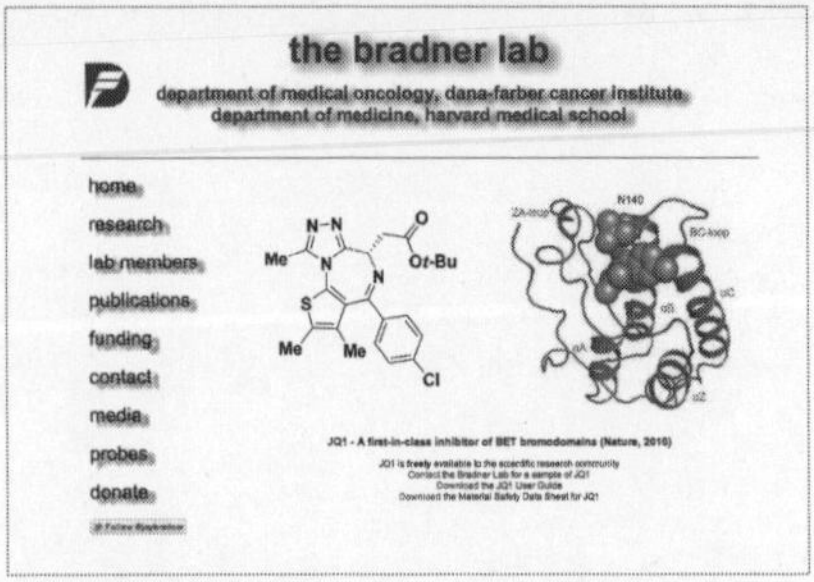

ブラッドナー研究所のホームページ

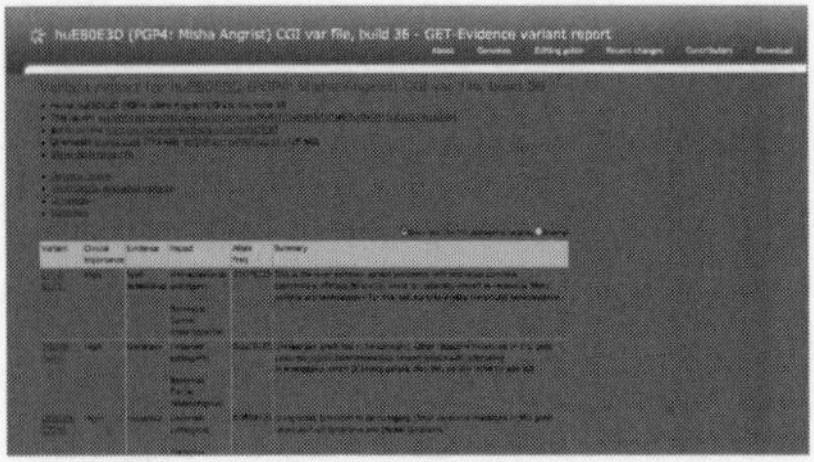

パーソナル・ゲノム・プロジェクトのデータページ

音楽のオープンソース化

リミックス、コラボレーションもオープン化の証

「リミックス」という言葉が音楽から生まれたことからもわかるように、音楽は他分野と比べても最も活発にオープン化が推し進められている領域です。ここではインターネット以前から存在してきた、音楽における開かれたコラボレーションの膨大な歴史をひもとくことはできませんが、主にCCライセンスが登場してからの主なプロジェクトを紹介します。

CCライセンスが普及活動を本格化して間もなく、2004年にアメリカのテクノロジーカルチャー雑誌である『Wired』が著名ミュージシャンの楽曲にCCライセンスを付けたCD（『CCCD』）を付録にした特集号を発売しました。このCCCD（皮肉なことに、音楽のパソコンへの取り込みを技術的に禁止するCopyControlCDと同じ略称）に収録された楽曲はすべて『Wired』のウェブサイト上でもダウンロード提供され、話題を呼びました[22]。

そして同時にクリエイティブ・コモンズがみずから運営する初のウェブサービスとなった**CCミクスター（CC Mixter）**が公開されました。CCミクスターを使えば誰でもCCCDの楽曲のリミックスを投稿することができ、CCCDに楽曲を提供した音楽家たちが審査員になってリミックス・コンテストが開催されました。CCミクスターではリミックス曲以外にも自分のオリジナルの曲をCCライセンスで公開することができ、利用者がお互いのリミックス楽曲を公開するときには素材として使用とした楽曲を記載し、音楽を介したコミュニケーションの促進が目指されています。

CCCD以降も著名な音楽家やレコードレーベルとの共催でリミックス・コンテストが多数開催されていき、投稿される楽曲も増えていきました。

CCミクスターに投稿される楽曲のライセンスは一意ではなく、パブリックドメインのものもあれば、〈🅭非営利-継承〉のようなコピーレフト的なライセンスの

22 http://creativecommons.org/wired

ものも多く投稿されています。ユーチューブでは、投稿された動画の楽曲が著作権に違反してしまっている場合には、CCミクスターに投稿されているCCライセンス付きの楽曲を代わりに貼り付けることのできる機能が提供されています。日本の動画共有サービスである「@niftyビデオ共有」（現在はサービス終了）でも、ブラウザ上で動画を編集し、CCミクスターから音楽をインポートする機能が提供されました。

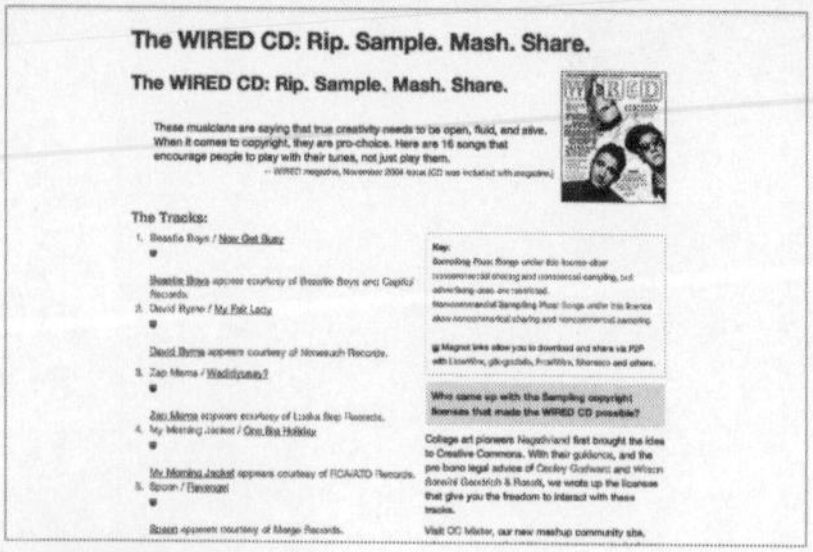

CCCDが付録された『Wired』誌と楽曲のダウンロードページ

その後、クリエイティブ・コモンズはCCミクスターの継続的な開発に十分な予算を割り当てることができず、民間企業にサービスを譲渡しています。現在CCミクスターに加えてミクスターファインダー（mixterFinder）という、CCミクスターに投稿されている楽曲をライセンス別に検索するサービスも提供されており、商用利用できる楽曲を探す人々に活用されています。

2005年にはCCミクスターと同様にCCライセンスで、楽曲ではなくサンプル音源を共有するためのコミュニティ「**フリーサウンド**（**FreeSound**）」が立ち上がりました。フリーサウンドはループ音源や環境音、そして効果音など、他の楽曲で使用される素材となる音源を集めることに特化したコミュニティで、外部からデータベースに接続して音源を活用するためのAPIも公開されています。CCミクスターでは短いサンプル音源も投稿できますが、あくまで楽曲の投稿が奨励されており、サンプル音源はフリーサウンドに投稿することを勧めています。

音楽の管理と販売のオープン・システム

同じ時期にアーティストの音楽を管理し、販売する音楽レーベルで最初にCCライセンスを採用したのがアメリカの**マグナチューン（Magnatune）**です。マグナチューンでは、販売する楽曲のすべての低音質版に〈Ⓒ表示‐非営利〉ライセンスが付けられており、非営利目的であれば誰でも自由にダウンロードして利用することができます。そして映画や広告、テレビ番組といった商業的な目的のために楽曲を利用したい場合は、同じ楽曲の商業用ライセンスを購入することができます。

マグナチューンと同様のモデルを採用した**ジャメンド（Jamendo）**という音楽共有サービスが、やはり2004年にヨーロッパで立ち上がりました。ジャメンドは、CCミクスターと同様にCCライセンス付きの楽曲を集める

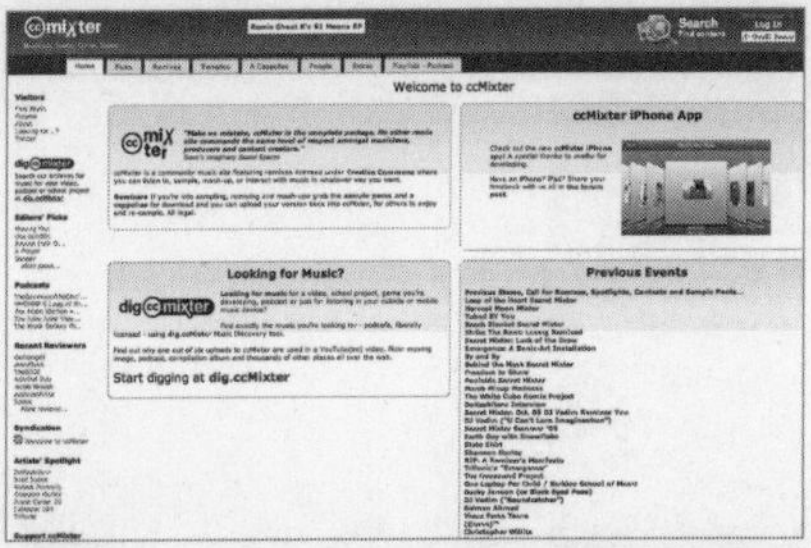

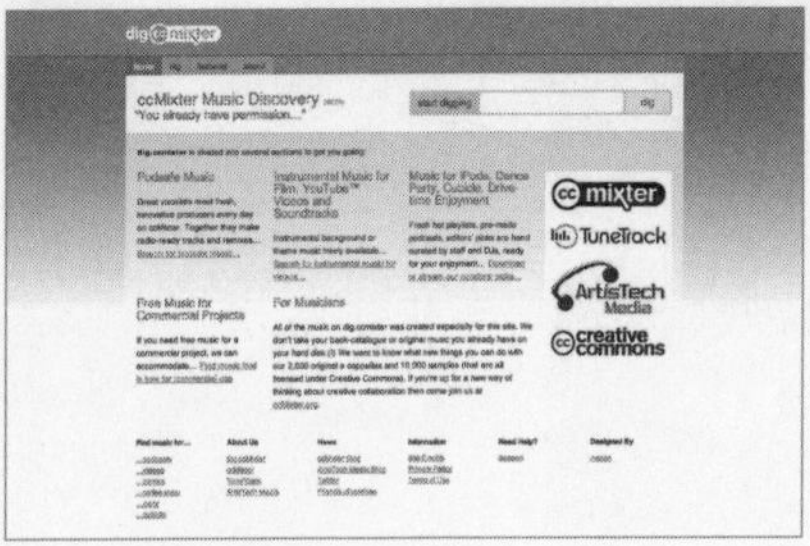

CCMixterとdig.CCMixter

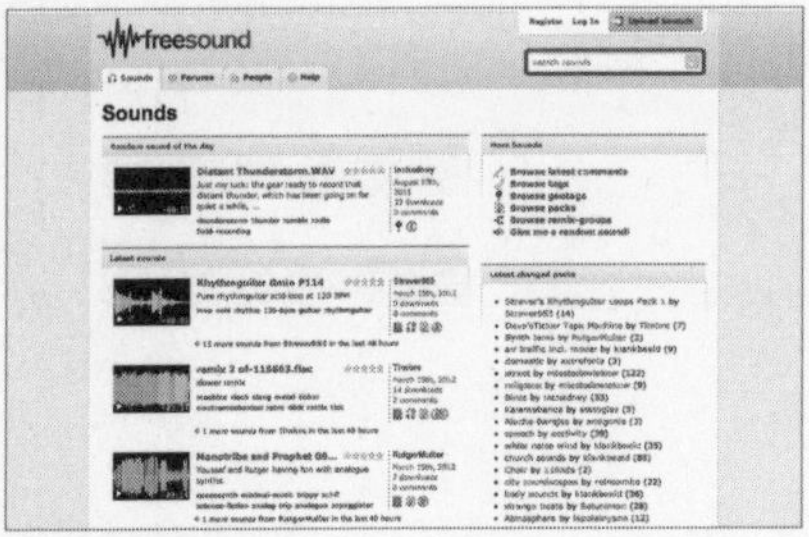

FreeSoundの音源リストページ

のと同時に、CCライセンスの範囲外の権利を販売しており、発生した収益の50%をミュージシャンに還元しています。

ジャメンドの共同創業者であるピエール・ジェラールは、「私たちはミュージシャンたちに自由な音楽という考え方が実効的で有益な音楽流通のオルタナティブであるということを知ってほしいのです」と述べています。

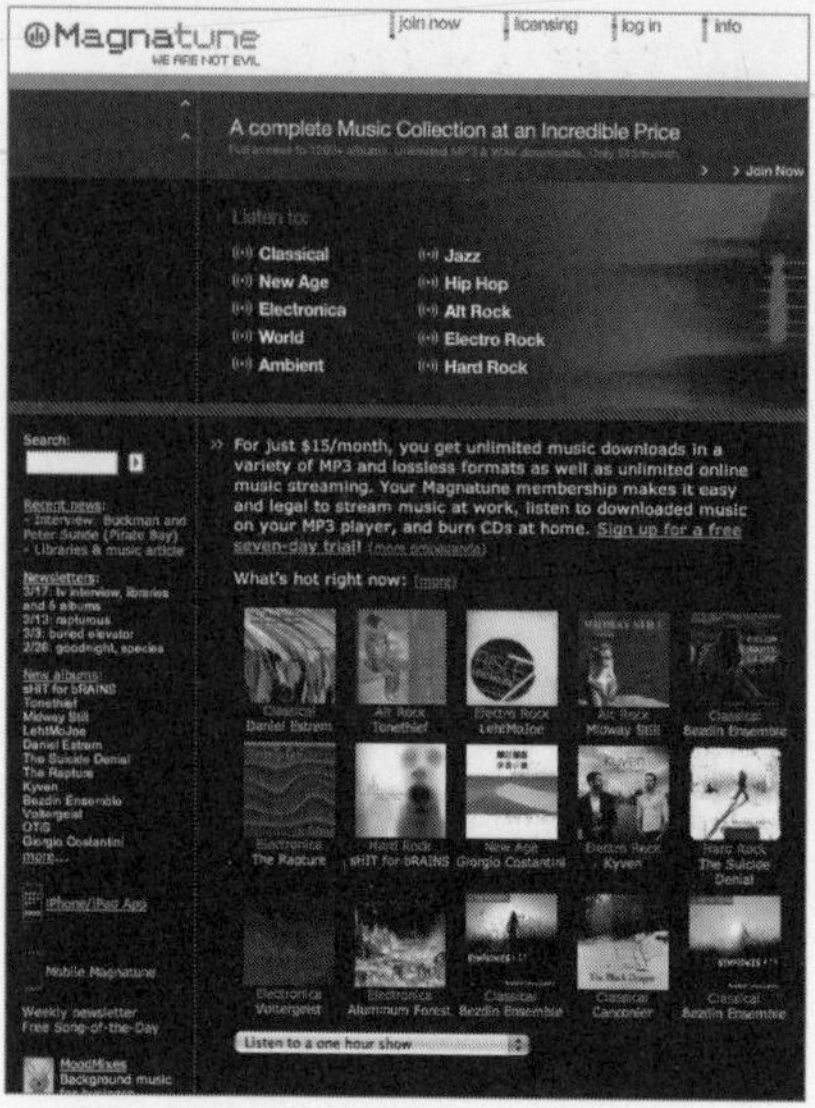

マグナチューンのアーティスト一覧ページ

ジャメンドには現在、4万枚以上のアルバムがCCライセンス付きで公開されており、無料かつ合法にダウンロードすることができます。同時に、映画や広告、テレビ番組などの営利目的のためにジャメンドの楽曲の有償ライセンスを購入する顧客が世界中に5000社以上存在しています。そしてジャメンドに参加しているユーザーの中でも成功例が現れ始めています。

2008年にジャメンドに登録したバルセロナ在住のインストルメンタル・アーティストのロジャー・スビラナ・マタの楽曲は60万回以上再生され、300件以上の商業的な契約を結んだといいます。ジャメンドのブログでマタは「一見すると矛盾するように思えますが、CCライセンスで楽曲を提供することによって私の音楽はそれまでの通常のビジネスの世界にいたときと比べても、より商業的にも利用されるようになり、人々に知られるようになりました」と述べています。

音楽家たちのプロジェクト

ウェブサービス以外にも、著名な音楽家たちに

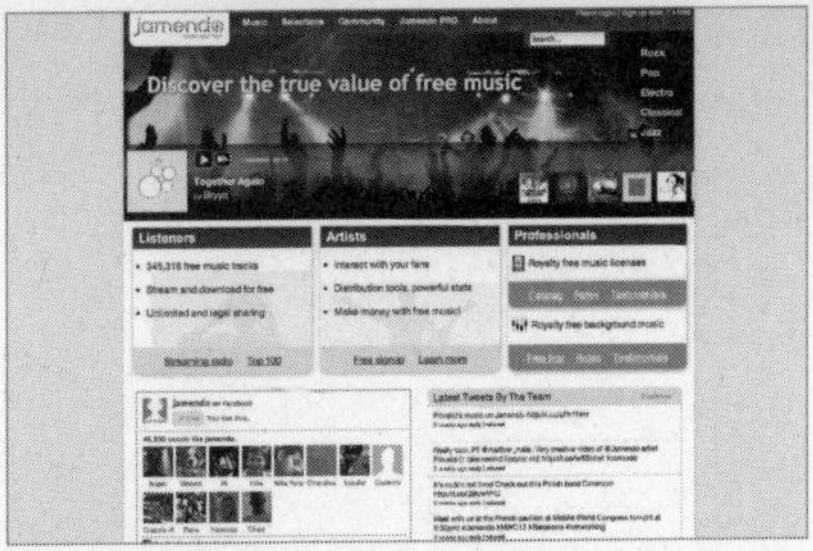

ジャメンドのトップページ

よるCCライセンスを採用したプロジェクトも複数展開されてきました。

2006年5月に、**STOP ROKKASHO**というプロジェクトのもと、青森県六ヶ所村核燃料再処理工場の建設に反対するキャンペーンのPRのために、坂本龍一やShing02といった音楽家たちがTEAM6名義[23]でテーマ曲を作曲し、その普及のために非営利目的に限ってリミックスや自由な二次利用が許される〈ⓒ非営利-サンプリング〉ライセンス[24]の条件下で公式サイト上で公開されました。最初にメインテーマ曲、ピアノバージョン曲、アカペラ曲、キーボード限定曲、そしてYakkleによるリミックス曲が公開され、徐々にほかのアーティストによるリミックス曲や同サイトの主旨に共鳴して提供された楽曲が集められました。最終的には初期の7名に加えて31名のアーティストが参加しました[25]。

著名アーティストによるCCライセンス活用例としては比較的初期のものであり、多様な音楽ジャンルのアーティストが参加したことや、ウェブ上だけではなく主要メンバーの坂本龍一がホストを務めたFM局J-Waveの番組「Radio Sakamoto」との連動も積極的に行なわれました。これによって、ただキャンペーンソン

23 ほかの初期メンバーはクリスチャン・フェネス、Yakkle、山口元輝、DJ A-1、RYOTA HAYASHIDA

24 〈ⓒ非営利-サンプリング〉ライセンスは2007年6月4日に引退していますが、このライセンスの宣言は有効なままです。

stop－rokkashoの楽曲一覧ページ

グをメディアを介して提供するにとどまらず、リミックスや二次利用（自由にブログなどに貼り付けて紹介することなど）を許容することによってリスナーの積極的な反応をも促すという、従来の音楽を用いた文化＝政治運動の様式を更新した事例であるといえます26。

世界的に有名なロックバンド、**ナイン・インチ・ネイルズ**は、2008年3月と5月にリリースした『Ghost I-IV』と『The Slip』の2枚のアルバムを〈🅭表示－非営利－継承〉ライセンスで公開しました。『Ghost I-IV』は4枚組のうちの1枚目である『Ghost I』の曲が、『The Slip』は全曲が無料ダウンロード可能という形で公開されました。

特に『Ghost I-IV』は、300ドルのウルトラ・デラックス・パッケージ、75ドルのデラックス・パッケージ、10ドルの2枚組CD、5ドルのダウンロード、そして4部作の中の第1部のフリーダウンロードと、パッケージングとダウンロードを組み合わせた複合的なアルバム展開を行ないました。そしてこのアルバムがCCライセンスを採用しているにもかかわらず、アマゾンMP3ストアで2008年に最も購入されたMP3アルバムとなり、多くのチャートで1位を獲得するなど、ビジネスの面でも成功したことも話題となりました。

音楽のオープン&リミックス・プロジェクト

2008年の7月に札幌でクリエイティブ・コモンズの国際会議が開かれた際に、CCジャパンでは複数の企業とコラボレートした音楽と動画のリミックス・プロジェクト「音景」を開催しました。この企画では、

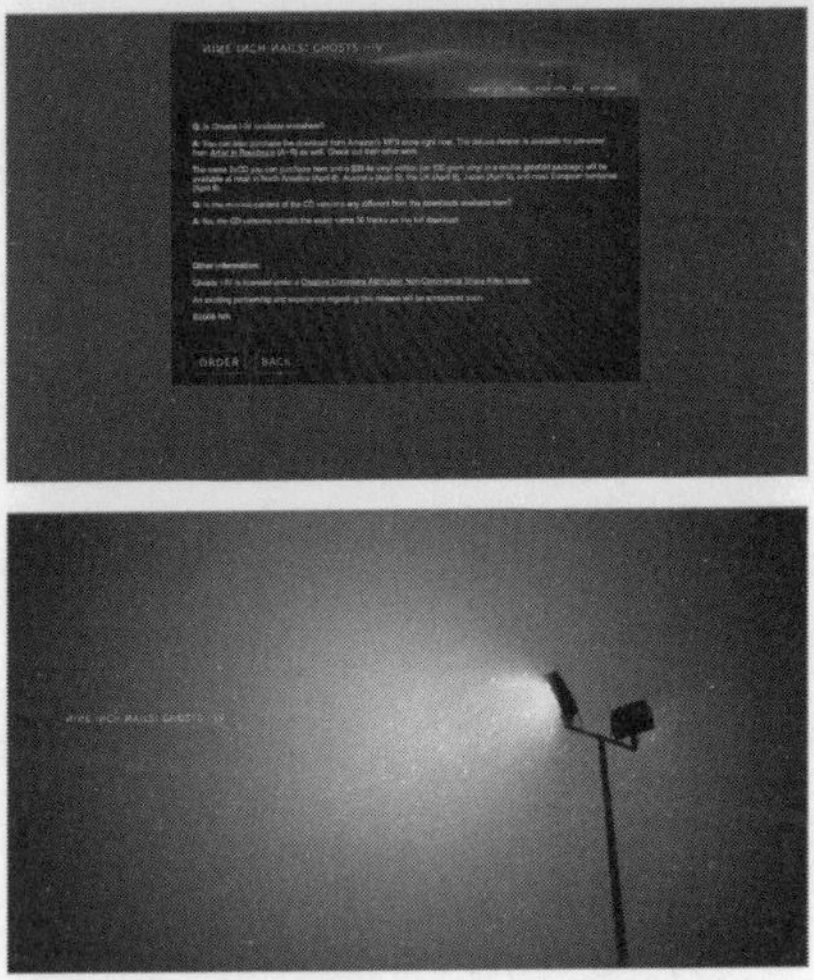

ナイン・インチ・ネイルズの『Ghost』ホームページ

坂本龍一、小山田圭吾、Shing02／chiyori、Fantasitc Plastic Machine、大沢伸一の5名の著名な音楽家に楽曲をCCライセンスで提供してもらい、その楽曲のためのミュージックビデオを募集しました。制作されたビデオは当時CCライセンスに対応していた5つの動画共有サービス（Sony EyeVio, @niftyビデオ共有、NTT ClipLife、FlipClip、Yahoo!ビデオキャスト）のうち好きなサービスに投稿され、公式サイト上ではそれぞれのサービスに投稿された作品が一覧されました。また、ミュージックビデオを制作する技能を持たない人でも、短い動

25 AOKI TAKAMASA、ミック・カーン、高橋悠治、LIEKO SHIGA、TOMOKO YONEDA、NAOKI ISHIKAWA、HIKARU HAYASHI、YASUSHI KITAMURA、下條ユリ、RYOICHI KUROKAWA、OQTO、Alva noto、THOMAS DOLBY、ZIFFER、MATTHEW SELIGMAN、MOTIVA.、ELEKTEL featuring KENZO SAEKI、LOGIC SYSTEM / HIDEKI MATSUTAKE、Toshinori Kondo and SUGIZO、BAJUNE TOBETA、DJ SENORINA a.k.a. G.RINA、Ryoji Ikeda、RYODAN、MIEKO SUDO、RYO(COCOBAT)、HISAYA HOJO、KEIICHIRO SHIBUYA(ATAK)、ATOM、DJ KRUSH、AKIRA KADOKAWA、OCTOPOD、SHIGERU OKADA

26 公式に採用されたリミックス曲のみならず一般の草の根のクリエイターによるリミックスを拾い上げられておらず、また実際の二次利用例の集計結果などが不明なので、実際にどれほど一般リスナーやファンが「参加」することができたのか、どれほど運動が盛り上がったのかは明確ではありません。今後の同種のプロジェクトが考慮するべき改善点として参考になるといえるでしょう。

画素材にCCライセンスを付けて投稿することによって、他の参加者を助けることができ、より多くのビデオ作品に使用された素材を表彰する部門も設けられました。1カ月という短い募集期間にもかかわらず、260の作品と素材が集まり、札幌のCC会議会場で表彰式が行なわれました。

2008年8月に、ロサンゼルスの非営利インターネット・ラジオのダブラブ(Dublab)とクリエイティブ・コモンズは「**イントゥ・インフィニティ(Into Infinity)**」というアート・プロジェクトを共同で立ち上げました。このプロジェクトでは世界中の音楽家から8秒のループ音源が110点、そしてビジュアル・アーティストからは直径30センチの円形のキャンバスに描かれたイラストが150点集まり、公式サイト上に〈ⓒ表示‐非営利〉ライセンスの条件下で公開され、ギャラリーなどで展示も開催されました。

音景のウェブサイトと優秀作品の表彰ページ

2009年末には、CCジャパンと音楽プロデューサーの原雅明らと共同で新たに多数の楽曲と画像を日本のアーティストに提供してもらい、ライブイベントやシンポジウム、展示などが開催されたほかに、イントゥ・インフィニティの音源を簡単にリミックスできるiPhone／iPad用アプリを製作、公開しました。このアプリのインターフェースの設計、美学的なデザイン、そしてプログラムの開発はメディア・アーティストの千房けん輔とインタラクティブ・デザイナーの岡村浩志が担当しました。このアプリは現在までに6万回以上ダウンロードされ、そこから1万8000以上のリミックス音源が生成され、その内の4000件近くがツイッター上で共有されました。

また、**インフィニティ・ループス(Infinity Loops)**という日本独自のプロジェクトも派生し、コーヒー・アンド・シガレッツ・バンド(Coffee and Cigarettes Band)がイントゥ・インフィニティの8秒ループのみを使い30分以上のライブ演奏を行ない、映像作家のDBKNが音源にインスパイアされて40余りもの映像を制作するなど、独自の盛り上がりを見せています。

イントゥ・インフィニティのウェブページ

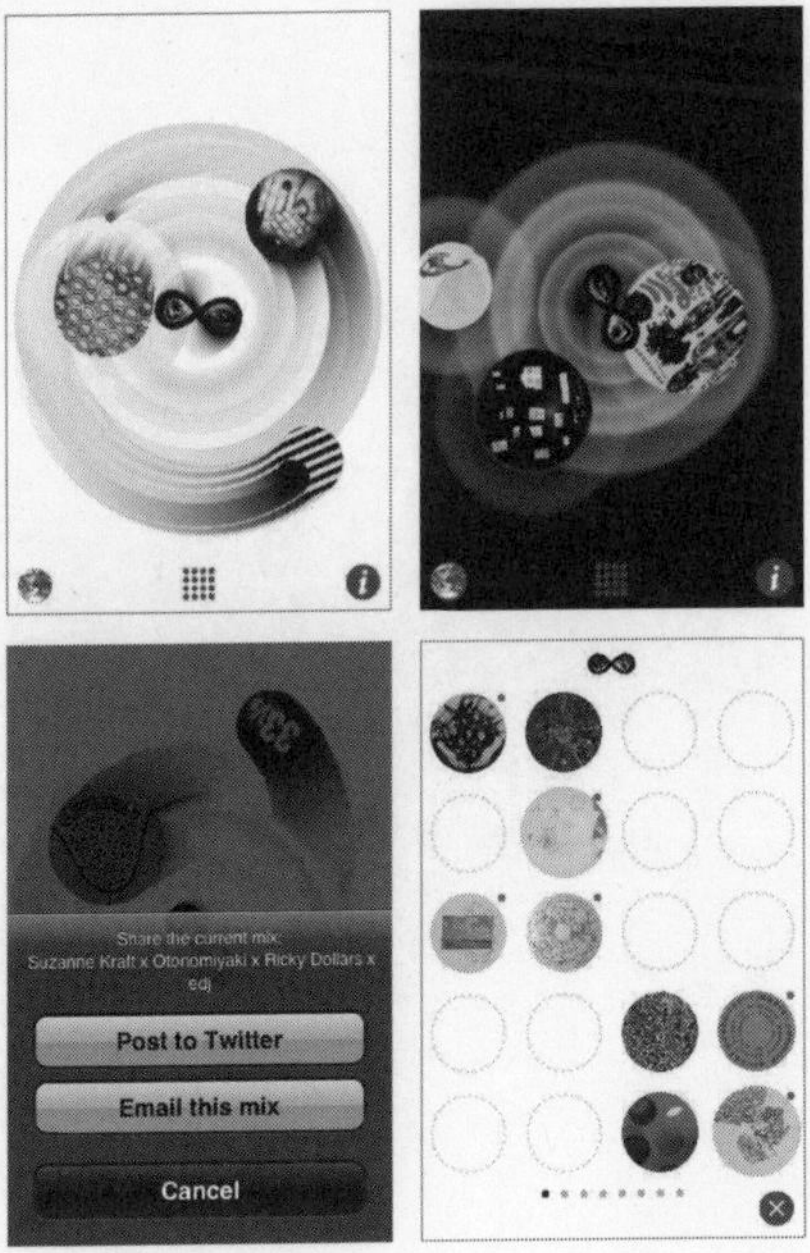

イントゥ・インフィニティの
リミックス用iPhone/iPadアプリの画面

インフィニティ・ループスのトップページ

SoundCloud／サウンドクラウド

ツイッターやフェイスブックといったソーシャルなコミュニケーション・サービスが興隆して以降の音楽共有サービスで大きな成長を見せているのが**サウンドクラウド (SoundCloud)** です。サウンドクラウドはヨーロッパの著名な音楽レーベル出身の創業チームによって運営されており、現在は登録ユーザーだけでも300万人を超えるほどの成長を見せています。サウンドクラウドはツイッターのようにユーザー同士がお互いにフォローすることができ、ニコニコ動画のように楽曲の再生画面上にコメントを書き残すことができます。そしてCCミクスターと同様に楽曲にCCライセンスを付けて公開し、ブログやフェイスブックのタイムラインに貼り付けたり、ツイッターで告知したり、または楽曲のデータのダウンロードを提供することもできます。サウンドクラウドの収益は、動画共有サービスのヴィメオと同様に、異なるレベルの月々のサービス利用料から成っており、楽曲や楽曲の権利の販売は行なっていません。

サウンドクラウドはその高機能性に魅力を感じる多くのプロフェッショナルの音楽家が利用していることでも知られており、著名人と無名の若手のアーティストが活発に交流する場になっています。サウンドクラウドでは参加者が投稿する楽曲をひとまとめにする「グループ」を作成することができ、グループを利用した音楽コンテストが多数の音楽レーベルによって開催されています。

サウンドクラウドはまた、フリッカーのようにAPIを提供しており、誰でもサウンドクラウドのデータベースを活用したウェブサービスを独自に構築することができます。その結果、サウンドクラウドAPIを利用した多数のiPhoneやAndroidアプリが自生的に開発されたり、独自のコンテスト用ウェブページが作成されたりもしています。

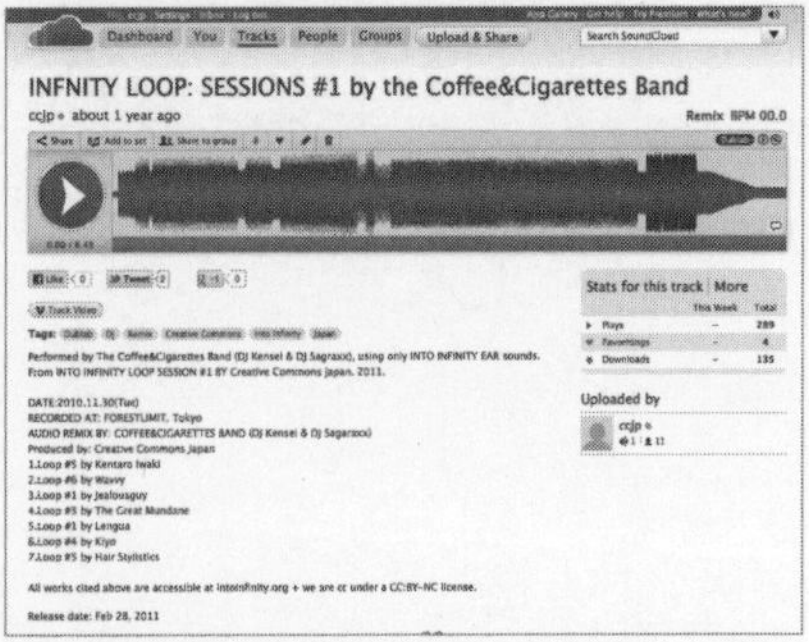

サウンドクラウド上でのBleep Filtered [27]の
コンテストページとインフィニティ・ループスの音源ページ

Indaba Music／インダバ・ミュージック

インターネット上の音楽レーベルの最新形としては**インダバ・ミュージック（Indaba Music）**が挙げられます。インダバでは、サウンドクラウドと同様に、ユーザーは自分の楽曲にCCライセンスを付けて投稿したり、他のユーザーの制作した楽曲のリミックスを制作したり、または共同のプロジェクトでコラボしたりすることができます。

インダバはユニークな収益配分の施策を採っています。サイト上の「Opportunities」セクションでは、無償または有償で完成曲や制作途中曲を募集するリクエストが一覧されています。インダバはリ

27 http://soundcloud.com/groups/bleep - filtered/tracks

ミックス・コンテストも多く主催しており、ピーター・ガブリエルやウィーザー、スヌープ・ドッグ、ヨーヨー・マといった有名アーティストの楽曲をユーザーがリミックスすること機会が提供されてきました。このようなプロジェクトから生まれたリミックスは〈CC表示-非営利-改変禁止〉ライセンス付きで誰でも入手し、共有することができます。

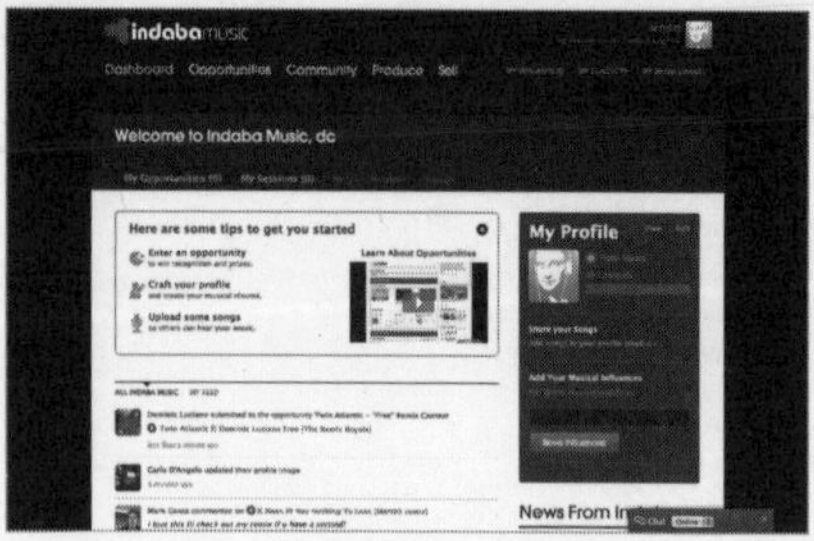

インダバ・ミュージックのユーザーページ

さらに特筆すべき取り組みとして、２０１０年の終わりにオルタナティブ・ロックバンドのマーシー・プレイグラウンドの最新のアルバム『Leaving Wonderland... In a Fit of Rage』の全楽曲のすべての構成要素をＣＣライセンス下で公開し、それらを基にインダバのユーザーが制作したリミックス楽曲を編纂して2枚目のアルバム『Indaba Remixes from Wonderland』が制作されました。そして、大手レコードレーベルの取り組みとしては異例なことに、このリミックス・アルバムに貢献したすべてのユーザーがアルバムの印税収入を受け取っています。創業者のダン・ザッカニーノは「最初はかなりの反対がありましたが、ＣＣライセンスを使用することにはかなりの利点があるということをミュージシャンやレコード会社に証明してきました」といいます。

ネットがもたらした音楽のリアルタイムの共有

音楽のオープンソース化は、インターネット以前からもヒップホップやＤＪの文化で起こっていました。インターネットが音楽にもたらした大きな変化は、制作された楽曲やその制作のプロセスが、細かい形でかつほぼリアルタイムに共有されるという状況です。２０００年代を通してＰ２Ｐファイル共有技術をめぐる法律的な問題が社会的な議論を呼び起こすのと同時に、ＣＣライセンスが付与された音楽の新しい生態系が立ち上がってきました。

日本においてはJASRACのような著作権管理団体のデータベースとの互換性を構築することは依然として大きな課題ですが、すでにアメリカやヨーロッパのいくつかの音楽著作権管理団体は所属アーティストによるCCライセンスの選択を認めるパイロット・プログラムを開始しており[28]、既存の産業構造からは独立した音楽の在り方は多方面で模索されています。

クリエイティブ・コモンズとしてはCCライセンスの普及に務めることが第一の目標ですが、より広くフリーカルチャーの観点から考えたときには、より多くの人が音楽をリミックスしたり、制作するための技術やプラットフォームを構築していくことが重要になるといえます。このとき、旧来の「リミックス」や「作曲」といった一部の専門家のスキルを前提にした概念そのものを、より多くの専門的ではない人々のために再定義していくという観点も必要となるでしょう。

28 ヨーロッパではSACEM（フランス）、BUMA/STEMRA（オランダ）、KODA（デンマーク）、STIM（スウェーデン）が所属アーティストの楽曲の非営利利用に関して非営利条件付きのCCライセンスの適用を認めています。アメリカではASCAPやBMI、SESACといった著作権管理団体に属しているアーティストの契約が排他的ではないため、CCライセンスを使いたい場合は団体の許可を必要としません。詳細はhttp://wiki.creativecommons.org/Collecting_Society_Projects

建築・デザインのオープンソース化

フリーカルチャーはデジタルな情報としての著作物によって構成される文化であるといえますが、建築やプロダクト・デザインのように物理的な構造物の基となる著作物もあります。建築物や身の回りの家具や日常品の設計図がオープン化することによって、どのような変化が起こるのでしょうか。

Architecture For Humanity／アーキテクチャー・フォー・ヒューマニティ

アーキテクチャー・フォー・ヒューマニティ（Architecture For Humanity、「人道のための建築」の意）は、先進国の建築家が発展途上国、内戦や自然災害に曝された地域などの困難な状況にある人々のために頑強で快適な建築物の設計図を提供するために生まれたプロジェクトです。「デザインとは究極の再生可能な資源」という理念を掲げて1999年に設立され、現在は25カ国で4650人のプロの建築家やデザイナーが活動を行なっています。アーキテクチャー・フォー・ヒューマニティが運営するオープン・アーキテクチャー・ネットワーク（現在は「World Changing」に移行中）というウェブサイトでは多数の建築設計図がCCライセンスの条件下で公開されています。

アーキテクチャー・フォー・ヒューマニティから公開された設計図には、非営利目的であれば改変をしてもよい〈ⓒ表示－非営利－継承〉ライセンスが付けられることが多

「志津川本浜番屋」 29

く、オープンソース・ソフトウェアと同じように、誰でもこうした設計図を改変し、同じライセンスを継承して公開することができます。以前は〈(cc)発展途上国ライセンス〉(DevNations Lincese) というCCライセンスを採用していましたが、現在は発展途上国の難民支援や戦争・災害からの復興支援以外にも、アメリカや日本を含む先進国での被災地域支援などでも活動するNPOやNGOによって、アーキテクチャー・フォー・ヒューマニティのネットワークから提供される設計図が自由に活用されてほしいという目的を持っています。

日本の東日本大震災そして東北地方を津波が襲った後には、Tohoku Earthquake and Tsunami Rebuiding [30] というプロジェクトを設置し、日本にチームを置いてさまざまな復興支援の建築プロジェクトを展開しています。2012年1月時点では、宮城県気仙沼市、仙台市、南三陸町などの被災地で仮設住宅の住民を支援し、コミュニティを再建するためのプロジェクトが進行しています。それぞれ

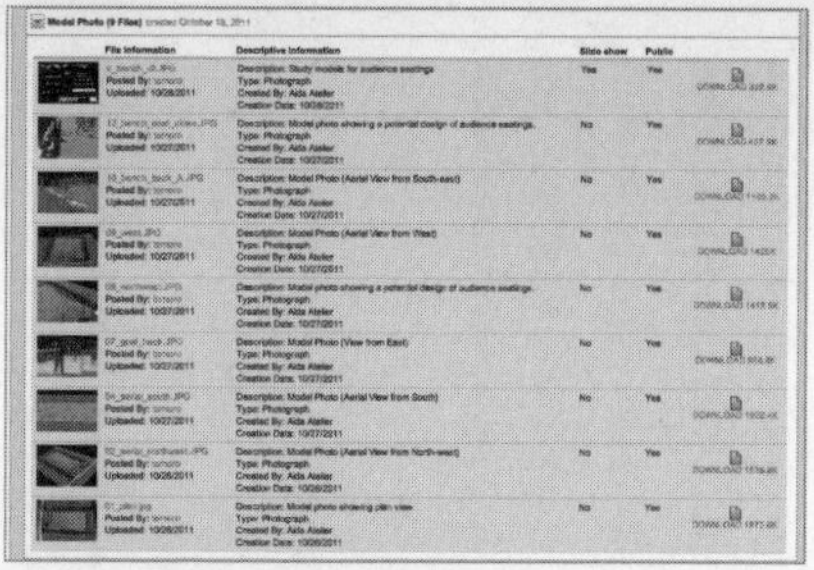

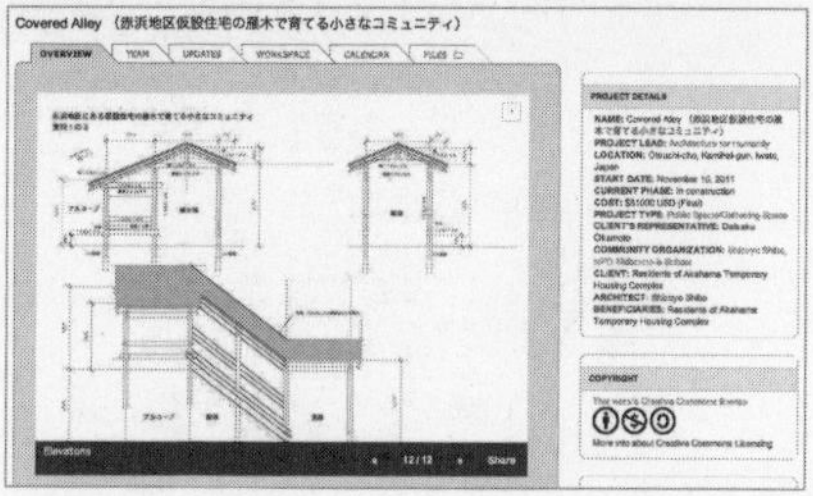

「大谷グリーンスポーツパーク」のプロセス資料と
「赤浜地区仮設住宅の雁木で育てる小さなコミュニティ」設計図 31

29 http://openarchitecturenetwork.org/node/11247
30 http://architectureforhumanity.org/programs/tohoku-earthquake-and-tsunami-rebuilding
31 http://openarchitecturenetwork.org/projects/covered_alley

のプロジェクトは現在進行形で建設中の現場の写真や設計図を更新し、計画のプロセスをオープンにすることによって、完成した後もほかの人が参考にし、再利用することができます。

CC House／CCハウス

日本の事例を見てみましょう。2010年末に建築家の吉村靖孝が「**CCハウス（CC House）**」[32]という展示を主催し、住居建築の設計図にCCライセンスを付けることによって可能になる状況をシミュレーションしました。展示では、原案となる住居のモデルを吉村さんが設計し、4人の建築家にその「改変」を依頼し、派生されたモデルが併せて展示されました。CCハウスのビジョンでは、明示的に設計図をアクセス可能な形にし、その改変権も含めて販売する、という新しい建築家の業務形態が提案されています。これまでは単体の施主がひとつの場所に希望する住居を設計したらその設計図が再利用されることはありませんでしたが、CCハウスのスキームが普及すれば、同じ設計図が何度も利用され、かつ、施主や竣工地の与条件に合わせて改変されていく、というオープンソース的な状況が予想できます。

CCハウスの設計模型

アーキテクチャー・フォー・ヒューマニティが「災害」や「難民」という問題に対する提案であるのに対して、CCハウスは住宅設計という日常の問題に視線を向けた提案となっています。吉村は現代日本の建築における創造性の評価軸、法的環境、経営上の制約、そしてそこに住まう人間と建築の適応といった現代社会の問題に向き合い、そこに光を当てるための手段のひとつとしてCCライセンスを選択したのだといえます[33]。CCハウスはまだ構想段階のアイデアですが、今後の社会普及に期待ができます。

FabLab／ファブラボ

建築に限らず、ものづくり全般をインターネットを活用してオープンに推進しようとする動きは、今日多く存在します。なかでも有名な動きとしては、MITの“The Center For Bits And Atoms（ビットと原子のためのセンター）が発祥の、**FabLab（ファブラボ）**が挙げられます。

ファブラボは、3Dプリンタやカッティングマシンといったデジタルファイルを物理的な造形に落とし込むための工作機械を備えた市民工房を指しています。このデジタルで設計し、物理的なものを作ることをファブラボでは「デジタル・ファブリケーション」と呼んでいます。現在までに20カ国以上、50カ所所以上の地域にファブラボが設立されています。

いわゆるDIY（Do It Yourself、「自分で作る」）という日曜大工文化はインターネット以前からも普及していましたが、インターネット上で制作活動を共有し、他者とコラボレーションできるようになったことを踏まえて、ファブラボではDIWO（Do It With Others、「みんなで作る」）というスローガンを標榜しています。

日本でも2011年に鎌倉と筑波にファブラボが設立され、それぞれの地域と密着した形で、子どもから学生、社会人までがさまざまなデジタル・ファブリケーションを実践しています。ファブラボ・ジャパンではものづくりの「レシピ」を共有できるファブソースというウェブサービスを提供しており、CCライセンスで図面

32 http://www.ysmr.com/CChe/
33 吉村靖孝＋門脇耕三＋ドミニク・チェン、〈鼎談：「CCハウス」はなにを可能にするか〉http://10plus1.jp/monthly/2011/03/CC.php
34 http://fablabjapan.org/recipe/

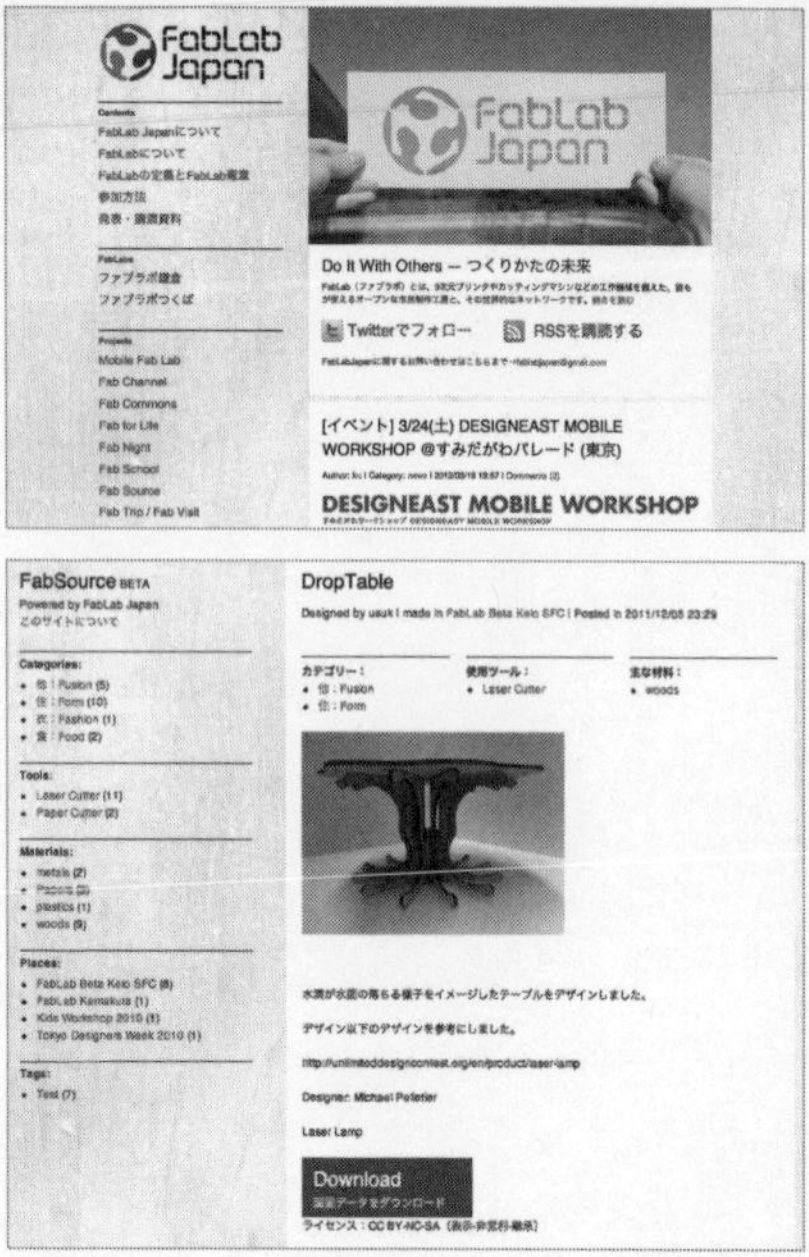

ファブラボ・ジャパンのトップページ(上)とファブソース画面(下) 34

データなどのファイルを公開できるようになっています。

ものづくり・電子工作技術のオープン化

こうしたデジタル・ファブリケーションと並行して発展したものづくりの分野に、電子工作の文化があります。コンピュータのスクリーン画面にとどまらず、センサーやモーターを備えた電子回路を創造的にプログラミングすることによって、実世界の情報に反応して挙動が変わるシステムを制作する分野は「フィジカル・コンピューティング」と呼ばれています。インターネットが普及する以前は、電子回路基板を改造したりプログラミングを行なうことは専門的な知識を要しましたが、インターネットが普及するようになってからはさまざまなノウハウが共有され、参加の敷居がかなり低下してきました。

中でも有名な例としては、**アルドゥイーノ（Arduino）**というオープンソースの電子回路基盤です。アルドゥイーノは回路基板が付いた単純なマイクロ・コントローラーで、スイッチやセンサーなどに簡単に対応するように設計されているため、インタラクティブなシステムを自分で構築するメディア・アーティストや芸術系の学生、またはDIYハードウェアのマニアたちの間で瞬く間に普及しました。

アルドゥイーノの回路設計には〈ⓒ表示 - 継承〉ライ

センスが適用されているため、アルドゥイーノから派生したプロジェクトにも同様のライセンスの条件が適用されます。公開から数年間で、アルドゥイーノが使われたシンセサイザーやギターのアンプ、またはVoIP電話ルーターといった派生プロジェクトが生まれていきました。『Wired』誌の編集長でTEDのキュレーターでもあるクリス・アンダーソンは、アルドゥイーノを使った空中を飛ぶ無人飛行物体「DIY Drones」という事業を開始しました。また、オープンソースで人気の高い3Dプリンタのメーカーボット(Makerbot)は、アルドゥイーノ基盤モデルを使った頑健な設計によって構築されています。

アルドゥイーノのホームページ

アルドゥイーノ基盤はこれまで20万8000個以上も販売され、毎年その売上は増加しています。またアルドゥイーノはオープンソース・モデルで、誰でも設計図に触れるようになっているので、開発チームは大規模な技術サポートサービスを提供する必要がありません。「アルドゥイーノのユーザーは私たち開発者を助けてくれたり、寛大に振る舞ってくれています」とアルドゥイーノの開発者の一人であるマッシモ・バンツィはいいます。バンツィはもともと、デザイン学校に講師として勤務していたのですが、その学校が資金をすべて失ってしまうということが起きました。そのときに、ほかの誰かがプロジェクトを引き継げるように、彼はアルドゥイーノの資源をオープンソースにしようと決めました。状況が逼迫するのを目の当たりにしたときに、バンツィは回路図を「Berlios」というグーグル・コードと同じような機能を持つドイツのウェブサイトにアップロードし、制御用のソフトウェアをGPL、ハードウェア設計を〈表示-継承〉ライセンスで公開しました。今日、このバンツィの行動の結果は、ただ「無償で公開された設計図」ということ以上の結果を引き起こしているといえます。

「CCライセンスのロゴを回路図や基盤レイアウト図の上に記載することによって、ハードウェア設計の分野をみんなが貢献できる文化の一部にまで昇華させることができた」とバンツィはいいます。「今後私たちに何が起きようとも、このプロジェクトはずっと続いていくでしょう」

美術・アートセンターのオープンソース文化

観客に開かれた参加型アート・プロジェクト

いわゆる芸術（アート）の系譜を引き継ぐ現代の文化領域は、現代美術（コンテンポラリーアート）と呼ばれています。美術の世界においては作者＝アーティストの独創性が大きな価値を持ち、作品は基本的に一点のオリジナルが存在することが前提となります。そして批評家やキュレーターといった専門家による評価に応じて作品の価値が決定されるピラミッド型のヒエラルキーによって強く特徴付けられ、「誰がその作品の作者であるか」が厳しく問われる現代美術の世界は、不特定多数の作者の存在を前提とするオープンソースの概念は一見すると相性が悪いように思えます。

しかし学問の世界と同様に、「歴史」を前提とする美術の世界においては、一定のマナーにもとづいた作者同士のコラボレーション、相互参照や継承という行為も盛んに行なわれてきました。そして物理的な媒体以外にもパフォーマンスなどの「行為」を作品とすることが増えてきている近年は、観客が参加することによって成立する美術作品も多く存在します。

ここで現代美術の近年の同行を総括することは紙幅の都合上かないませんが[35]、CCライセンスを活用した事例をいくつか紹介します。

現代の国際社会の歪みを対象化して作品を制作する現

代美術家の椿昇は、参加者がイスラエルとパレスチナを分離する壁のデザインを投稿する参加型プロジェクト「**Radikal Dialogue Project**」**36**を2005年にウェブサイト上で展開しました。政治的な問題の認識向上と共に、開かれた芸術の形を模索するためにも行なわれたこのプロジェクトには、インターネットを通して多くの人が参加し、投稿されたデザインはミニチュアの壁にプ

35 創造性と制作形態の進化を哲学の視点から書いた筆者の過去の考察としては次のものがあります。ドミニク・チェン「ネット公正論――データの逆襲1：プロクロニスト・マニフェステーション」、『10＋1』no.48：特集「アルゴリズム的思考と建築」所収。以下においてPDF閲覧が可能。http://bit.ly/zea8Eg

36 現在は公開を停止、インターネット・アーカイブから公開時のサイトが閲覧可能。

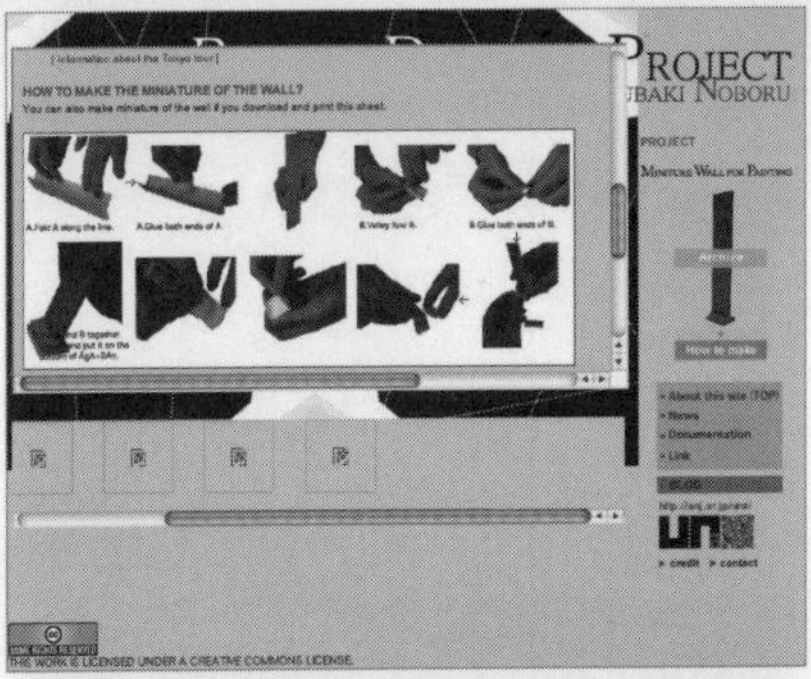

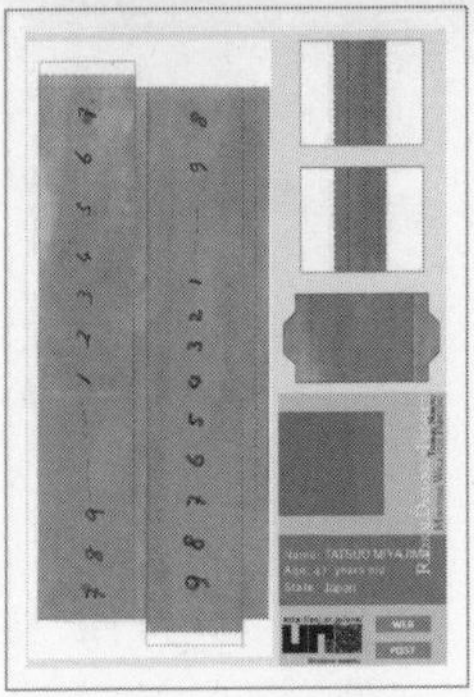

椿昇のプロジェクト、ミニチュア・ウォールの展示の様子と、アーティスト宮島達男によるウォール・ペインティング

リントされて展示され、ウェブサイト上では〈ⓒ表示-非営利-改変禁止〉ライセンスが付けられ公開されました。

みずからのアート作品をオープン化する

同じく国際的に活動し、絵画やインスタレーションを制作する現代美術家の鴻池朋子は、自身の映像作品の一部を〈ⓒ表示-継承〉ライセンスで公開しました[37]。「みみお」という鴻池のキャラクターを音楽に合わせてアニメーション化したこの2つの映像作品「**Four Seasons**」と「**Last Day of Winter**」は、「最初に付けられた音源の権利に制約があって個人的な展示や上映以外まったく使えなくなって」しまったといいます。「一度かなりの集中力でその音で完成形をみたので、これにまた新たに音を付ける気にはならないし、また今以上のものが自分の中で見えないから、人に投げちゃって全然違う視点で作ってもらえればこれほど作品にとってよいことはないと思う」と鴻池さんは語っています[38]。通常は限定エディションでアートギャラリーなどで売買される現代美術の映像作品が、無償でオープンライセンスで公開されることはめずらしい試みといえるでしょう。まだこの作品を再利用した創造的な動きは出てきていませんが、ユーチューブなどでは異なる音源とのマッシュアップを行なった映像が投稿されています。

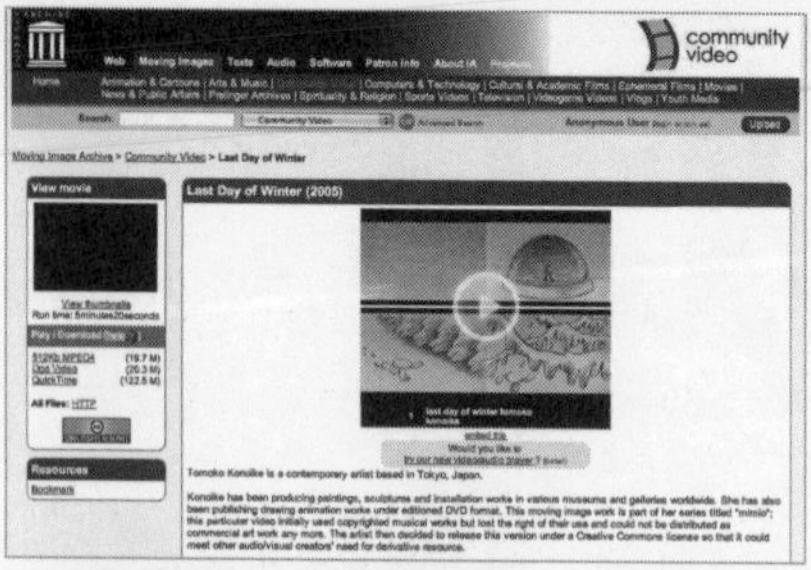

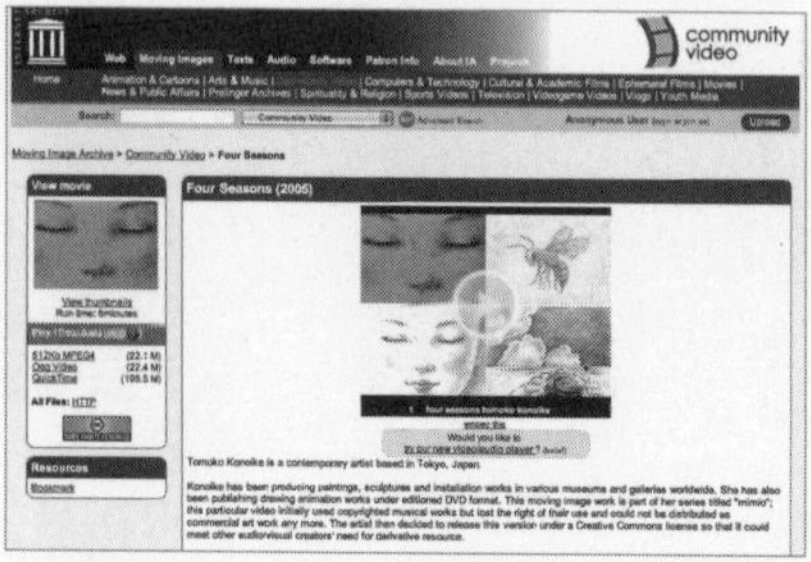

インターネット・アーカイブ上で公開された「Last Day of Winter」と「Four Seasons」

２０１１年１月に、ダンサー・振付家の白井剛と山口県情報芸術センター（ＹＣＡＭ）が制作し、公開した映像（ビデオダンス）のプロジェクト「**Choreography filmed: 5days of movement**」の撮影素材がすべて〈ⓒ表示－非営利－継承〉ライセンスで公開されています[39]。

ＹＣＡＭの特設ウェブサイト上で、白井が演出、振付、編集そして出演を行なった映像作品と、作品には使用されなかったものも含め、１２０個の撮影素材がリスト画面で閲覧・ダウンロードできるように公開されています。特設サイトでは、高精細な映像作品をブラウザ上で鑑賞できるほかにも、映像テイクがなっています。

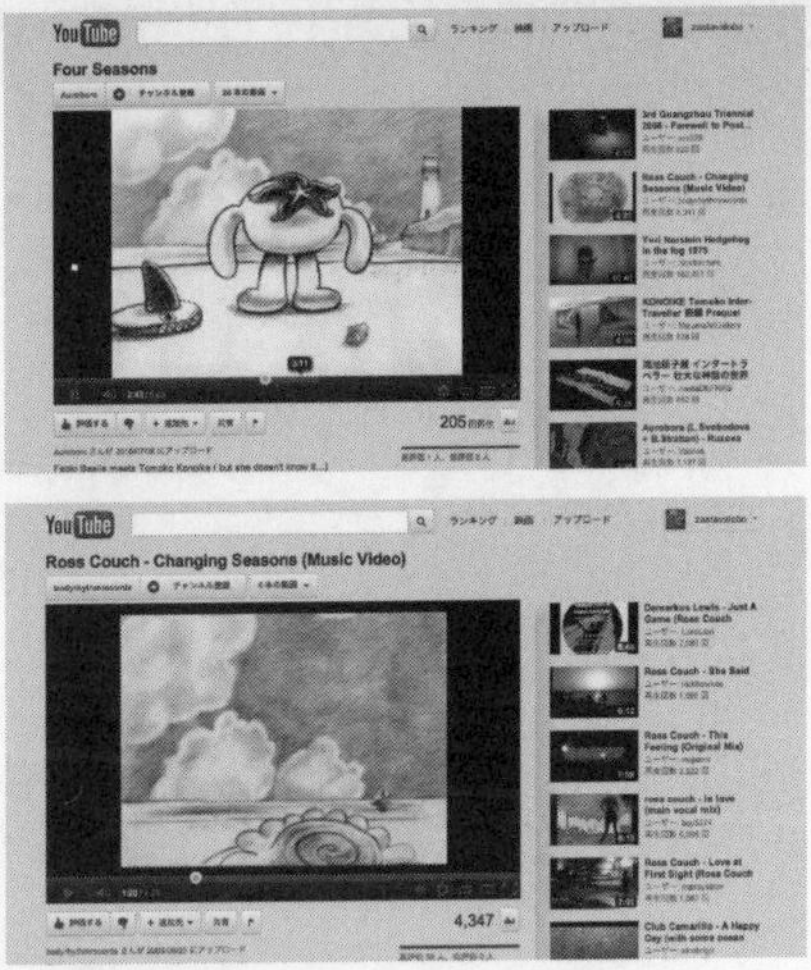

YouTube上でマッシュアップされた「みみお」の映像作品

このように芸術作品の貴重な創造のプロセスがオープンな形で公開され、創造的な介入や改変をうながす試みは今後のアート界にとっても重要な布石となるでしょう。ＹＣＡＭはinterLab[40]というオープンソース・ソフトウェアの開発・管理・公開の取り組みも開始しており、ソフトウェアとコンテンツの両方から日本発のメディアアートの進化を支えています。

37 国際大学グローバル・コミュニケーション・センターによる知的活動支援プロジェクト「コモンスフィア」の一環として企画されました。
38 ２００５年に実施した著者によるインタビューより（http://creativecommons.jp/commonsphere）
39 http://c-filmed.ycam.jp/
40 http://interlab.ycam.jp/

美術館の記録映像をオープン化する

アーティストの作品以外では、東京のメディア・アート・センターであるNTTインターコミュニケーションセンター（ICC）が、展覧会の紹介映像に加えて、シンポジウム、ワークショップ、コンサート、アーティストによる作品解説といった各種の記録映像をウェブ上で〈ⓒ表示-非営利-継承〉で公開するプロジェクト「**HIVE**」があります。

2006年6月から公開開始されたHIVEでは、250以上の記録映像がストリーム視聴ができるほか、映像ファイルをCCライセンスの条件下でダウンロードし、再配布したり、編集して派生作品を公開することができます。

実際にHIVEの映像は、ほかの動画共有サービス

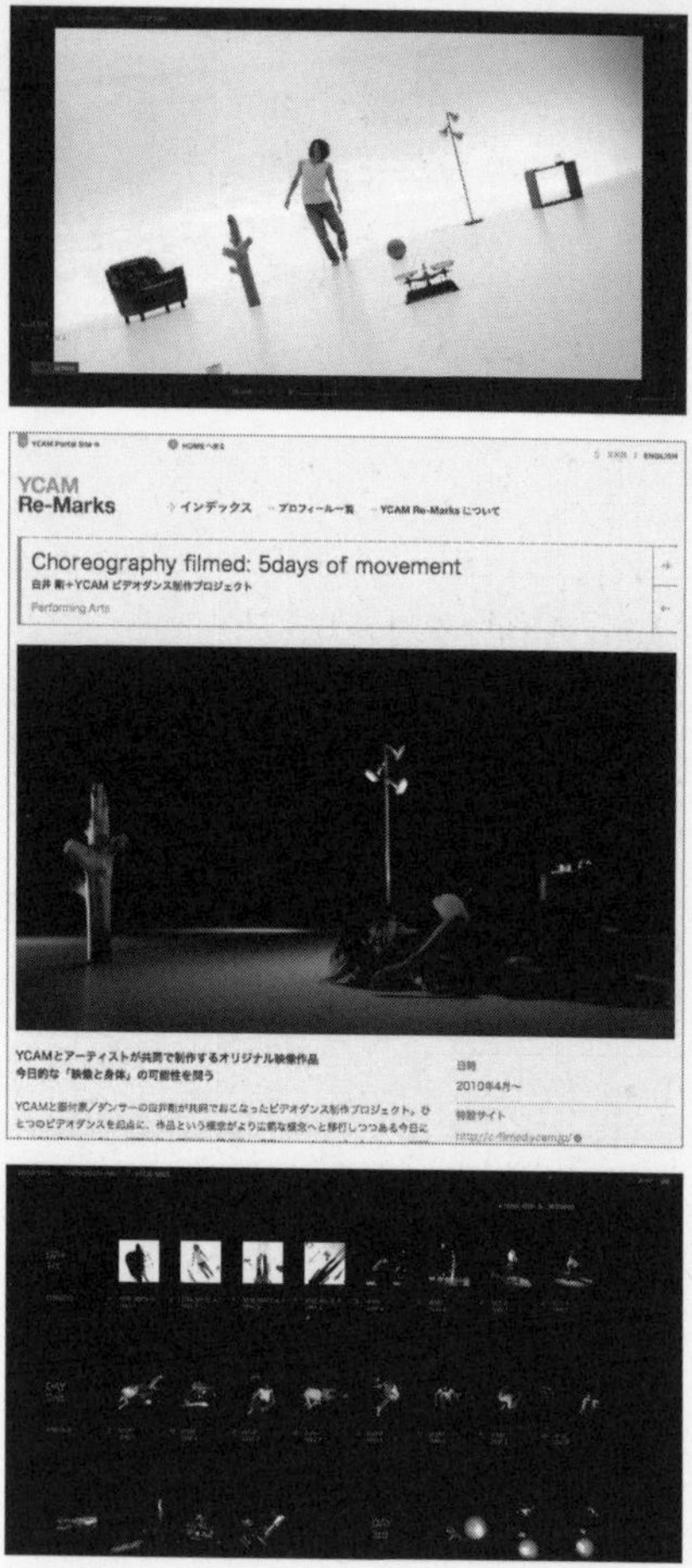

YCAMの特設ウェブサイト

に転載されたり、字幕作成サービス上で他言語に翻訳されたり、美術大学の授業で使用されたりしてきました。ＨＩＶＥはコンピュータを活用した芸術表現を対象とするメディアアートの分野を扱っていますが、世界で初めて体系的にＣＣライセンスを使って美術館の資源をウェブ上で公開を開始した事例だといえます。

このことはどのようなことを可能にするかというと、誰でもＩＣＣ ＨＩＶＥの映像をダウンロードして違う（非営利の）サイトを開始することができます。実際にユーチューブやほかの動画共有サイトに勝手にＨＩＶＥの映像がアップロードされていることは、これは運営者としてはより多くの人に知ってもらえるという意味でとても喜ばしいことです。

もう一点、サービスを開発したり維持するために人を

ICCの記録映像アーカイブ公開プロジェクト「HIVE」

雇ったり発注しなくてはならないといったコストが存在しますが、ＩＣＣは美術館であり、潤沢に開発予算は取れないので、いつかどこかの誰かが勝手によりよいサービスを作ってくれるとすれば、大局的な目的は果たせていることになります。

このように施設の資源を公開し、意図的にインターネット上に分散させることによって、施設の認知度や利用価値を高めていくという戦略は、今日であればヨーロッパの文化遺産データベース「ユーロピアーナ(europeana)」(「パブリックドメインの共有」の項、202ページ参照)でも採用されている考えです。

誰でも美術館の展示作品を撮影できる

美術館と観客の関わりという点では、日本の美術館における写真撮影のルール作りにＣＣライセンスが活用されています。森美術館「アイ・ウェイウェイ展─何に因って?」(2009年7月)をはじめ、東京都現代美術館「こどものにわ」展(2010年7月)、そして広島市現代美術館での「オノ・ヨーコ展　希望の路 YOKO ONO 2011」(2011年7月)で、観客は展示会場の写真をＣＣライセンスを付け、撮影対象の作者の名前を表示することを条件に、写真撮影が許可されました。

美術館としては作品と作者の名前が正しく表示され、ブログやＳＮＳで展示に関する情報が広まることが期待できますし、観客はより直接的に作品に親しむことができます。

以上見てきたように、現代美術の作家、美術館、そして観客のそれぞれが、オープンに作品や作品に関する情報を発信し合う動きは、今後とも増加していくでしょう。その過程で現代美術においてオープンソース的な作品制作の手法や観客との関係性の構築が実現すれば、専門家による批評と歴史の構築といった作業も、徐々に観客の手に委ねられる状況が訪れることも考えられます。

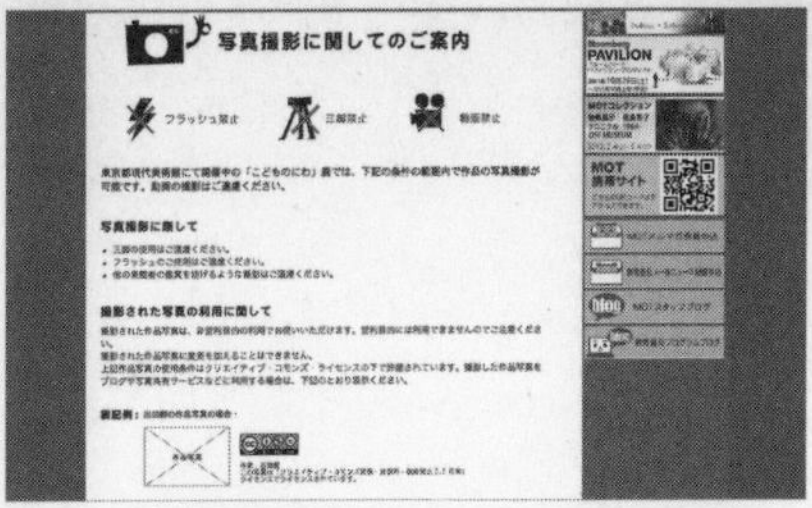

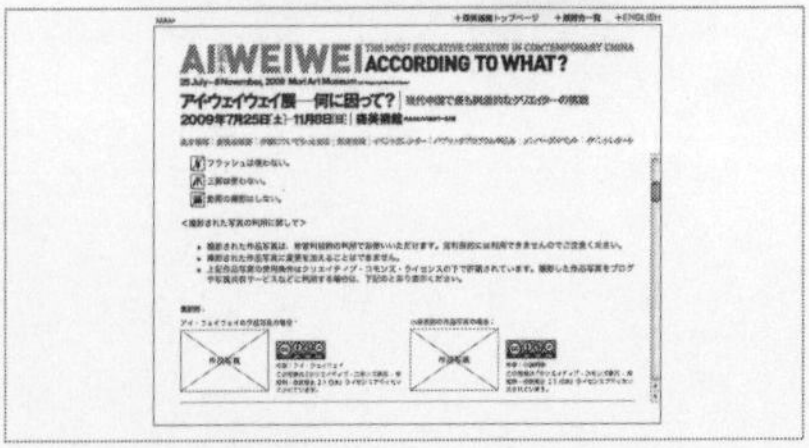

（上から）東京都現代美術館「こどものにわ」展、
広島市現代美術館「オノ・ヨーコ展」、
森美術館「アイ・ウェイ・ウェイ展」での写真撮影許可に関する案内

イラストの オープンソース化

ポートフォリオをオープンにする

イラストレーターやグラフィックデザイナー

が、自身の作品のポートフォリオを制作して公開できる日本のウェブサービス「**ロフトワーク**」は2002年にオープンしました。ロフトワークではこれまで11万2000個ものポートフォリオが公開されています。

ロフトワークでは「クリエイティブの流通」を促進するという大局的な目的のためにも、2007年から

CCライセンスに対応し、ユーザーが自身の作品に任意のCCライセンスを付けて公開する機能を追加しました。公開された画像はダウンロードできるようになっており、利用者が自由に作品を広める手助けをすることができます。

ロフトワークではこれまでにもCCライセンスを使ったさまざまなコンペティションやイベントが開催されており、イラストレーターやデザイナーが自身の作品をより多くの人に知ってもらうためのプラットフォームとして機能しています。

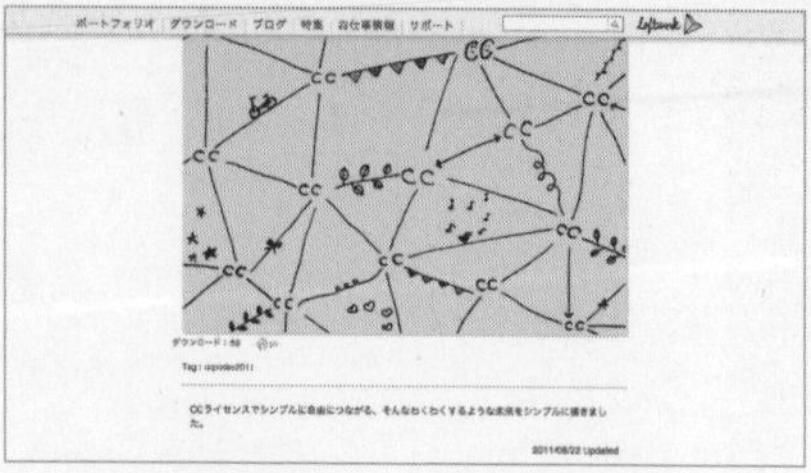

ロフトワーク上でCCライセンスの付いたイラスト作品のページ **41**

クリエイターズバンク上で
CCライセンスの付いたイラスト作品のページ **42**

同じく日本のサービス「**クリエイターズバンク**」は、2004年11月に開始したクリエイターのための情報ポータルサイトです。みずからの作品をポートフォリオの形で整理して公開したり、クリエイター用の各種イベントの紹介、ユーザー同士で交流するSNS的な機能などが設けられています。

クリエイターズバンクでは、2007年10月からCCライセンスを採用しており、2009年時点で6万6500点ある作品数のうち、現在8600点程度の作品がCCライセンスで公開されています。

オープン・クリップ・アート（OpenClipArt）は2006年に開始した、その名の通りクリップアートを投稿するサービスです。オープン・クリップ・アートに投稿された作品はすべて〈ⓒ0〉によってパブリックドメインに寄贈されるようになっており、営利目的でも使用できる高品質なクリップ・アートが豊富に揃っています。オープン・クリップ・アートでは、画像はビットマップ形式のほかに、イラストのソースデータと呼べるベクター形式でも提供されているため、下のイラストを非常に細かくリミックスすることを可能にしています。現在は画像を編集する機能が埋め込まれており、このボタンをクリックするとブラウザ上で画像を加工したり編集したりできる外部サービスに接続します。

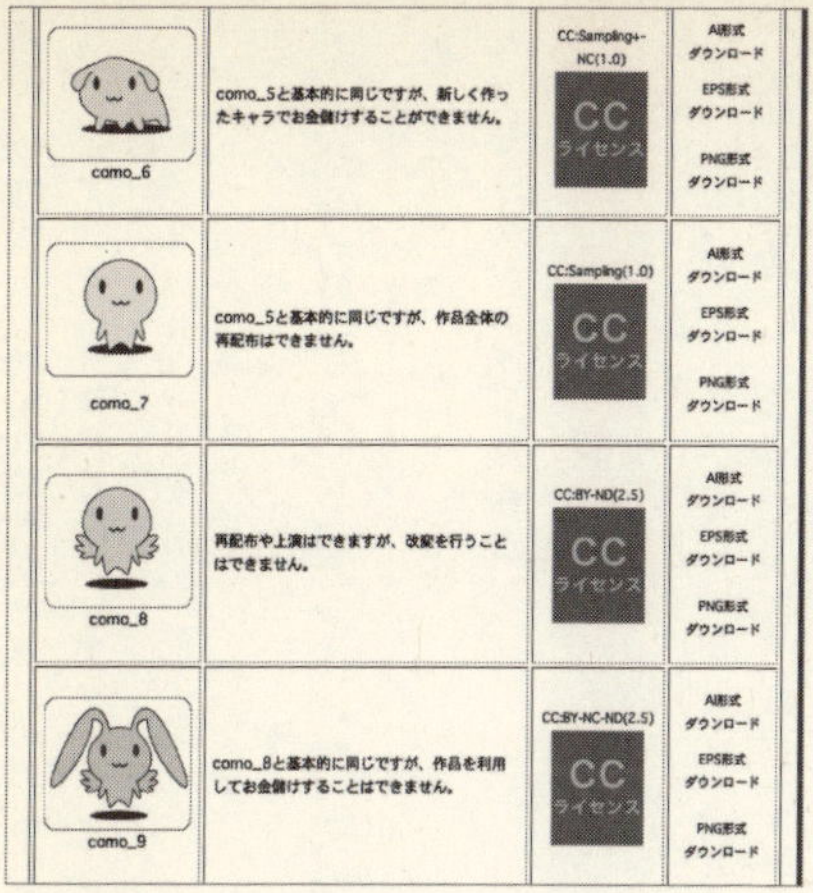

さまざまなライセンスが付けられている「コモコモ」の一覧

個人作家の作品をオープンにする

漫画家／イラストレーターの西島大介によるキャラクター「コモコモ」が、国際大学グローバル・コミュニケーション・センターによる知的活動支援プロジェクト「コモンスフィア」のキャラクターとしてデザインされ、CCライセンス付きで2005年に公開されました43。コモコモはCCの基本ライセンス6種と当時公開されていた音楽専用のCCライセンス3種のそれぞれに対応したキャラクター全9種類がデザインされてい

41 作品「CC LINE」BYしんじろう〈CC:表示〉URL: http://www.loftwork.com/downloads/sinjirou/archive/311821

42 作品「エリクサー」BY大澤悠〈CC:表示〉URL: http://www.creatorsbank.com/portfolio/works/index.php?id=pachnoda&page=2

43 国際大学グローバル・コミュニケーション・センターによる知的活動支援プロジェクト「コモンスフィア」の一環として企画されました。http://creativecommons.jp/commonsphere

ます。その後コモコモは同大学の雑誌の表紙に使われたり、プログラミング教材書籍のモデル・ファイルとして二次利用されてきました。

パブリックドメインの共有

パブリックドメイン作品が収蔵されているアーカイブ

パブリックドメインの概念は厳密にいえば法的に「パブリックドメイン」が定義されたアメリカを始めとするいくつかの国でしか有効ではありません。しかし著作権が切れた状態の作品や、著作者が不明であるような、いわゆる孤児作品（orphan works）は実質的にパブリックドメインに属していると見なせます。〈CC0〉ライセンスはパブリックドメインが定義されていない国においても、その国の法律の枠内において可能な限りの権利を放棄することによって、実質的に作品をパブリックドメインに帰属させることのできるツールです。

パブリックドメインにある作品は作者の権利が及ばないため、公共の文化資産であるといえます。たとえばパブリックドメイン作品をもとに新たな作品を制作し、公開したとしても、法的にはその作者の氏名や題名を表示する義務は発生しません（もちろん、マナーとして、もしくは作品や作者へのリスペクトの表明として、そうした情報を表示する方が望ましいことはいうまでもありません）。このように再利用のコストがほぼ皆無のパブリックドメイン作品が多く存在することは、文化における作品の創造を活性化させる要因だと考えられます。

一方で、パブリックドメインにどのような作品が存在しているかということは広くは知られていません。今日、オープン・ライセンス作品とパブリックドメイン作品を扱い、検索機能を提供するサービスが多く存在します。

ウィキペディアの画像アーカイブである**ウィキメディア・コモンズ**（Wikimedia Commons）にはCCライセンスのもの以外にも多数のパブリックドメイン作品が登録されており、非常に有用な検索ツールとなっています。同様に、**ウィキソース**（WikiSource）は多くのパブリックドメイン書籍の原文を収録しています。

Wikimedia Commonsのパブリックドメイン作品 **44**

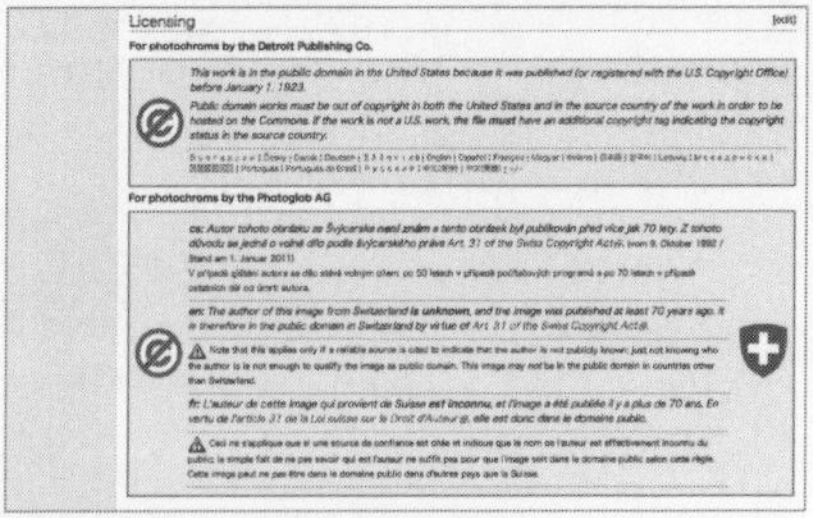

Wikimedia Commonsのライセンス説明

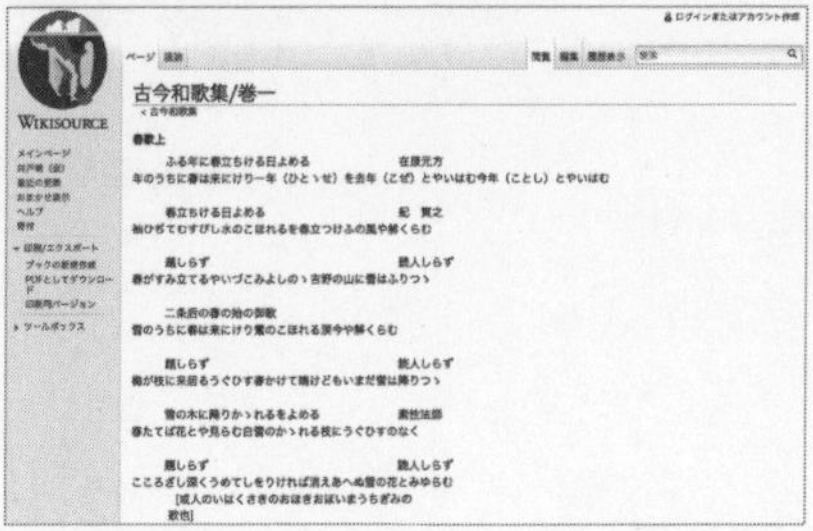

WikiSourceのページ

インターネット・アーカイブ（Internet Archive）はインターネット上のウェブページをすべて収集・記録し、記録することを目的に設立された非営利のデジタル・ライブラリです。これまでウェブページだけで1500億ページを収集し、WayBackMachineという機能を使うと、もう存在しないウェブページのキャッシュを閲覧することができます。さらにテキスト、画像、楽曲、映像といった分野別のコレクションを分類しており、それぞれがCCライセンスやパブリックドメインの作品を多数収蔵しています。

44 http://commons.wikimedia.org/wiki/Main_Page

インターネット・アーカイブ 45

ユーロピアーナ 46

ユーロピアーナ（europeana）はグーグル・ブックサーチに対抗するために欧州連合（EU）の指令によって発足し、欧州連合加盟国の積極的な参加によって運営されているデジタル・アーカイブです。ユーロピアーナは、その名の示す通りヨーロッパ中のパブリックドメインとなっている文化遺産のデジタル・ファイルへのアクセスを提供する文化ポータルとして機能しています。

大英図書館やルーブル美術館を含むヨーロッパの1500を超える文化施設から提供されたファイルを収録しており、ニュートンが万有引力について著した書籍や、レオナルド・ダ・ヴィンチの絵画、フェルメールの『真珠の耳飾りの少女』といった著名な作品から、大多数の無名な作品のファイルを閲覧し、ダウンロードすることができます。検索画面ではパブリックドメイン

プロジェクト・グーテンベルグ 47

パブリックドメイン・レビュー 48

やCCライセンスの選択によって絞り込みをかけることもできます。2010年の段階で1000万以上の作品がデジタル化されてユーロピアーナに掲載されており、今後とも収録数を増やしていくことが予測されます。

プロジェクト・グーテンベルグ（Project Gutenberg）は1970年に創設されて以来、パブリックドメインの書籍のデジタル化に努めてきました。現在は3万8000冊以上の電子書籍を収録しており、数千人のボランティアによる校正の協力などを受けて運営されています。英語が3万2000冊以上あるほか、フランス語、ドイツ語、中国語などの書籍も多数集積されています。

パブリックドメイン・レビュー（Public Domain Review）は非営利団体オープンナレッジファウンデーション（Open Knowledge Foundation）が運営する、パブリックドメイン作品のレビューを掲載するサイトです。このサイトに掲載されている記事はすべて〈cc表示〉ライセンスで公開さ

45 http://archive.org/
46 http://europeana.eu/
47 http://www.gutenberg.org/
48 http://publicdomainreview.org/

れており、一般からのパブリックドメイン作品のレビュー記事の投稿も受け付けています。パブリックドメイン作品は現代の文脈と切り離されていることが多いため、一般には評価がしにくかったり、文脈を理解することが難しいですが、このパブリックドメイン・レビューのように優れたパブリックドメイン作品を掘り起こし、現代の創作文化と再接続する試みによって、パブリックドメイン作

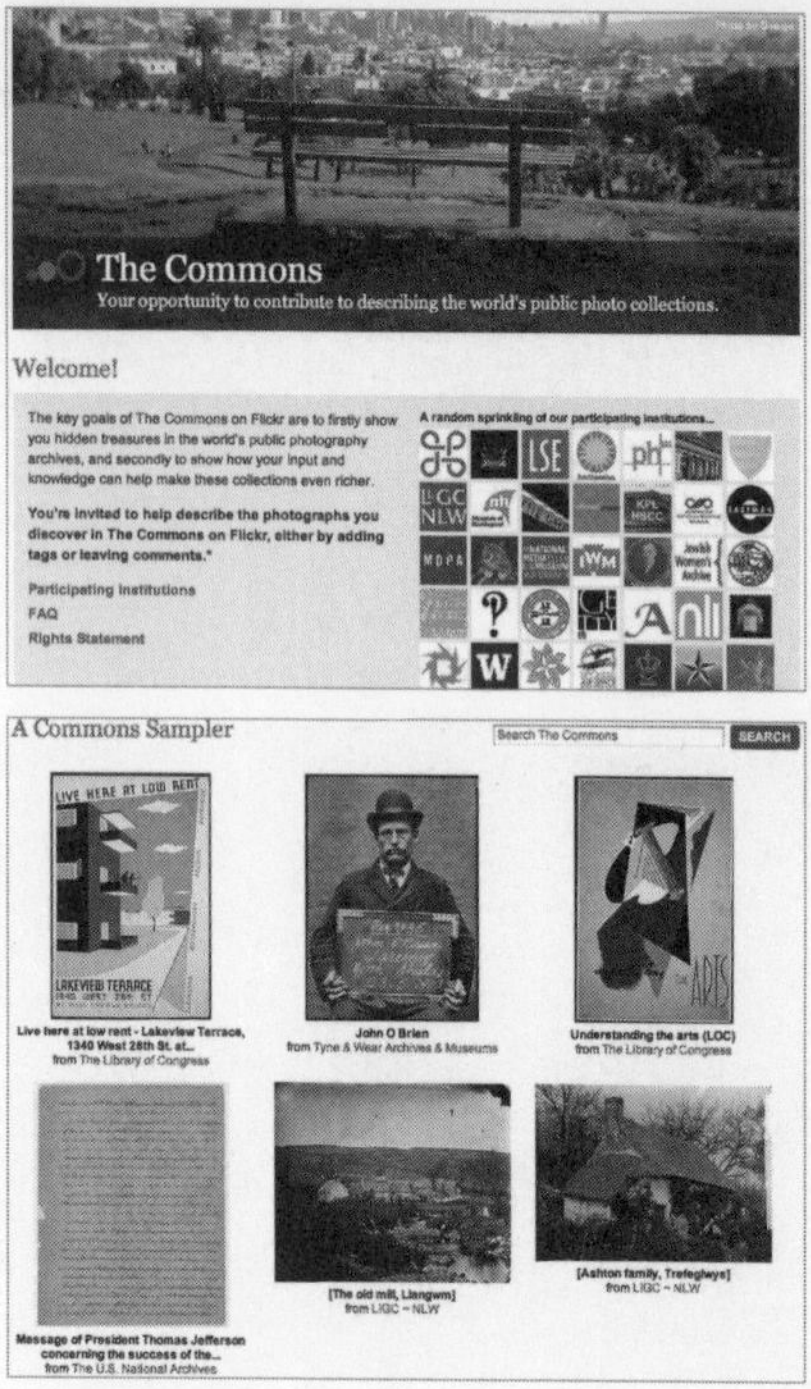

フリッカー・コモンズ 49

品の再利用が活性化されることが期待できるといえます。

CCライセンスでの写真投稿を受け付けているフリッカーは、**フリッカー・コモンズ（Flickr Commons）**というページで著作権の切れたパブリックドメインの写真を掲載する機能も提供しており、NASA（米国宇宙航空局）やアメリカ議会図書館（Library of Congress）を始めとして50以上の公的機関が資料写真、ポスター、公文書などの多数の画像をパブリックドメインで投稿しています。

49 http://www.flickr.com/commons

日本のフリーカルチャーの金字塔・青空文庫

青空文庫はCCライセンスこそ採用されていないものの、日本におけるフリーカルチャーの金字塔ともいえるサービスです。青空文庫は1997年に活動を開始し、著作権の切れた日本の文学作品や海外の文学作品の翻訳文をさまざまなファイル形式で提供しています。日本からは夏目漱石、宮沢賢治、太宰治、夢野久作、小林多喜二、森鴎外、坂口安吾、石川啄木、泉鏡花、樋口一葉、尾崎紅葉など、海外の作家ではカフカ、ドストエフスキー、グリム兄弟、エドガー・アラン・ポー、チェーホフなどの作品を読む事ができます。また、パブリックドメイン作品以外にも、著作者が自由に読んで欲しいために投稿された作品も掲載されています。青空文庫に掲載されている作品のうち、著作権が失効している作品に関しては、自由に複製や再配布を行なうことが許可されています。

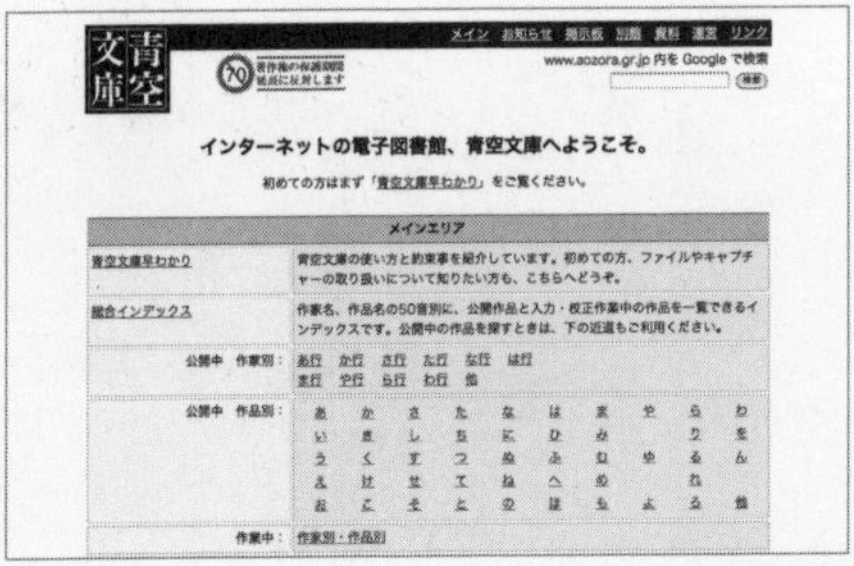

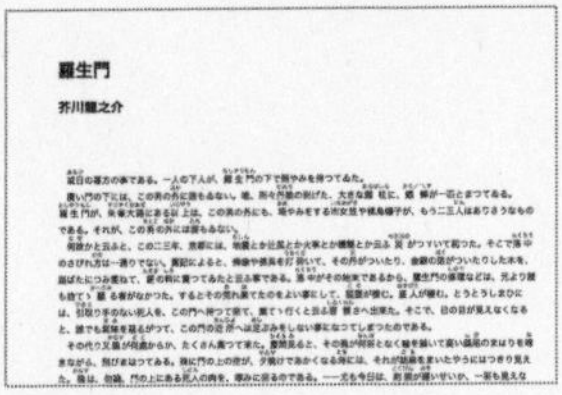

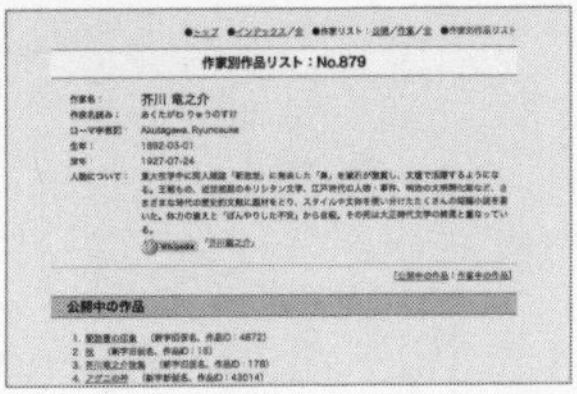

オープンパブリッシング

書籍のオープンソース化

書籍のＰＤＦデータをオープン化する

これまで「青空文庫」のように、著作権の切れたパブリックドメインの書籍をウェブで公開することは、以前から積極的に取り組まれ、現在では一定水準の成果をもって定着してきているといえるでしょう。ただしこれは、「著作権が切れている」という状況下で成立するものであり、著作権の保護期間の延長などの動きによって阻害される危険性に常にさらされています。ここ最近の潮流として、著作権の切れたパブリックドメインの書籍以外に、新しく刊行される書籍にＣＣライセンスを付けて全文をウェブ上で公開するということが、書籍の印刷版に加えて電子書籍版を販売する傾向が増加している近年は特に、一般的なプロモーション手法となりつつあります。フリーカルチャーの文脈ではこの手法をオープンパブリッシング（オープンな出版）と呼んでいます。

ＣＣライセンスの条件で、書籍のＰＤＦ版をウェブページ上で公開する日本国外の事例はクリエイティブ・コモンズのウィキページでまとめられており、不完全なリストながらも１２０件以上の書籍が報告されています。アメリカではローレンス・レッシグ、ヨハイ・ベンクラー、ジョナサン・ジットレインといった著名なインターネット政策論者による書籍の数々が刊行と同時にＣＣライセンス付きでＰＤＦ版を配布し、成功を収めている事例が知られています。

それでは、どうして書籍の刊行と同時に本文ＰＤＦを無料で、ＣＣライセンス付きで公開するのでしょうか。まず懸念されるのが、有料の書籍を誰も買わなくなることではないでしょうか。

この疑問に対しては、いくつかの観点からの反論が存在し、かつそれが有効であることが実績として証明されています。

最初の主張は、本が誰にも知られないまま忘れられるよりは、無料でもよいのでより多くの人に読まれる確率を増やした方が、結果的に読者も増え、書籍の販売成績も上がる、というものです。これは主に出版社にとって

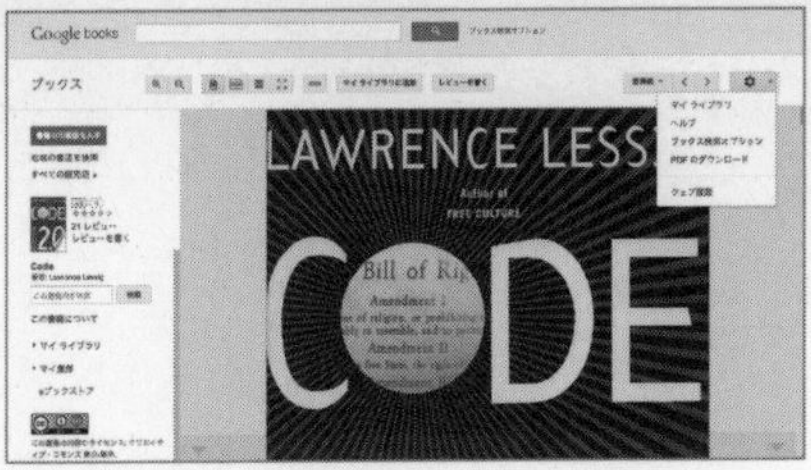

グーグル・ブックス上でのCCライセンス付き書籍、
ローレンス・レッシグ『CODE 2.0』の表示と
PDFダウンロードのリンク

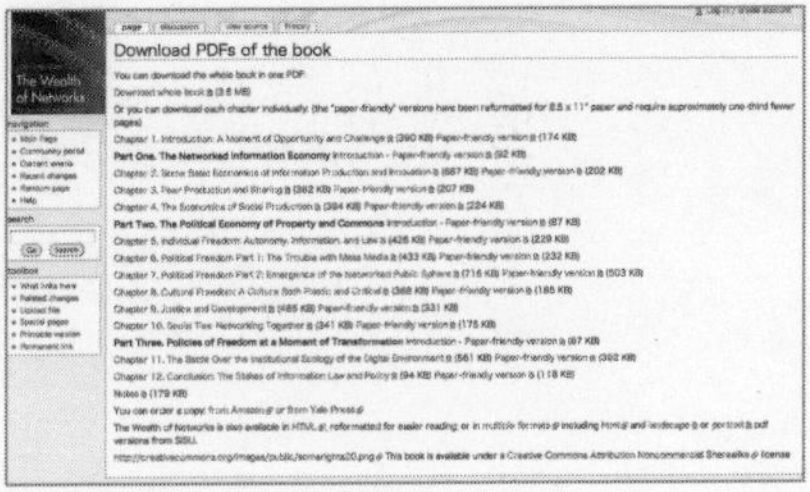

ヨハイ・ベンクラー『The Wealth of Networks』の
PDFダウンロード用ウィキページ

の戦略の説明ですが、それではオープン出版を行なう作家たちはどのような考えをもっているのでしょうか。

2003年にノンフィクションの書籍に初めてCCライセンスを適用し、その後も精力的にCCライセンス付きで作品の刊行を行ない、アメリカのSF界における権威的な賞であるヒューゴ賞を受賞したりネビュラ賞の候補ともなったSF作家のコリー・ドクトローは次のように述べています。「作家としての私にとって、作品を盗まれることより、作品が誰にも知られないということのほうが大きな問題です。クリエイティブ・コモンズのライセンスは、風に乗ってあらゆる隙間に入り込み、思いもかけないところで芽を出すタンポポの種のように、私の作品を広めてくことを実現したのです」[50]

同様に、ヒューゴ賞とネビュラ賞を受賞しているSF作家のジェイムス・パトリック・ケリーも、自身の作品をCCライセンス付きのポッドキャストで配信したところ、読者数が増加したといいます。「私が思うに、現代の作家にとって最も狡猾な敵は何かというと、それは出版社でも盗作者でも海賊版コピーでもなく、誰にも読まれないということです。」

50　クリエイティブ・コモンズ、前掲書

クリエイティブ・コモンズは、私自身が書いたことを誇りに思える物語を引き出しの奥底からすくい上げ、読者の目の前に届ける方法です。知名度と評判は、新しいデジタル時代の貨幣なのです」51

また、ジャーナリストのダン・ギルモアは、2004年に刊行した書籍『We the Media: Grassroots Journalism by the People, for the People』を〈ⓒ表示 - 非営利 - 継承〉ライセンスを付けて公開しました（日本語版『ブログ——世界を変える個人メディア』平和博訳、朝日新聞社）も刊行から6年後の2011年9月に同ライセンスを付けて公開）。ギルモアは、CCが存在しなければ『We the Media』はおそらく存在しなかった、といいます。「アメリカの新聞や雑誌がこの書籍を無視したという事実をふまえると、私がこのようにしなかったらこの書籍そのものの存在が跡形もなく沈んでいたといっても間違いないでしょう」。周囲の人々の予想に反して、ギルモアは書籍の無料配信によって経済的な成功を収めることができました。「私は毎回半期ごとに今でも印税小切手を受け取っています。すでに出版から6年経っていることを考えると、悪くない結果ですね」

O'Reilly／オライリー

大手の出版社の中でも最初期からオープン出版を実践しているのが「ウェブ2.0」という用語を提唱したティム・オライリー率いるオライリー・メディアです。オライリーは2003年からオープン・ブックス（Open Books）というプロジェクトを立ち上げ、絶版となった書籍や、著者が柔軟な著作権定義を望む書籍の全文をCCライセンスを付けて公開しています。すでに33冊の絶版本と16冊の新著（上述したダン・ギルモアの『We The Media』も含む）がオープン・ブックスで取り扱われています。

オライリーは2つの書籍（ひとつは刊行と並行してCCライセンス付きのPDFを無償配布、もうひとつは通常の販路）の売上を比較して分析するブログを書いています52。結果的に、CCライセンスが付いた本は18万回ダウンロードされ、1万9000部売れました。販売部数は類書と同レベルの売上でありながら、オライリー社のプロモーションとしては絶大な効果を発揮したといえます。

書籍にCCライセンスを付けることに出版社に同意してもらうための方法を書いている作家のマンディ・バーグとバロウは、このCCライセンス付きのオライリー書籍

オライリーのオープン・ブックス

の波及効果を更に調査しました。彼らがグーグル検索で当該書籍と類書との比較検索をしたところ、CC付きの書籍は2年間（2005年から2007年）で13万9000回の参照が行なわれており、年間では平均7万回となりました。一方、CCライセンスが付けていない類書の方では7年間（2000年から2007年）で4万2000回の参照にとどまり、年間平均では6000回となりました[53]。これはひとつの事例に過ぎませんが、CC付きの当該書籍はそうでない類書と比べると、10倍以上の報道やブログ記事での参照があったという計算になります。

フリーミアムという言葉を定着させた書籍『FREE』［邦訳：『フリー――〈無料〉からお金を生みだす新戦略』、NHK出版］の著者でTEDの世話人でもあるクリス・アンダーソンも、P2Pネットワークやウェブ上での音楽MP3のファイル共有がロングテールに属するアーティストにとっては効果的なプロモーションになるという研究論文[54]を紹介しています[55]。この論文では75％のロングテー

51 クリエイティブ・コモンズ、前掲書
52 Tim O'Reilly, Free Downloads vs. Sales: A Publishing Case Study, http://radar.oreilly.com/2007/06/free-downloads-vs-sales-a-publ.html
53 Xtine Burrough and Michael Mandiberg, "HOWTO NEGOTIATE A CREATIVE COMMONS LICENSE: TEN STEPS", http://www.masternewmedia.org/how-to-publish-a-book-under-a-creative-commons-license/
54 David Blackburn, "On-line Piracy and Recorded Music Sales", Harvard University
55 Chris Anderson, "The effect of P2P file-sharing depends on popularity", http://www.longtail.com/the_long_tail/economics/

ルに属するアーティストはファイル共有の恩恵を受けて売上が伸びるとしていて、75%から97%の中間層は誤差の範囲しか影響を受けず、残りの97%から100%までのヘッドの層は少量の減少を確認しています。

ティム・オライリーは2002年の段階で同様の現象について考察を行なっており、それを「海賊版による段階的な課税」と呼んでいます**56**。このブログ記事の中で、彼が出版社の経営者として得た教訓を下記のように記しています。

教訓その1：読者に発見されないことは作者やアーティストにとって海賊版以上の脅威である。

教訓その2：海賊行為は段階的な課税である。

教訓その3：読者は方法さえ提供されていれば正しいことをしたいと思っている。

教訓その4：海賊行為よりも万引きの被害の方が脅威である。

教訓その5：ファイル共有は書籍、音楽、映画を脅威にさらすものではなく、既存の出版社に変化を求めるものである。

教訓その6：「無償版」はより高品質な有償サービスに取って代わられる。

教訓その7：（こうした変化に対応するために）取れる方法はたくさんある。

Bloomsbury Academic／ブルームズバリー

ロンドンの学術出版社**ブルームズバリー（Bloomsbury Academic）**でもCCライセンス下で研究出版物を無償で配信しています。ブルームズバリーのウェブサイトは、関連度ランキングやソーシャルネットワーキング共有ツールのような機能を利用して、利用者が学問分野・テーマ・場所・日付などによってコンテンツを検索できるようにしています。「出版社は、コンテンツを無料で入手できるようにすると、出版物の販売が破綻するのではないかと心配しています。しかし私たちは、特定の書籍を無料配信することによって、出版物の販売が促進されると信じています。私たちは、新興企業として正当化されるために、いち早く多くの利用者を獲得する必要がありました」とブルームズバリーの発行者であるフランシス・ピンターは述べています。

短期的な利益を度外視してでも研究成果を誰にでもア

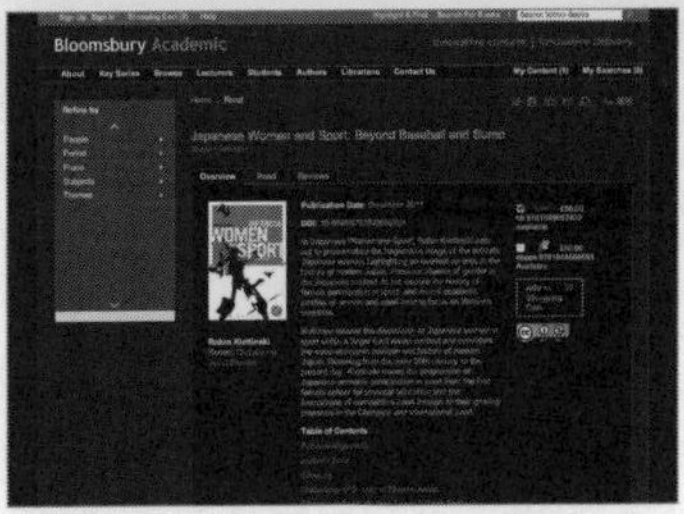

ブルームズバリー・アカデミックのサイトで、
オープン出版されている書籍のデータが読める

クセスできる形で提供することによって認知度を高めることに集中し、その後資金調達を行なって成長するというモデルは狭義での学術の世界に限らない方法論であるともいえます。

日本での取り組み

日本におけるCCライセンスが付いた出版の動きもいくつかあります。2007年3月に株式会社デジタルガレージとクリエイティブ・コモンズのチェアマンを務める伊藤穰一によるムック書籍『WEB2.0の未来 ザ・シェアリングエコノミー』の、一部を除いた文字原稿のみのPDFが、発売開始と同時に〈ⓒ表示 - 非営利〉ライセンスで公開されました[57]。

ジャーナリストでメディアアクティビストの津田大介は、『コンテンツ・フューチャー——ポストYouTube時代のクリエイティビティ』（翔泳社、小寺信良との共著）と『情報の呼吸法』（朝日出版社）、そして『動員の革命——ソーシャルメディアは何を変えたのか』（中央公論新社）の3冊の本にCCライセンス〈ⓒ表示 - 非営利 - 改変禁止〉を付けて刊行しています。津田は『コンテンツ・フューチャー』のあとがきで、「せっかく自由にコピー可能なクリエイティブ・コモンズという形で配布しているわけだから、こうした情報をウィキペディアに転載するなり、自分なりにさらに情報を調べて項目を1から作るなりして、ネット上のテキストコンテンツを豊かにしていただければ幸いである」と述べています。

56 Tim O'Reilly, "Piracy is Progressive Taxation, and Other Thoughts on the Evolution of Online Distribution" http://tim.oreilly.com/pub/a/p2p/2002/12/11/piracy.html

57 http://www.impressrd.jp/web2mirai

小寺信良＋津田大介
『コンテンツ・フューチャー』

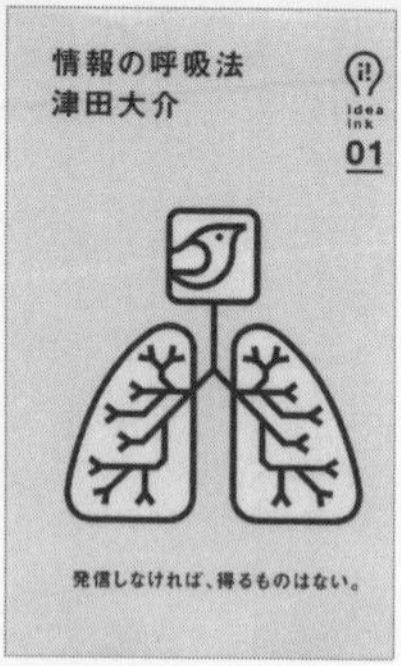

津田大介
『情報の呼吸法』

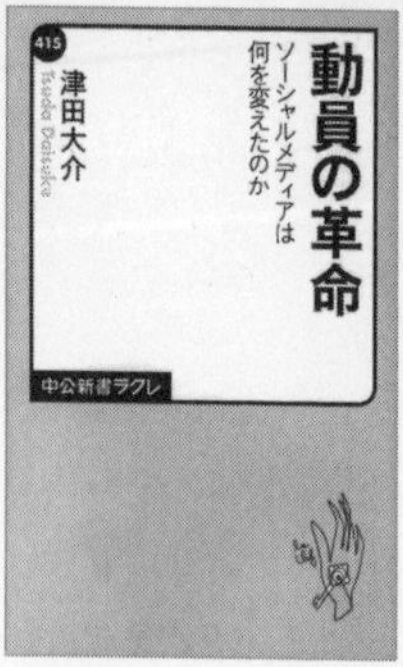

津田大介
『動員の革命』

『みかこさん』ホームページ

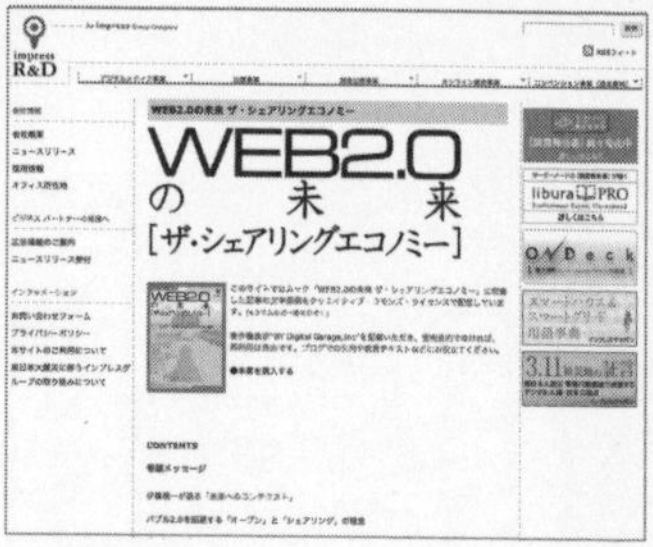

『WEB2.0の未来』のPDF公開ページ

漫画家の今日マチ子の現在も連載が続く作品『みかこさん』は講談社のサイト上で〈ⓒ表示 - 非営利 - 改変禁止〉ライセンスを付けて公開されています。「読んで気に入ったら、ぜひ、ブログやSNSの日記などでこの作品を紹介してください!」とあり、画像をブログやSNSなどに転載するための埋め込みコードも提供されています。ウェブでマンガを無料で公開して、人気を得て単行本が発売されることによって収益をあげるというモデルは以前から存在しましたが、『みかこさん』のように明確にCCライセンスを付けることによって読者が権利関係に気兼ねすることなく自由に複製したり共有したりすることが可能になります。

無償デジタルデータ版をめぐるさまざまな論点

ここでライセンスに関する重要な点としては、無償ダウンロード版においては非営利目的利用に限定したライセンスが適用されることが多いこと、そして改変を行なう場合は同じ非営利条項が継承されることを定める継承ライセンスが採用されることが多いことが挙げられます。つまり、書籍や書籍の他言語への翻訳権の販売といった商用目的の利用は出版社や作者が保持しつつ、非営利目的での複製・再配布・改変は認める、という二重構造となっています。

この発想は、たとえば書籍販売サービスのアマゾンにおける「なか見!検索」機能のような、「立ち読み」を許す立場と同じ方向を向いていると思われます。しかし、立ち読みはその場(ブラウザを開いているとき)にしかできないことですが、PDFをダウンロードできれば読者は自分のPCやスマートフォン、タブレットなどに転送してじっくり読むことができます。そして読者が本文を抜粋してブログ記事を書いたり、SNS上で知人や友人と共有したりすることによって、潜在的な読者が増えていくというメリットを出版社や作者は享受することができます。

また、この発想は「期間限定の無償配布」や「書籍の一部だけを限定公開」することと類似しているように思えますが、最初から全文を公開した方が、より長期的に書籍の寿命を延ばすことになると考えることもできます。期間限定で無償配布したり書籍の一部だけを公開するという手法は、書籍に対する注目が一時的に過ぎないという旧来のマーケティングの観念に従っており、流行に乗った一過性の書籍では有効だといえます。しかし、何度も参照されて読まれるような深い内容の書籍の場合ほど、最初から全文をオープンにした方が作品と作者の認知度が長期的なスパンで高まるといえるのではないでしょうか。

もうひとつの争点となるのは、電子書籍を扱う環境が進むにつれて、無償版の電子ファイルの配布が果たして有効であり続けるのかという点です。CCライセンスが登場した当初の2003年頃には、PDFファイルを快適に閲覧するためのiPadのようなタブレットは存在していませんでした。結果的に、300ページを超えるPDFを公開しても、全文をPCのディスプレイ上で読破するのは大変な忍耐力が必要であり、わざわざ手間をかけて自宅やオフィスの印刷機で印刷して製本しようと思う人は、ごく少数派だと考えられます。しかし現在はタブレットPCにPDFを転送してしまえば、ある程度は快適に読み進めることができます。この意味で2003年と2012年では、オープン出版をめぐる状況も大きく異なるといわざるを得ないでしょう。しかし、仮にPDF版だけで満足した読者がいるとしても、その読者は作家の「読者層」に組み込まれるのであり、作家のその後の著作への注目度が高まるという意味では、深いマーケティングとしては有効だといえるでしょう。もしくは、書籍刊行と同時に全文を公開するが、有償の書籍（電子版を含む）よりも低品質な内容（印刷品質が低い、画像を省略、脚注やインデックスを割愛、など）とし、有償版購入への導線を用意する、という戦略も考えられるでしょう。

ここで挙げられている価値は、短期的な利益をあげたい出版社のものというよりは、長期的な認知度を確保したい作家の方に利するものであるという見方もあるでしょう。しかし、アップル社のiBook Authorのように、出版社を介さず作家が電子書籍を販売できるようになりつつある現在、作家の利益を無視することは出版社にとっても得策ではないはずです。作家を短期的な商品として管理するのではなく、作家の価値を高めることに積極的に介入することが今後の出版社の資源を活用する方法のひとつではないでしょうか。

もちろん、オープン出版の手法には多様な形態が考えられるでしょう。たとえば売上が好調な間は通常の販売経路のみを提供し、売上が低下したタイミングでCCライセンスを付けて全文公開するというような、書籍のパフォーマンスにもとづいた柔軟な展開などが考えられます。また、もしくは営利目的利用での改変を許すライセンスの付いたバージョンのデータを高額で販売し、購入者が独自のデザインを適用したり他言語への翻訳を行なったりしたバージョンを販売することを許可する、というようなアイデアも考えられるでしょう。まだ電子書籍の販売プラットフォームも統一化されてはおらず、電子書籍をめぐる技術的な発展も百花繚乱の状態ですが、今後よりシンプルで価値のある読書体験が読者に提供されるにつれ、オープン出版の形も柔軟に変容していくことと思われます。

5

情報のオープン化が
もたらす社会の変革

情報が意味を持つオープンデータ

フリーカルチャーを考えるときに、CCライセンスだけがその唯一の手立てではありません。CCライセンスを採用していなくても、フリーカルチャーと共通の思想や目的を元に展開している運動も多数あります。

ここでは、その「著作権の範囲外」として、科学と社会に関するデータの権利を開放し、科学の発展や民主主義の向上を目指すオープンデータとオープンガバメントの動きを紹介します。

「コンテンツ」が著作権の対象として、「作品」という形で定義できる情報だとすれば、著作権の対象とならない情報も大量に存在します。それは「事実」に関する情報、つまりデータのことです。ここでは事実情報を「データ」と総称することにします。

インターネット上に置かれた情報をブラウザなどのツールによってアクセスすることのできるWorld Wide Web（以下、WWW）——今日、私たちがウェブやネットというとき、ほとんどの場合はWWWを指しています——のシステムを開発したティム・バーナーズ＝リーは現在、セマンティック・ウェブという取り組みに挑戦しています。セマンティック・ウェブとは、ただ情報がインターネットに蓄積されていくだけでなく、情報が「意味」を持つことによって、より人間社会に有益となるインターネットの在り方を指しています。私たちが日常的に接しているウェブに流れている情報のほとんどはただの文字列のデータであり、個々のデータがお互いにどのような関係を持っているのかという、意味や価値を付加する作業は、システムを組む人間が個別に行なってきました。しかし、セマンティック・ウェブにおいてはデータが持つ意味の型を標準化し、異なるシステム間で意味の共有が行なえることを目標としています。このために、オープンデータという概念が提唱されています。

オープンデータとは現実世界に関する事実の情報に意味を与えて、誰でも目的に応じて使えるように提供する取り組みのことです。オープンデータは公共に利する情報が対象となるので、オープンデータを入力する人間が無償で活動を行ないます。たとえばウィキペディアは何万人ものインターネットユーザーが無償の作業で構築するオンライン百科事典ですが、その中身は文字列《テキスト・データ》の集積に過ぎません。その文字列を構造化して表示することはウィキペディア内部の作業に依存していますが、そのデータを外部のサービスが抽出して使用する際には独自に成型しなくてはならないのです。以下にただの文字列と構造化されたデータの違いを挙げてみましょう。

ウィキペディアの情報を構造化したDBPediaのFacetedWikipedia Searchで、「19世紀に生まれた日本人の科学者」という検索を行なった結果画面例。結果はすべてウィキペディアの記事にリンクされている **51**

文字列
「バラク・オバマは1961年8月4日生まれ、アメリカ合衆国大統領…」

構造化されたデータ
人名：フサイン・バラク・オバマ
生年月日：1961年8月4日
役職：アメリカ合衆国大統領
…

このように構造化されたデータが提供されていれば、多様な観点での情報の抽出が誰にでも容易に行なうことができます。たとえばここで挙げた人名のデータの例でいえば、生年月日順で人物を並び替えたり検索するサービスや、数値的な特徴にもとづいてグラフやチャートといった可視化サービスを簡単に作ることができるようになります。実際にウィキペディアでは、DBPediaというプロジェクトがウィキペディア上の記事のデータを構造化する作業を行なっています。もちろん、DBPediaの作業には多大な時間が必要となりますが、ウィキペディアという文化

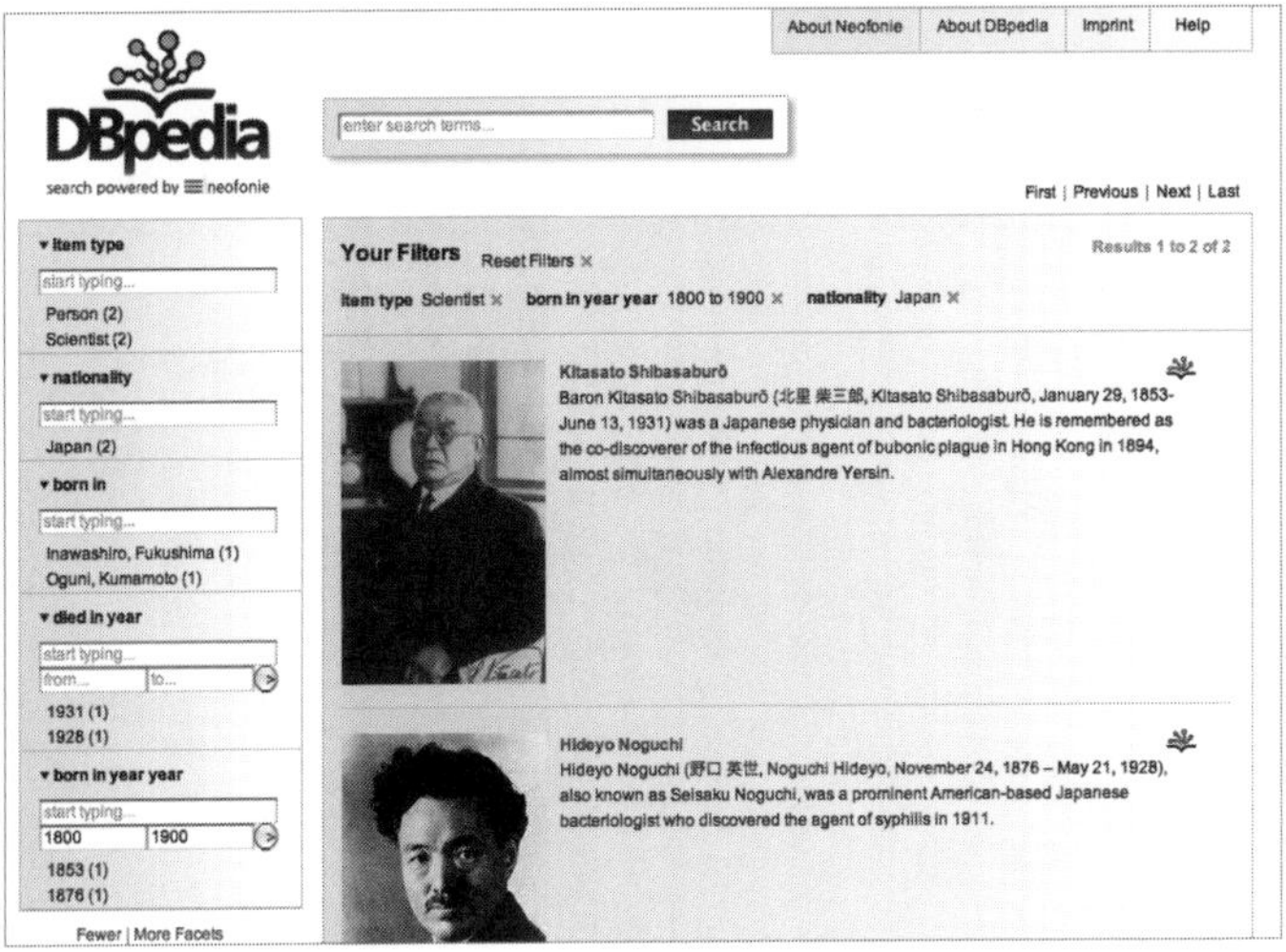

資産の価値をさらに向上させることが期待されています。

バーナーズ＝リーが近年、ウェブにはもっとオープンデータが必要だ、と繰り返し主張するとき、それはただ多量の情報にアクセスできるようにするためだけではなく、大量の情報を効率的に集約し、編集し、活用することができるようにするためなのです。

バーナーズ＝リーがオープンデータの成功例として挙げるプロジェクトには次のようなものがあります。

ひとつは2010年1月にハイチで大震災が起こり甚大な被害が生じた際に、現地入りし

51　http://dbpedia.neofonie.de/browse/

（上）ハイチの大震災以降のオープン・ストリート・マップ・プロジェクトにおける
災害情報地図のオープンな作成の成果 **53**
（下）税金の流れを追跡することのできる「Where does my money go?」より
政府運営、防衛、健康保険といった予算にいくら税金を支払っているかを可視化している **55**

ていた海外の救援活動者たちが首都のポルトープランスを中心に当地の災害地図を携帯電話やノートPCを使って作成した例があります[52]。それはグーグルマップのように企業が組織的に制作した地図ではなく、不特定多数の人間が自発的に参加して作られた地図であり、できあがった地図のデータは誰でも自由に利用できる条件で公開されています。タヒチの地図はまた、ただ道路や施設を地図上に記載したのみならず、リアルタイムで救援の必要がある場所や倒壊した建物や道路、また臨時的に設営されたキャンプといった貴重な情報を特定していました。この情報を現地のNGOや救援隊は即応的に利用することによって活動が潤滑化されました。

もうひとつの例は、イギリス政府等が公開する諸々の公共的な統計情報を構造化することによって、市民が政府の支出や政策に対する理解を深めるプロジェクト「Where does my money go?」（「私のお金はどこに行くの?」）があります[54]。これはそれまでバラバラなフォーマットで提供されていた各省庁の公開情報を共通のフォーマットにまとめることによって、公的な資金、つまり税金の流れを横断的に追うことを可能にしました。このサイトではイギリス国民が、年収に応じて毎日政府予算に支払っている金額をビジュアルで知ることができます。このような可視化の仕組みも、オープンなデータを活用することによって可能になります。

また、2011年3月に発生した東日本大震災に呼応する形でも、オープンデー

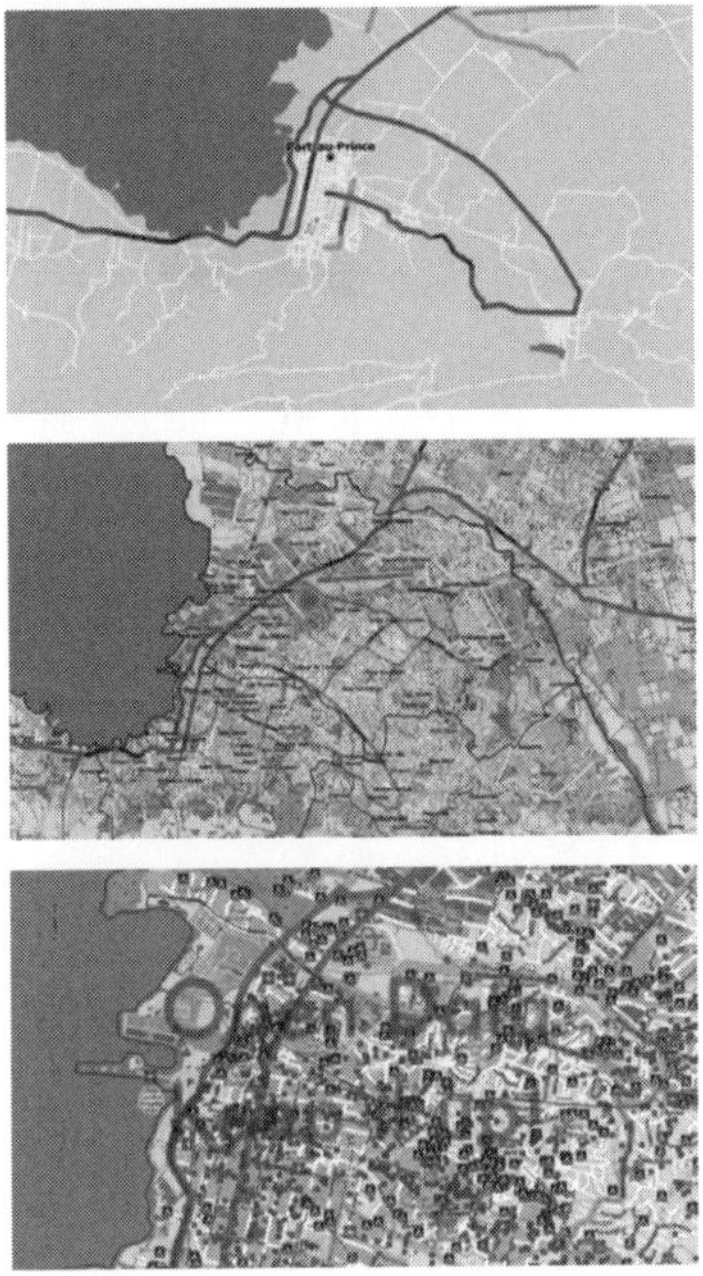

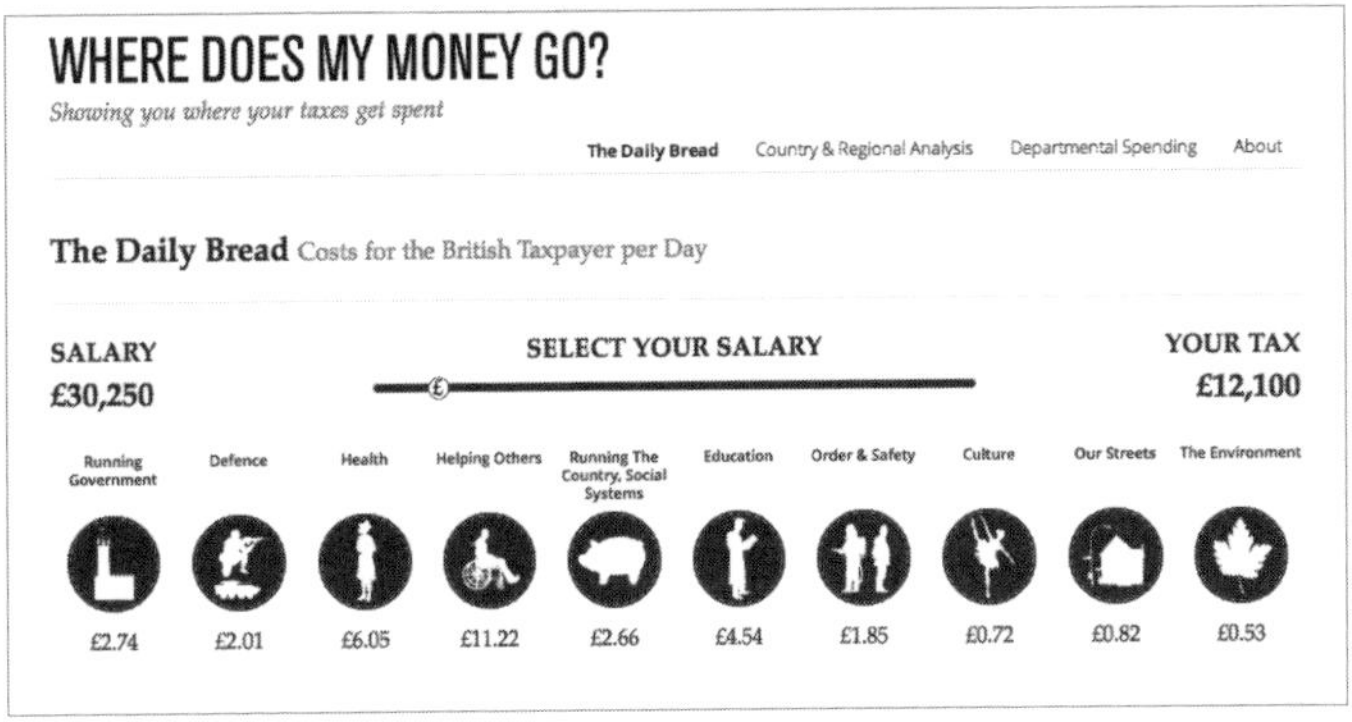
WHERE DOES MY MONEY GO?
Showing you where your taxes get spent
The Daily Bread
Country & Regional Analysis
Departmental Spending
About
The Daily Bread Costs for the British Taxpayer per Day
SALARY
£30,250
SELECT YOUR SALARY
YOUR TAX
£12,100
Running Government
£2.74
Defence
£2.01
Health
£6.05
Helping Others
£11.22
Running The Country, Social Systems
£2.66
Education
£4.54
Order & Safety
£1.85
Culture
£0.72
Our Streets
£0.82
The Environment
£0.53

（上）Safecast **56**
（下）Geiger Maps **57**

タの動きが活発化しました。水素爆発を起こした福島第一原発から漏出した放射能の範囲を測定しインターネット上で共有できるように、放射能汚染をマッピングする取り組みが多方面の草の根の動きから政府や研究所レベルのものまで、国内外で数多く展開されました。

政府や専門機関によるデータの公開と民間によるデータの可視化というスキームは従来から存在するものでしたが、放射線量データの測定とその公開が民間団体や各地の個人によって分散的に行なわれ、参照されるという状況は新しいものだったといえるでしょう。技術的な観点からも、放射能測定用のセンサーと電子基板によって環境のデータを収集し、インターネットを活用して共有したり可視化を行なうという取り組みは、今後のオープンデータの構築にとっても貴重な参照事例を形成しているといえます。

透明性と政治参加を促すオープンガバメント

近年、特に政府の情報をめぐるオープン化がアメリカやイギリスを中心に推進されていますが、この動きはオープンガバメント（Open Government＝「オープンな政府」の意）と呼ばれています。

SAFECAST
ABOUT MAPS FAQ SUBMIT
ENGLISH 日本語
Safecast is a global sensor network for collecting and sharing radiation measurements to empower people with data about their environments.
Maps
SAFECAST MAP
The Safecast Map depicts over 2,000,000 radiation data points collected by the Safecast team.
FUSION MAP
Created by Kalin Kozhuharov, this map displays Safecast mobile data around the world.
INTERPOLATION MAP
Created by Lionel Bergeret, this map is based on Safecast mobile data in Japan and attempts to fill in the space between the individual measurements.

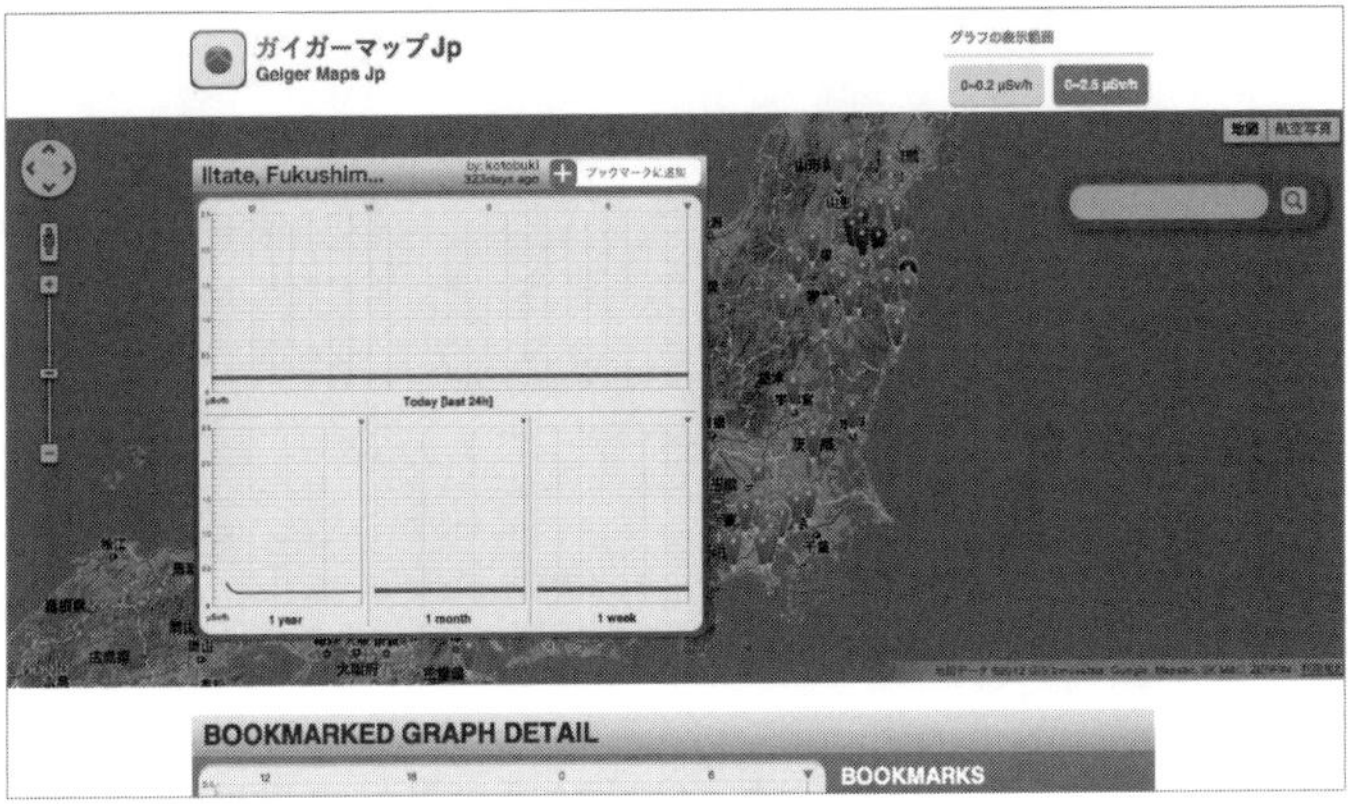
ガイガーマップJp
Geiger Maps Jp
Iitate, Fukushim...
Today [last 24h]
1 year
1 month
1 week
BOOKMARKED GRAPH DETAIL
BOOKMARKS

（上）アメリカとイギリスの政府系オープンデータが
公開されているサイト「data.gov」と「data.gov.uk」
（下）ホワイトハウスの著作権ポリシーページにおけるCCライセンス 59

「開かれた政府」を推進するオバマ政権は米国政府のＣＩＯ（最高情報責任者）の役職を設置し、民間出身の専門家を任命しました。元来、米国政府が公開する情報はパブリックドメイン、つまり著作権が放棄された公的な情報として定義されてきましたが、大統領府であるホワイトハウスのウェブサイトはＣＣライセンスを採用し、政府に寄せられる市民の投稿文も再利用可能にすることによって、オープンなウェブサイトを実現しています[58]。

サンフランシスコ市が取り組むオープンデータ構想では、市の提供するさまざまな情報を容易に利用可能にすることによって、民間の手によって市民生活を支援するサービスが生まれることを推進しています。実際に、バスの運行表や各地区ごとの犯罪発生率の分布といった情報をスマートフォンや携帯電話で簡単にアクセスし確認することのできるアプリケーションが自生的に制作されています[60]。

日本においても経済産業省がオープンガバメントの取り組みとして一般公衆から情報政策のアイデアを募集するためのウェブサイトを開設しているほか[61]、インフォグラフィックと呼ばれる社会統計データの可視化チャートをＣＣライセンスで受け付けるサイトも開いています[62]。また、アフリカのケニア政府においてもオープンガバメントの取り組みが採用され、情報の透明化をアピールすることによって市民の政府への信頼を取り戻そうとしています[63]。

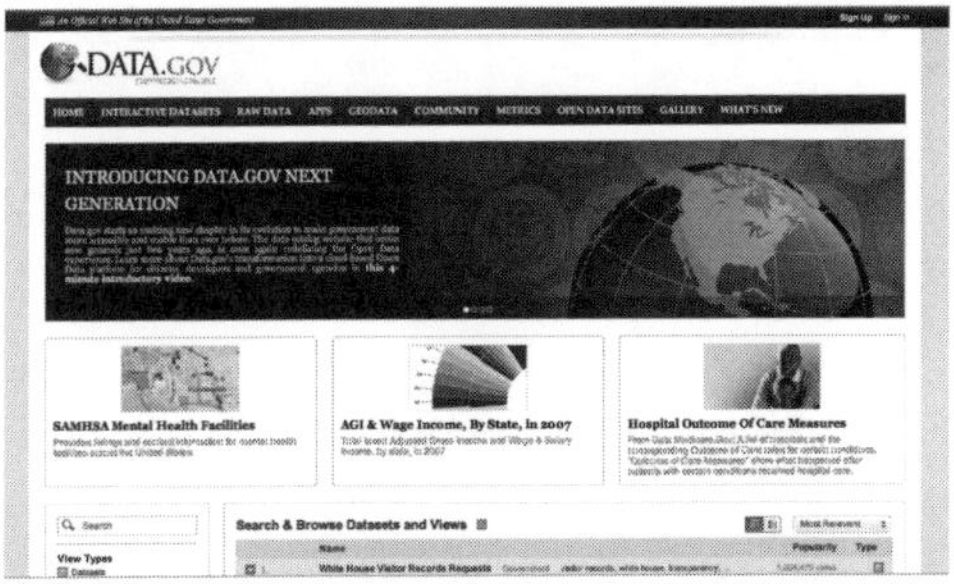
DATA.GOV
HOME INTERACTIVE DATASETS RAW DATA APPS GEODATA COMMUNITY METRICS OPEN DATA SITES GALLERY WHAT'S NEW
INTRODUCING DATA.GOV NEXT GENERATION
SAMHSA Mental Health Facilities
AGI & Wage Income, By State, in 2007
Hospital Outcome Of Care Measures
Search & Browse Datasets and Views

data.gov.uk
Opening up government
Data Apps Consultation Forum Blogs Ideas Linked Data Resources About
Apps
Numberhood
Search Apps
Share this
Popular tags
View all tags

the WHITE HOUSE PRESIDENT BARACK OBAMA
Get Email Updates
Contact Us
BLOG PHOTOS & VIDEO BRIEFING ROOM ISSUES the ADMINISTRATION the WHITE HOUSE our GOVERNMENT
Home • Copyright Policy
Search WhiteHouse.gov
Search
Copyright Policy
Pursuant to federal law, government-produced materials appearing on this site are not copyright protected. The United States Government may receive and hold copyrights transferred to it by assignment, bequest, or otherwise.
Except where otherwise noted, third-party content on this site is licensed under a Creative Commons Attribution 3.0 License. Visitors to this website agree to grant a non-exclusive, irrevocable, royalty-free license to the rest of the world for their submissions to Whitehouse.gov under the Creative Commons Attribution 3.0 License.
DMCA Notice
The White House respects the intellectual property of others, and we ask users of our Web sites to do the same. In accordance with the Digital Millennium Copyright Act (DMCA) and other applicable law, we have adopted a policy of terminating, in appropriate circumstances and at our sole discretion, subscribers or account holders who are deemed to be repeat infringers. We may also at our sole discretion limit access to our Web site and/or terminate the accounts of any users who infringe any intellectual property rights of others, whether or not there is any repeat infringement.

（上）Data SF App showcase
（中）Kenya Open Data
（下）ツタグラ

監視と開発コストの分散化の手段としてのオープン化

こうしたオープンガバメントの取り組みの目的や利点とは何でしょうか。大局的には、政府の発信する情報を透明化し、汚職や腐敗といった政治的問題を根絶するという大義名分が存在します。しかし、この点は軍事や諜報、外交といった場面において情報を機密にすることを必要とする政権運営者にとっては両義的な政策であるといえます。自国のみならず他国に対しても情報の民主化と透明化を訴えるオバマ政権でさえも、世界中の政府の機密情報を暴露する機関であるウィキリークス(Wikileaks)によって機密扱いにされていた外交公電が公開されたことに対しては「情報テロ」として猛烈に抵抗を行ないました。このことには、イラクにおいてアメリカの戦闘ヘリコプターがイラク人新聞記者をテロリストと誤認し、射殺する映像がアメリカ陸軍の兵士からウィキリークスにリークされ、公開されるという事件が発端となりました。その後、アメリカの外交官が機密文書で各国の政治家を酷評している文書や国連への盗聴を示唆する文書がウィキリークスを通して公開され、アメリカ国務省は各国政府に対する釈明と火消しに追われたのです。このことは、国家機関がまだすべての情報を開示できないことを物語っていますが、同時にすべての情報を隠蔽し続けることも困難になりつつあることを示しています。

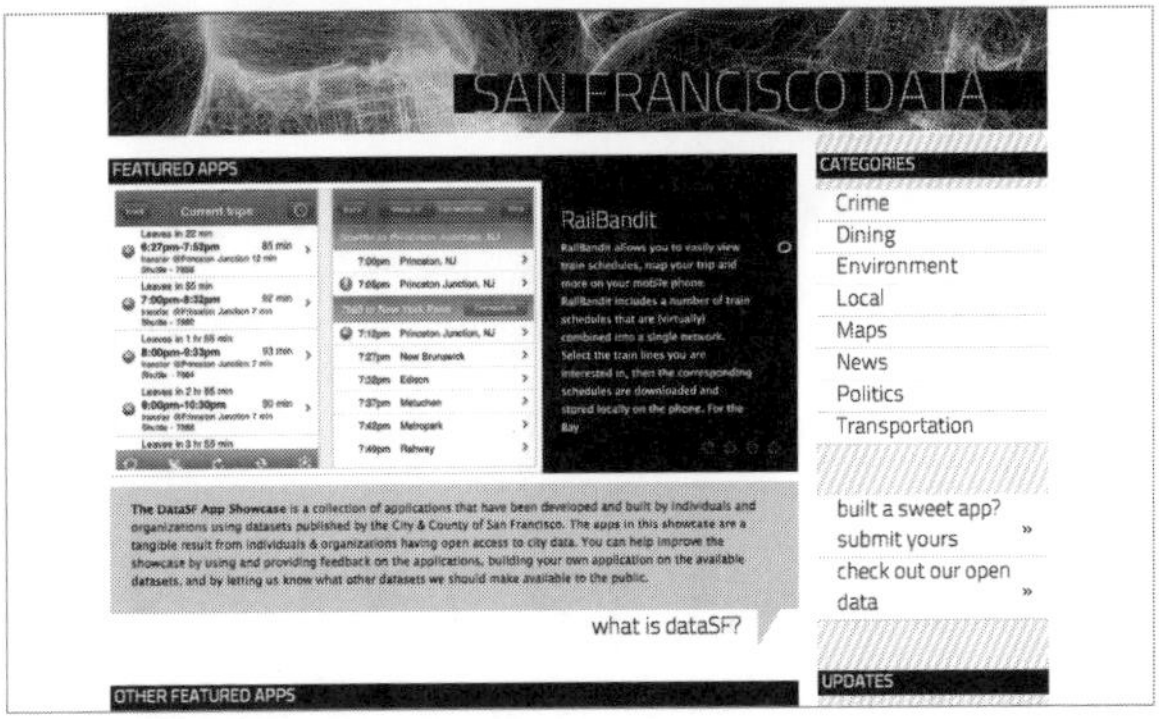
SAN FRANCISCO DATA
FEATURED APPS
RailBandit
CATEGORIES
Crime
Dining
Environment
Local
Maps
News
Politics
Transportation
built a sweet app? submit yours »
check out our open data »
what is dataSF?
UPDATES
OTHER FEATURED APPS

KENYA openData
Introducing the Kenya Open Data Initiative: The bigger picture
Latest Datasets and Views
Kenya County Fact Sheets Dec 2011
Budget 2010 to 2011 recurrent plus development
Quarterly GDP 2000 - 2011 Chart
Counties
Developer? Click here!

ツタグラ
ツタグラ
伝わる INFOGRAPHICS
STEP 1
知る
STEP 2
作る
STEP 3
伝える
STEP 4
選ぶ
STEP 5
変わる
ツタグラを詳しく知る →

本来、政府や企業といった巨大な組織を監視し、不正を公衆に報告する能力はジャーナリズムが担ってきました。専門的に鍛えられたジャーナリストたちが多大な努力を払ってさまざまな情報源に接近し、ときには不都合な事実を暴かれまいとする圧力と生命を賭して闘いながら記事を書き、社会の自浄作用に貢献してきました。しかし、ジャーナリストのダン・ギルモアがインターネットの進歩がジャーナリズムに与える影響について指摘しているように[64]、ウェブ技術の進化にともない、潜在的には誰でもジャーナリストの機能を果たすことが可能になりつつあります。

たとえば、一般市民がある事件に直面したときに、ツイッターやフェイスブックを使って文章や画像、映像といった情報を発信し、それがメジャーな新聞記事の第一の情報源《ソース》となる事例が増えています。情報発信の手段が社会内に浸透することによって、問題が発生した際にすぐに報告される可能性が高まっているといえます。オープンガバメントの構想が浸透すれば、市民の一部が不審な資金の流動や政治活動といった問題に気付き、ジャーナリズムによって指摘される可能性が高まるでしょう。

これはオープンソース・コミュニティにおいて有名な、「監視する人間が増えるほど、問題（バグ）解決が容易になる」[65]というリナックスの法則と少なからず通底しているように考えられます。ソフトウェア開発においては目的が明確に参加者の間で共有され、新しい機能を追加しながら、正常な動作を妨げる不具合《バグ》が発見・報告され、修正されていきます。この反復によってソフトウェアは大きく成長してい

---

52 Open Street Map: WikiProject Haiti, http://wiki.openstreetmap.org/wiki/WikiProject_Haiti

53 "TED Talks: Tim Berners-Lee: The year open data went worldwide", http://www.ted.com/talks/lang/en/tim_berners_lee_the_year_open_data_went_worldwide.html (CC:BY-NC-ND)

54 http://wheredoesmymoneygo.org BY the Open Knowledge Foundation

55 http://wheredoesmymoneygo.org/

56 http://safecast.org

57 http://labs.geigermaps.jp

58 "The US Government CTO on Creative Commons", BY Fred Benenson, http://creativecommons.org/weblog/entry/17863 (CC:BY)

59 http://www.whitehouse.gov/copyright

60 "San Francisco Data", City and County of San Francisco, http://datasf.org/showcase/

61 経済産業省オープンガバメント推進サイト、http://www.meti.go.jp/policy/it_policy/e-meti/opengov.html

62 ツタグラ - 伝わるINFOGRAPHICS, 経済産業省、http://www.tsutagra.go.jp/

63 Kenya Open Data, http://opendata.go.ke/

64 Dan Gillmor, Mediactive (2010) http://mediactive.com/

65 'Linus' Law', Wikipedia, the free encyclopedia, http://en.wikipedia.org/wiki/Linus'_Law 執筆者リスト：http://en.wikipedia.org/w/index.php?title=Linus%27_Law&action=history (CC:BY-SA)

くのですが、コードが複雑化すればするほどコア・メンバーでさえ気づくことの難しいバグが発生します。それがゆえに、多くの参加者がコードを監視することによって、細かい不具合の原因を解消していくことが可能になります。現実の社会においても、法や社会規範といったルールを共有する参加者（市民）全員が犯罪や事件を目撃した際に効率的な形で社会全体に報告することによって、問題が隠蔽されたり再発することの防止につながると考えられます。

オープンガバメントの国家に対するもうひとつの利益とは、一般市民や民間企業を政策のプロセスに参加させ、国家運営のコストを分散させ、低減することも期待されます。

たとえば先述したサンフランシスコ市の情報公開の取り組みは、ウェブサービスが提供するAPI（Application Program Interface）に類似しています。APIとは、サービスの運営者によって、第三者がサービスのデータベースに簡便にアクセスできる方法が公開されることによって、さまざまな機能が自生的に開発されることを期待する運営戦略を指します。比喩的にいえば、APIを公開することによってサービスを中心とする生態系が生まれ、より多くのユーザーがサービスを利用するようになります。そして今日、グーグル、ツイッターやフェイスブックが提供するAPIは今日、非常に多くの外部サービスが活用しています。

たとえばツイッター上で投稿されたつぶやきの位置情報を取得し、グーグルマップの地図上に自動的にプロットする、ということはAPIを利用すれば非常に簡単に実装できるのです。APIを提供するサービス側のメリットとしては、みずから開発コストを払わなくても新しい機能が自生的に開発され、そうした外部連携サービスが人気を博せば、みずからのサービスの利用者も増加するが挙げられます。APIを利用する側(サードパーティ、コンテンツ・プロバイダ、サービス・アプリケーション・プロバイダ等と呼ばれる)のメリットとしては、ツイッターやグーグルが提供する機能をみずから構築するコストを払わずに自分の作りたいサービスの一部に組み込むことができるという点が挙げられます。

こうしてAPIを提供し、多くのサードパーティを巻き込み、自社サービスの新陳代謝を活性化させ、業界内のシェアを拡大する事業は一般的にプラットフォームと呼ばれます。オープンガバメント構想に戻れば、国家政府も一般市民にAPIを提供するプラットフォームと見なすことができるでしょう。政府がカバーできない事業コストを民間や市民に分散させることによって、市民が望むサービスが自生的に構築されていけば、長期的には社会の安定化につながるといえます。

情報のオープン化から見るフリーカルチャーの課題

ソフトウェア開発や国家運営に関しても共通していえることは、オープンな取り組みとは共通の目的のもとに参加者が集まり、情報とプロセス、そして文脈を共有することを前提としているということです。これは「問題」を明確に定義し、その「解決」を提案することのできる領域においては、非常に効率的であることが近年のオープン化の取り組みを通じてわかってきました。ここで「文化《カルチャー》」的な創作という概念に改めて立ち戻ってみるとき、私たちはどのような問題や解決を定義することができるのでしょうか。

次のように問題を組み立ててみることもできるでしょう。ソフトウェアが元来、多くの制作者によるコミュニティの中での自由な学習や共有の文化のなかで醸成したことにより、インターネットの普及とほぼ同時進行でオープンソースの概念が実効的なモデルとして受け入れられ、新しい産業にまで成長した経緯は必然的であるといえます。しかしコンテンツの世界においては、著作権を前提に利益配分を行なう産業構造が強固に存在してきたため、インターネットという革新的なパラダイムに移行することに多くの摩擦を生んでしまっています。フリーカルチャーの第一の明確な問題とは、この著作権のもたらす摩擦をどうすれば回避することができるのかというものであり、CCライセンスの設計やその活用はひとつの回答であるといえます。

インターネットへのアクセスが、ブロードバンドやスマートフォンの普及によって社会に浸透し、誰もが多様な情報を発信するようになった今日においても、一般には著作権の概念が正確に理解されているとはいいがたいのが現状です。それは著作権および「作品を著す」という行為が、日常の生活においてまだ距離のある存在であることを物語っています。このことはまた、著作権という文化促進のモデルを再考し、再定義する契機が訪れていることも意味しています。

インターネット利用の形態は非常に多様であり、一般的なインターネット利用者の定義はいまだ難しいですが、たとえばSNSの利用者の例を考えてみるとわかりやすいでしょう。ミクシィ(mixi)やフェイスブックといったSNS、もしくはツイッターのようなマイクロブログには非常に多くの利用者が集まっていますが、私たちはそこで日々著作権の発生するコンテンツを投稿しています。テキストや画像、または動画や楽曲といったコンテンツを公開するときに、私たちは常に金銭的な利益を得るといったことを意識しないし、そうしたコンテンツがネット上でさらに多くの人に広まり、共有されるときに著作権を主張するということもしないでしょう。

また、こうしたインターネット上で交わされる大小さまざまな創造性の発露が、すべて著作権という単一の観点で絡めとられてしまうことには違和感を覚えるのは筆者だけでしょうか。そもそも日々の他愛ないつぶやきや思考の切れ端が、すべて「自己」という単一の存在に帰属されることは果たして自然だといえるのでしょうか。

著作権の旧さや弊害を指摘し、それを乗り越える対症療法的な活動だけではなく、現代の技術や社会状況と照らし合わせながら、著作権がどうあるべきなのかという提言や実験も同様に必要とされるでしょう。

筆者はクリエイティブ・コモンズは長期的な時間を要すると同時に、過渡期な運動であるととらえています。クリエイティブ・コモンズの最終的な目的は社会の中で完全に透明な存在となり、クリエイティブ・コモンズという固有名について語る必要性がなくなったときに完遂されると考えています。

同じことがフリーソフトウェア運動についてもいえるでしょう。本来、文化が持つべき自由度が社会に実装されていないために、その問題を訴える必要性が生じているわけですが、フリーソフトウェアやフリーカルチャーが主張する事柄が未来の法改正によって社会に組み込まれれば、それは一般的な状態となります。しかし、同時にある時代の社会における「自然な状態」は、その時々に登場する新しい共有や創作の技術に応じて変化していきます。その度に私たちは文化の自然な状態を再定義し、法や経済といった社会システムを再構築していく必要があるでしょう。

6

継承と学習から文化は生まれ直す

新陳代謝する創造の系譜

フリーカルチャーの未来

ここまで、クリエイティブ・コモンズに代表されるフリーカルチャーの動きと、同時進行で進むさまざまなオープン化の動きについて考察してきました。ここから未来を見据えてみるために、そうした多様な動きの根底に流れる共通の価値観を抽出することが重要だと筆者は考えます。そこで本章では主に次の点を、フリーカルチャーの未来にとって鍵となるポイントとしてとらえて考察していきます。

・ソフトウェアとコンテンツの差異と共通点
・創造と学習が融合すること
・継承関係にもとづいた新しい経済の創出
・リスペクト（敬愛）にもとづいた作品を介した人と人とのネットワーク

まず、フリーカルチャーがソフトウェアの領域から始まったことに改めて注目し、ソフトウェアのオープン化がコンテンツのオープン化にとってどのような示唆を与えられるのかということを考えます。その上で、ソフトウェアとコンテンツの両方に「学習」と「継承」という共通の価値が存在することを確認し、フリーカルチャーの統合的な視点を浮かび上がらせます。そして最後に、創造と学習が作品を継承する行為を介して行なわれるコミュニケーションであるという考えを提示し、私たちがリスペクト（敬愛）という人間的な関係性のネットワークをどのように紡いでいけるのかということについて考察します。

ソフトウェアからコンテンツのオープンソース化を考える

ソフトウェアとコンテンツの差異

ソフトウェアとそれ以外の創造的なコンテンツには共通点と相違点があります。たとえばコンピュータ・ゲームにおいて、ゲームそのものを作動させることはプログラムが担保していますが、プログラムの作動や入力の結果として出力される音楽やアニメーションといった単体ではコンテンツと呼ばれるものです。

ソフトウェア——それはゲームソフトからウェブサービスまでを含みます——は、可視化（静止画や映像）や可聴化（音楽）、もしくは触れるようにすること（彫刻やプロダクトデザイン）、味わったり香りを嗅ぐこと（料理など）といった五感に直接訴求するアナログの表現とは異なり、デジタルに変換された情報がどのように利用者に提示されるかを制御する特殊な表現形式だといえます。

そのため、ソフトウェアはほとんどの場合、ほかの表現形式と比較して、より明確な機能を目的として制作されます。たとえば「動画をより鮮明に、かつなめらかに表示する」ことや、「送受信するデータを減らして通信速度を上げる」ことはソフトウェアに求められる目的です。そして同じ目的であっても、制作者の能力や個性に応じて、異なるプログラム言語が用いられたり、よりスマートにプログラムが組まれたりします。優秀なプログラムはプログラムの存在を利用者に感じさせません。

その意味でソフトウェアとは、表現そのものが目的となる芸術とは異なり、機能性や効率性が同時に追求される工学やデザインに近い領域であるといえます。

ソースコードの継承にもとづく学習

こうしたソフトウェアの目的や制作過程の特徴は、当然ながらフリーソフトウェア・ライセンスの設計と深く関係しています。特にオープンソース、つまりソースコードを開示するという行為は、もともとソフトウェアだから可能なことでした。プログラミングにおける初学者は先達の書いた優れたコードを読み、その中の要素を自分で改変しながら実行し、理解を深めることが一般的に推奨されます。同時に他者がすでに優れた形で実装したコードを特別な理由もなく一から作り直すことは「車輪の再発明」と呼ばれ、忌避されます。

ソフトウェア文化のこうした特性は、ある程度の規模以上のプログラムを制作する場合は、他者のソースコードをそのまま受け継ぎながら、必要なコードを自分で書き足すということを容易にしています。特に一般的なソフトウェアが作動する基本システム（OS）に関するプログラミングは難易度が高く、専門家のチームが長い年月をかけて改良を行なっている「深い」コードであり、一般的なプログラマーは必要最低限の理解を持つだけで利用しています。同じことはプログラミング言語の開発に対してもいえるでしょう。プログラミング言語はさまざまな設計思想を基に開発されますが、基本システムと同様に、ほかのエンジニアがプログラムを制作するための道具を設計しているといえます。

このようにプログラムと一言でいっても多様な様式や階層が存在していますが、すべてソースコードを持っていることによって、プログラミングを行なう者同士での共有、そして共通の文脈の構築が容易になっているのです。このことはまた、プログラム開発において複数のメンバー間での協調作業が自然に行なえることの理由でもあります。達成する目的さえ共有していれば、必要なコードを書く作業は分担して、各人の作業の結果を評価することができるからです。

ここでソフトウェア以外の表現形式を考えてみましょう。たとえば「絵」のソースコードとは何でしょう？　または、「楽曲」や「動画」のソースコードとは？　さまざまな回答が可能ですが、旧来のアナログで制作された表現物にはソフトウェアにおけるソースコードのような効率的なデジタル情報は存在しません。

また、絵や音楽の場合は、表現された形そのものが目的であるともいえる——絵はそれを見るためにあり、音楽はそれを聴くためにある——ので、一見するとソフトウェアの場合のように客観的に定義できる目的も存在しません。違う言い方をすれば、鑑賞者に特定の感情や概念を喚起させるという「目的」を持っているといえるかもしませんが、その目的が達成されたかどうかということや優劣の度合いは、共通の文脈を共有していない限り、抽象的に評価せざるを得ないのです。

しかし、絵や楽曲をつぶさに観察し、何度も模倣しながら、作者のたどったであろう創作のプロセスや意図を追体験しながら学習することはできます。絵や楽曲のソースコードは隠れているかもしれませんが、私たちはそれをみずからの解釈の過程の中であぶり出すことができます。実際にソフトウェアのソースコードを読む場合も、基本的には同じように作者の意図を読み解きながら学習を行ないます。また、絵や楽曲には客観的かつ合理的な目的は見出せないことが多いでしょうが、言語化しづらい主観的な意図や歴史的な背景を認めることはできるのです。

特に近年、コンピュータを用いて制作される絵や楽曲には、プログラミングにおけるソースコードに類似するデータが付随しています。たとえば複数のレイヤーに分かれている絵のデータを共有すれば、細部のパーツが分かれて描かれている様子が見て取れるし、そうしたパーツを自分の制作する違う絵のために活用することもできます。同様に楽曲や映像も、異なる人間が制作した音や撮影した動画の編集物である場合、細かい構成要素がどのように組み合わされているのかということを作者以外の人間が学習することができるようになりました。

このように著作物を制作するプロセスまでもがデジタル化されている場合、絵や楽曲といったコンテンツもソフトウェアと同じように共有し、学習や創造のために活用することが可能となります。この考え方は今日、フリーカルチャーの議論の場で、教育や学習という観点が重要性を帯びていることにも関係しています。

フリーカルチャーの浸透によって創造と学習の機会が増えるということはそれ自体が社会的な利益であるといえますが、このことをより深く考えてみましょう。

創造と学習

フリーソフトウェアを含むフリーカルチャーの思想の背景には、共通する創造性（creativity）のとらえ方があります。それは、創造を行なうこととは常に先人の作り上げた構築物の上に自分の貢献を付け足すことであるという考えです。

クリエイティブ・コモンズを創立した法学者のレッシグが好んで例に挙げるのは、今日では世界有数の著作権益企業となったディズニー社の創立者であるウォルト・ディズニーも、著作権の存在しないグリム童話や20世紀初頭のアニメを踏襲して創作を行なっていたということです。この指摘は、誰も無から創造を行なうことはできないという考えを意味しています。

また、既存の作品を基に新しいものを作るには、その作品をただ鑑賞するだけではなく、その作品の創造の過程を再追跡する必要があります。模倣するということはただ結果を真似るということにとどまりません。ソフトウェアの学習者はソースコードを読むことを通して、作者の論理的な思考の流れやパターンを発見し、自分のものとします。同じように、作曲を学ぶ人間は名曲の楽譜の一音一音のつながり方を追跡するでしょうし、絵画の学び手は名作の筆跡から画法を抽出し、自分のものとします。

赤ん坊が周囲の人間の模倣を通して言語能力を磨いていくという原理は、基本的に人間が死に至るまでにさまざまな能力を獲得していく際にも適用できるものではないでしょうか。同時に、学習する際には、学習の成果に対するフィードバックを得ることによって、学習の方法に対する修正や調整を行ない、正しく学習できているかという検証が必要となります。フィードバックを与えてくれる存在とは教師だったり、聴衆だったり、批判者であったり、または熟練した学習者の中に内在化した価値基準であったりします。

このことをフリーカルチャーにあてはめて解釈してみましょう。私たちはウェブ上でさまざまな作品に出会います。それは文章であるかもしれないし、絵、音楽、動画、もしくはソフトウェアかもしれません。そして、私たちはその作品を模倣し、再創造します。その作品についてブログやSNSなどで言葉で伝えるということは、手っ取り早く自分が受けた影響について他者に伝える方法です。一方で、その作品のリミックス作品を作り、公開するということは、より深くその作品に自分がコミットしていることを周知するでしょうし、それを見る人々からさまざまなフィードバックを得ることもできるでしょう。さらに原作者の目に触れ、気に入られれば、直接コメントをもらえるかもしれません。これは原作者の視点から見れば、その作品を公開しているからこそ起こった状況です。

程度の差こそあれ、私たちが他者の創造活動によって刺激を受け、その刺激をフィードバックとして返し、新たな創造性につながっていくという文化の生態系は、全体から見れば円環的なシステムなのだといえます。そしてフリーカルチャーとは、この文化のシステムが潤滑に、健全に作動することを前提に行なわれる活動の総体なのだと考えることができます。

これまで考察してきたフリーカルチャーが前提とする創造性の基本的な原理とそこから導き出せる理解を整理してみましょう。創造を行なうということは他者(や自分の外部にある存在)の創造に刺激を受け、その模倣や改変を繰り返すことによって成立する行為です。すると、他者の知識や経験を継承するという意味において創造とは学習という概念と不可分な関係にあるといえます。より正確にいえば、学習が可能でなければ創造は行なえません。それと同時に、創造が行なわれなければ、学習も停滞してしまいます。

著作権を強化し過ぎることの弊害とは法学的にいえば「著作物の二次利用の萎縮効果」と表現されます。それはつまり個々人が自由に相互の創造物にアクセスし、学習しながら創造することを妨げることによって、結果的に文化全体の作動を不健全なものにしてしまうことを意味しています。この観点は、現在の強圧的な著作権によって保護されている一部の人々が享受している利益と引き換えに、長期的にはより多くの人々が享受するであろう利益を優先する考え方です。これは学習のプロセスが時間を要するものであり、常に次世代への継承が重要視されることを考えれば、自然な発想ではないでしょうか。

拡張された継承性《ジェネラティビティ》という価値

エリクソンの世代継承性

20世紀の発達心理学を研究したエリク・エリクソンは、人間が幼児期から老熟期に至るまでに複数の段階を通過し、段階ごとに異なる能力や価値が追求されるという説を主張しました。エリクソンは、人が子どもを作る時期に到達すると、ジェネラティビティ（Generativity）という能力を発達させると考えました。ジェネラティビティとは「次世代を育成し、指導することを重要視する」ことと定義しています66。ジェネラティビティとはエリクソンの造語であり、世代を意味するジェネレーションから派生していることからも、日本語では「世代性」もしくは「世代継承性」といった訳語が使用されることが多いですが、本書では価値が継承されるという価

66　Erikson, E. H. (1950) Childhood and society. New York: W W Norton
E・H・エリクソン『幼児期と社会』1、2（仁科弥生訳、みすず書房）

値に注目するためにも「世代継承性」という日本語を当てはめてみます。

今日も多くの学者がジェネラティビティ論を受け継ぎ、主に教育学の分野で議論が成されています。中でも哲学者のジョン・コートルは、独自にジェネラティビティを「自己よりも長生きする生命や活動に投資したいという欲望 67 」と定義し、ジェネラティビティが親子間の関係にとどまらず、技術や芸術といった分野で生産され、人間の寿命よりも長く存在し続ける人工物、または社会的な変革や改革を担う活動といったことも、広く次世代の人間に利益をもたらすとして、ジェネラティビティの範疇に入れています。

筆者はこの拡張されたジェネラティビティの概念が、フリーカルチャーの根本的な価値を体現していると考えています。それはなぜ、そしてどのように私たちが学習と創造を繰り返し、文化が形成されていくのかという根本的な問いに光を与えてくれる概念だからです。

エリクソンは親から子へ、世代から世代へ（generation to generation）受け継がれる知識や価値観を考察したわけですが、フリーカルチャーの観点に立ったとき、私たちは世代（generation）をもっと細かく見ることができるでしょう。それは人間の親子のように明らかに世代の異なる関係ではなくても、同時代を共有している同輩（peer）の関係においても、知識や価値を継承しあうことができるからです。それがゆえに、ジェネラティビティはP2P（peer to peer）の問題としてもとらえることができます。個々の人間の創造と学習の産物が、他者にどのように届けられるべきかという問題は、文化のシステムが円環的であるがゆえに、同時に他者の創造と学習の産物を、どのように自分が受け取るべきなのかという問題と同義なのだといえます。

ジットレインの生成力

実はフリーカルチャーの担い手の一人によってすでにジェネラティビティという用語が使われています。現代アメリカのインターネット法学者であるジョナサン・ジットレインは、ジェネラティビティという言葉に次のような独自の定義を当てています。

「ある技術が、大規模で、多様で、制御されていない利用者によって予測できない

67 Kotre, J. (1984). Outliving the self: Generativity and the interpretation of lives. Baltimore: Johns Hopkins University Press.

変化を産み出す可能性[68]」

日本語では「生成力」という訳語が当てられています。もともと英語のgenerate（産出する）やgeneration（世代、もしくは産出する行為）という語のラテン語源genusには起源、子孫、創造といった複数の意味があり、generativityという語は世代間の関係を強調することも、何かを生成することを強調することもできるのです。

ジットレインは一方で「ジェネラティビティは、簡単に共有でき、さらなるイノベーションの源泉となる新しい価値を含む技術の利用法を、利用者たちがみずから産み出すことによって増加する[69]」として、インターネット文化のこれまでの成長の原動力がEnd2End（P2Pと同義）の通信の中立性に根ざしていると主張しています。

その他方で、全地球規模のネットワークにまで発達したインターネットの自由な通信原理に何の規制も設けられなければ、著作権を侵害する違法な技術やコンピュータウィルスといった害のあるソフトウェアをも野放しにしてしまい、瞬時に情報を伝達してしまうインターネットの特性が、インターネットそのものにとっての脆弱性となる危険性を指摘しています。

端的にいえば、ジットレインはインターネットを成長させてきた自由な設計と運営が、今日ほど大規模化した時にも通用するのかという問題を提示しており、ジェ

自由 対 統制

経済と政治両方の領域において綱引きが生じる

政治的領域

当時機関	対	第三機関
自主性	対	非自主性
普遍性	対	乱立化
非市場	対	市場
自律性	対	秩序
大衆的民主主義	対	選民民主主義

経済的領域

イノベーション	対	管理可能性
イノベーション / 成長	対	配分
ネットワーク外部性 / 社会価値	対	民間の投資利益

ネラティビティは両義的な問題となります。関連して、法学者のヨハイ・ベンクラーは、インターネットにおけるE2E（P2P）の自由度の議論の対立項を図式（上図参照）に整理しています[70]。

68 "Generativity denotes a technology's overall capacity to produce unprompted change driven by large, varied, and uncoordinated audiences." L. Zittrain, "The Generative Internet", Harvard Law Review, vol. 119:1974-2006, p.1981

69 "generativity increases with the ability of users to generate new, valuable uses that are easy to distribute and are in turn sources of further innovation." ibid

70 Yochai Benkler, e2e Map (Stanford Program in Law, Sci. & Tech., Conference Summary, The Policy Implications of End-to-End, 2000), http://cyberlaw.stanford.edu/e2e/e2e_map.html

最も高い抽象度の議論では、自由と制御のトレードオフ（二律背反）の関係があり、それを政治と経済の領域にブレークダウンしていくことができます。たとえば経済の問題としては、新しい技術が急速に展開できるようにするイノベーション優先か、認証やセキュリティの構築を重要視するセキュリティ優先かといった議論が行なわれます。政治的な問題の一例としては、不特定多数のアマチュアや愛好家が生産する情報を優先するのか、それとも一部のプロフェッショナル・エリートによる情報を優先するのか、という議論が存在します。こうした議論はすべて「次世代のインターネットのあるべき形は何か」という問題意識に根付いており、インターネットがもたらす社会的変化の速度に適応しながら、インターネットの設計方針を柔軟に議論し続けなければならないことを意味しています。

継承力

このように、インターネット全体を対象とするジットレインの生成力《ジェネラティビティ》と個人の能力を対象とするエリクソンの世代継承性《ジェネラティビティ》は異なる概念です。しかし、両者に通底する共通点もあります。

それは両者とも「予測不可能性」、「あるべき均衡」の必要性、そして「時間的なプロセス」を前提にしている点です。ジットレインの生成力《ジェネラティビティ》はより正確にいえば

「結果を予測できない生成力」であり、それは時代ごとの状況を参照しながら調整されるべき対象となります。

エリクソンのジェネラティビティは、次世代の創造の形に対して「あるべき姿」を固定化しているわけではなく、あくまで次世代にとっての自由と価値を現代の利益よりも優先する考え方です。フリーカルチャーの未来を語るときには、この自由を重要視しながら、同時にシステム全体の健全な作動を目指さなくてはなりません。これはフリーカルチャーの計画が試行錯誤を繰り返して、計画そのものも更新され続けなければならないことを意味しています。

筆者は、同じジェネラティビティという英語に対して、「世代継承性」と「生成力」を合成して、「継承力」という訳語を提案します。「世代」という言葉は、インターネットの誕生以前においては知識や情報の伝達が同じ共同体（国家、地域、企業、教育機関など）に属する年長者から年少者へ向かって行なわれるという方法が支配的であったことを背景にしていると思われますが、先に述べたようにインターネットが普及した現代においては情報の伝達者が属する世代や共同体は重要ではなくなりつつあり、同じ関心事を緩やかに共有する同輩（peer）同士が直接つながり、交流することが一般化しています。

そのことはしかし、価値のある知識や情報が人間同士で継承される形で伝えられるという原理には影響しません。「生成力」という語はインターネットという情報基盤技術とそれを利用する人間の集団を前提にしているマクロな概念ですが、対象を細分化して再定義すれば、個々人の予測不可能な創造性の発露としてとらえ直すことができます。

いずれにおいても「継承力」の主語となる単位は「個人」であるように思えますが、それは「情報」や「作品」、「コミュニケーション」といった非人格的な単位を想定してもよいのです。

筆者が継承力《ジェネラティヴィティ》に注目する理由は、それがフリーカルチャーの成長をさまざまな尺度で評価し、そして設計するための指標になりうると考えるからです。ある創造的な作品や活動がどれほど他者に継承され、同時代の同輩や次世代の人間の創造の材料となっているか、またはなりうるのかという指標は、文化システムを科学的に計測し、評価するための原則としてとらえることができます。

それは文化の中において多様な創造性が、相互にどのような関係にあるのかという空間的な地図《マップ》、そして個々の関係性の歴史が記載された系譜を効率よく生成し、相互の参照関係を活性化させることに貢献するでしょう。このことは計算機《コンピュータ》のネットワークであるインターネットの可能性を十分に活用することによって、より現実的な目標となります。

この主張は、文化の様相のすべてを科学的に把握し管理できるということではありません。科学技術は文化システム全体の複雑さをとらえるにはまだ未熟であるといわざるを得ません。他方で、文化システムを現代の科学技術と隔離して考えることもまた、今日ほど文化的活動がネットワーク化された時代においては非現実的な姿勢だといえます。20世紀において科学が飛躍的な発展を果たし、専門的な研究領域が細分化されていった過程で、文化と科学を乖離させるような一般通念が広がってきました。いわゆる理系と文系というように線を引くことは科学にとっても文化にとっても隘路にはまり込むという不幸な結果しか生みません。経済学や社会学者が文化行為を数式や理論に還元しようとすることが文化の担い手からは傲慢に見えるのと同じように、文化の担い手が社会の作動システムに対して無関心であることも一種の怠惰だといえるのです。

この、個別の作品がどれほど他者に貢献できたのか、あるいは作品を継承した個々人がどれほど学習し、創造につなげることができたのかといった、「継承性」というものはどのように評価することができるのでしょうか。

作品を評価するモデル

創造的な作品をどのように評価するのか、ということは著作権の歴史とほぼ重なるほど古く、そしてインターネットの普及によって現在も議論され続ける問題意識だといえます。まずインターネット以前にはどのような評価体系が存在してきたのかを見てみましょう。現代美術《アート》や美術史の世界であれば、長年の芸術の歴史が批評家や美術史の研究者たちによって構築されてきました。そのため、歴史的に代表的な作家とその活動を参照しながら、いま作られようとしている作品がどのような概念《コンセプト》を体現し、それを技術的にどう制作するかという議論が成立します。当然、このような議論を日常的に行なうのはプロフェッショナルな美術家に限られているといえるでしょう。同時に今日、市井のプロフェッショナルではない表現者であっても、インターネットを活用して情報を収集し、文化的な潮流《トレンド》を参照しながら作品を制作してるといえます。

ほぼ同様のことが学術の世界に対してもいえるでしょう。研究者は論文を書くために学会特有のマナーを学び、研究分野の歴史や同時代の研究者の研究内容を参照しつつ、お互いの論文を査読して評価を行ないます。こうしたある程度厳格に取り決められたルールや権威付けにもとづくことによって、歴史の反復を回避しながら学界全体の研究結果の質を担保しているといえます。しかし、一本の論文が論文誌に掲載されるまでに時に半年以上もかかったり、学会を運営するためにとても高価な論文の掲載料を請求されたりする学会の慣習は、頻繁に情報が更新されるインターネットと比較すると、経済的なコストが高く、効率がよい情報発信の仕方とはいえない状況にあります。

とはいえ、インターネットはコミュニケーションのインフラとしてもまだ発展途上であり、玉石混淆のコンテンツをフィルターする仕組みは今後とも試行錯誤されていくでしょう。その意味でフリーカルチャーが旧来の評価体系から学ぶことは少なくありません。

ここで美術と学会の評価の仕組みを振り返ってみて、その特徴をインターネット上のフリーカルチャーにどのように反映できるのか（またはできないのか）を考えてみましょう。

美術の評価の仕組み

一般的に「芸術」という言葉も、市井の趣味人から前衛的なアーティストまでも包含してしまう、非常に範囲が広いものですが、ここでは議論のために現代美術という領域に目を向けてみましょう。

現代美術には「現代」という名詞が冠されていますが、20世紀初頭に登場したコンセプチュアル・アートをその起源だとする考え方があります。もちろんそれ以前の19世紀におけるロマン主義や印象派といった潮流も接続されるわけですが、とりあえず乱暴に区切ってみれば現代美術は1900年代から現在（2012年）までを射程としています。空間的な区切りでいえば、主にヨーロッパそしてアメリカといった美術館やギャラリーが勃興し、美術業界が興隆した地域を中心にして、その他の地域は周辺として位置づけられてきました。こうした時間的、空間的な射程をもって「歴史」を定義し、その中でさまざまな作品がどのように位置づけられるのかという共通理解を作るのが美術史家や批評家の役割です。ただ「美しい」とか「面白い」というだけでは美術史の中には組み込まれず、時代性や社会性、地域性を反映しているか、新しい概念を体現していたり技術的な挑戦を行なっているか、歴史的にどのように位置づけられるかといったさまざまな観点から作品は評価され、値段が付けられ、売買されたり展示されたりします。この評価体系はある意味、専門家の見識や客観的で普遍的な歴史の存在を（それが実現できているかは別として）前提とするものです。

現代美術は、美術の歴史の系譜の上に立って構築されています。アーティストは新しい技術、概念や表現様式を開拓し、キュレーターや批評家はそうした新しい作品や作家に美術史上の意味や文脈を与え、コレクターや投資家は作家の重要性にもとづいて作品の売買を行ないます。現代美術には、一見従うべきルールなど存在しないように見えながら、美術史という文脈によって緩やかな境界線が定義されている文化領域だといえます。

実際、美術の歴史の中では何度も「○○派」や「○○イズム」といった集合が形成され、時代ごとの目的意識を掲げた表現者たちのコミュニティが作られてきました。一例を挙げるとすれば、20世紀前半に興隆したシュルレアリスムやダダイズムといった動きは、フロイトの心理学の普及にともなって、自我の解放や超現実といった概念をどのように絵画、彫刻、音楽や建築といった表現形式に落とし込むかということを主題に活動を行なっていました。21世紀の今日、彼らと同じことを標榜する芸術運動を作ったとしても、それは歴史の反復となり美術史上の意味をまったく成さないか、さもなくば意図的に、現代固有の社会の様相に照らし合わせてその概念の再定義を行なわなければ、美術史上の意味は生まれないのです。

つまり現代美術には参照すべき歴史という系譜があり、現在作られている作品もその系譜のなかでどこに位置づけられるかということによってある程度は制御されるわけです。美術の歴史をまったく知らないまま作品を制作していても、過去に同様の制作方法やコンセプトにもとづいた作品が存在すれば、美術史上の新しい意味を提供できない可能性があるからです。

このように現代美術への参画には、その歴史に関する一定の知識を持つことが要求されます。その結果、現代美術の共同体に参加する人間は共通の歴史を参照しながら、みずからの活動を位置づけることができ、そうした活動の総体の結果として美術の歴史は進んでいきます。しかし現代美術も鑑賞者を必要とする意味で、その他の文化と無関係ではありえませんし、その難解さを一般公衆のために和らげなければ存続できないという現実的な問題も抱えています。また、20世紀中盤までは現代美術の活動はほぼ西洋（ヨーロッパとアメリカ）に集中していたということができますが、現代のように世界各地で多種多様な潮流が同時進行で生まれている多極的な状況では、共通の歴史を包括的に編集することの困難さも増加しています。

学会の評価システム

歴史と目的を共有する創造的コミュニティのもうひとつの代表的な例は、学会のシステムです。自然科学、人文科学を問わず、学問という形に体系化される研究活動はすべて学会に所属しています。学会においては、論文という形にまとめられた最新の研究活動の報告に対して、同じ領域を研究する同輩の学者が査読を行ない、有益だと認められれば論文誌に収録されます。

このような査読システムを英語ではピア・レビュー（peer-review）と呼び、基本的に学者同士が対話や議論を通して、それぞれの研究活動のレベルを向上させていくことを目的としています。学術論文にはどの分野にも共通したルールが存在しますが、共通している点は既存の研究や論文を引用し、それらの業績を吟味した上で、自分の研究活動がその分野の研究の歴史の中でどのような新しさを提示しているのか、という点を論じることです。逆にいえば引用文献が少なすぎる論文は、歴史上どこに位置するのかということを示していないという点において却下される可能性が高くなります。

このような理想を掲げる学会システムにも美術と同じように現実的な問題を含んでいます。ひとつには各領域が細分化しすぎてしまい、狭い目的しか定義できなくなってしまう点が挙げられます。特に、いわゆる理系と文系という分類の二極化が進んでしまった現在、実効主義と理論主義との間で共通の土台が失われてしまい、統合的な学問の体系化が難しくなってしまっています。すると、たとえば新しい技術が起こす倫理的な問題であったり、社会的な問題点といったことが議論されることなく、効率性の向上のみが追究されるといった事態が現われることになります。そのために学際的アプローチと呼ばれる、さまざまな学問を接続して研究を行なうということが20世紀末から提唱され、さまざまな教育機関で新しいプログラムが作られはじめています。

学会システムでは特定の論文誌や論文がどれほどの影響を与えているかということを量る仕組みがあります。論文誌の場合はインパクトファクター（Impact Factor）という数値が計算されます。ある論文誌のインパクトファクターは、過去2年間においてその雑誌に収録された論文の数と、本年においてそれらの論文が引用された回数の比率となっています。たとえば２００９年と２０１０年で１００本の論文を掲載し、２０１１年においてそれらの論文が２００回引用されれば、その論文誌のインパクトファクターは「2」になります。インパクトファクターはＩＳＩ（Institute for Scientific Information）[71]という機関によってまとめられており、より多くの研究者が引用する研究ほど有用であるというシンプルな仮定にもとづいて機能している評価方法だといえます。

しかし、同時にいくつかの重要な批判も存在します。たとえば引用した目的が肯定的な意図だったのか批判的な意図だったのかという違いは評価されていません。また、英語圏の論文しか取り上げられないので、各国固有の言語による研究結果が国際的に評価されないという不満も挙げられています[72]。

インターネットの評価モデルが文化の新陳代謝を引き起こす

インターネットは誰もが自由に表現を行なえるインフラです。そこでは学術的なコミュニティのように、専門家によって秩序だった体系が構築されるということは起こらず、誰しもが「勝手に」情報を公開しています。1990年代になってWWWが発明され、大学の研究者以外の一般の人々がインターネットで情報を公開するようになると、どのように情報を検索するのかという問題がすぐに表面化し

71 http://en.wikipedia.org/wiki/Institute_for_Scientific_Information

72 学術界が抱えるもうひとつの問題としては、20世紀後半から世界中の論文の数が増加すると共に一般的に論文誌の発行コストが跳ね上がり、研究者が論文にアクセスするためにかかる費用も増大してきたという点が挙げられます。このことは、研究者が自身の専門以外の研究について知る機会を減らし、各研究分野の細分化を促進する要因にもなっていると考えられています。オープンアクセスの考え方が広まることによって、さまざまな専門領域の知識が誰にでも手軽にアクセスできるようになれば、この問題は次第に解消されていくことが期待されています。

ました。

当初は、インターネットにいち早くアクセスしていた熟練者たちが、自分が面白いと思うウェブサイトへのリンクをまとめたリストを作成していました。今日、巨大なインターネット上のメディア企業となったヤフーも、当初は大学生2人が一生懸命さまざまなウェブサイトのリストを手入力で作成していたことで始まりました。しかし、それでは有名だったり人気のあるウェブサイトは追跡できても、いつか限界が来ることは明らかでした。

このインターネットの爆発的な成長を予見し、人間の手によらず、ソフトウェアの計算によってウェブサイトの重要度を決定し、検索の精度を向上しようとしたのがグーグルの検索エンジンでした。グーグルの創業者たちは、専門家によって醸成された共通理解やマナーが適用できない、非常に乱雑で膨大な量の情報の海が到来することを見越して、ページランク（Page Rank）と呼ばれるウェブページのランキングを計算するアルゴリズムを開発しました。ページランクは、あるウェブサイトがどれだけほかのウェブサイトからリンクされているかということにもとづき、さらに重要度の高いウェブサイトからのリンクの価値を高く評価するという論理によって、検索結果上のランキングを決定します。こうして定期的にウェブ全体を走査し、ウェブページごとのリンク関係を調べ、検索エンジンの結果に反映することによって、グーグル検索は知識の参照体系《リファレンス・モデル》の変換を体現する技術として現在に至るまでインターネット上の情報の秩序構築において支配的な役割を果たしてきました。

先述したように、それまでは学術的な組織は歴史に残るべき重要なものとそうでないものを人為的に分類してきました。今日、インターネットと現代美術を同時に語ることが難しかったり、学会システムに一定の限界が指摘されてきているのは、ひとえにこの自生的に構築される参照体系の力学がインターネットを特徴づけているからにほかなりません。

グーグルは人々がお互いの情報＝作品にリンクを貼り合う結果として産み出される検索の体系を築きましたが、フェイスブックやツイッターはそれに加えてグーグルが扱ってこなかった人々の社会的なつながりによっても情報＝作品の重要度が決定されるという次元を切り開くことによって、新しい参照体系の構築を担っています。

インターネットでは依然として旧来の著名人や有識者の影響力は強いですが、他方で無名な個人でも上手にソーシャル・ネットワークを活用して自身の情報＝作品をインターネット上で共有し、伝播させることによって、創作活動を急速かつ広く認知してもらうことが可能となっています。加えて、自分の友人や知人からフェイスブックで「いいね」ボタンを押してもらう／コメントをもらう、知らない人からツイッターでフォローされる／フィードバックをもらうといったことを通して、創作活動の糧とすることも一般的になってきたといえるでしょう。

このようにインターネットで恒常的に行なわれている技術的な革新は、文化の新陳代謝を活性化させ、より情熱的に活動し続ける人々のもとに社会的な名声や報酬がもたらされるための公正性を実現しようとしているといえます。端的にいえば、活動が少ない権威的なアーティストよりも、常に活動をオープンにしている無名のクリエイターの方が、広義の「歴史」を担う役割が大きくようになってきたと考えられます。ここまで見てきたフリーカルチャーは有名無名を問わず、このオープンな活動の力によって推し進められて形成されてきたといえるのです。

インターネットにおけるフリーカルチャーの力学は、国家権威、そして批評家や学者、専門家といった権威的な個人による旧態依然とした参照体系作りの限界を示してもいます。しかし同時に、フリーカルチャーの自生的な創作活動の生態系は、その複雑さと膨大さゆえに、まだ共通の文脈として参照できる歴史が形成される技術やサービスが十分に実装されていないことも事実です。

文化的な歴史を無視する形で個々人が勝手に創造を行なっていても、歴史の反復や他者の作品への理解やリスペクト（敬愛）の欠如といった問題を抱えながら、文化は右往左往するだけの混沌としたものになってしまうでしょう。こうした問題意識を抱えながらフリーカルチャーの近未来を見渡すとき、著作権が当初から備えている理想――作者個人の利益と社会全体の利益のバランス調整――をどのようにインターネット上で実現するか、そしてどのように作者同士が創作活動を通して交流を行ない、共通の歴史を作り上げていけるかといった課題が浮かび上がってきます。そしてこれらの課題に応えるためには法律家による作業以上にアーティストやエンジニアの積極的な参加が必要となっています。

オープン化される作品のプロセスと新しい「歴史」

ソフトウェア開発においてはフリーソフトウェアの規範とオープンソースの方法論が浸透することによって、不特定多数の人間が参加してソフトウェアが成長したり、時に分岐して新しいソフトウェアが産み出されたりといった時間的な推移が記録され、多様なソフトウェアの継承関係にもとづく系統図が描かれ、歴史が構築されてきました。

リナックスの開発の副産物として開発された分散バージョン管理システムのギット(Git)は、そうしたソフトウェア開発の歴史をバージョンごとに記録し、外部の人間でもスムースに開発に参加することを可能にします(269ページ図参照)。ギットの機能をウェブに移植したギットハブ(Github)と呼ばれるサービスでは、世界中の実に多数のオープンソース・ソフトウェアのソースコードが公開されており、それぞれの最新版から過去のバージョンまでの更新履歴を詳細に閲覧することができます。

これと同様の概念をオープンソース的な百科事典の制作で実現したウィキペディアでも、それぞれの記事の編集のプロセスがオープンな形で記録されています。

ウィキペディアでは記事ごとに「履歴」を見るページが用意されており、誰がどのような変更を加えたのかということが記録され、公開されます。IBMの研究グループがウィキペディアの記事の編集のされ方をビジュアルに可視化した研究がありますが、記事のテーマによっては複数の編集者による議論が白熱し、非常に活発に編集が行なわれていることがわかります。ウィキペディアの記事はすべて〈🅭表示‐継承〉ライセンスで公開されていますが、記事の作者は編集に携わった編集者全員であり、記事を再利用する場合、クレジットを表示しようとすると数十人の名前（ハンドルネーム）を記載しなければならないこともあるので、便宜的に履歴ページのURLを記載するという慣習があります。このようにウィキペディアで作られる「作者」はほとんどの場合複数人であり、単一の個人にクレジットを帰属させることは難しくなっています。

映像創作の領域でこのウィキペディアのモデルに近い試みがニコニコ動画によるコンテンツツリーの仕組みです。ニコニコ動画は、動画に視聴者のコメントを重ね

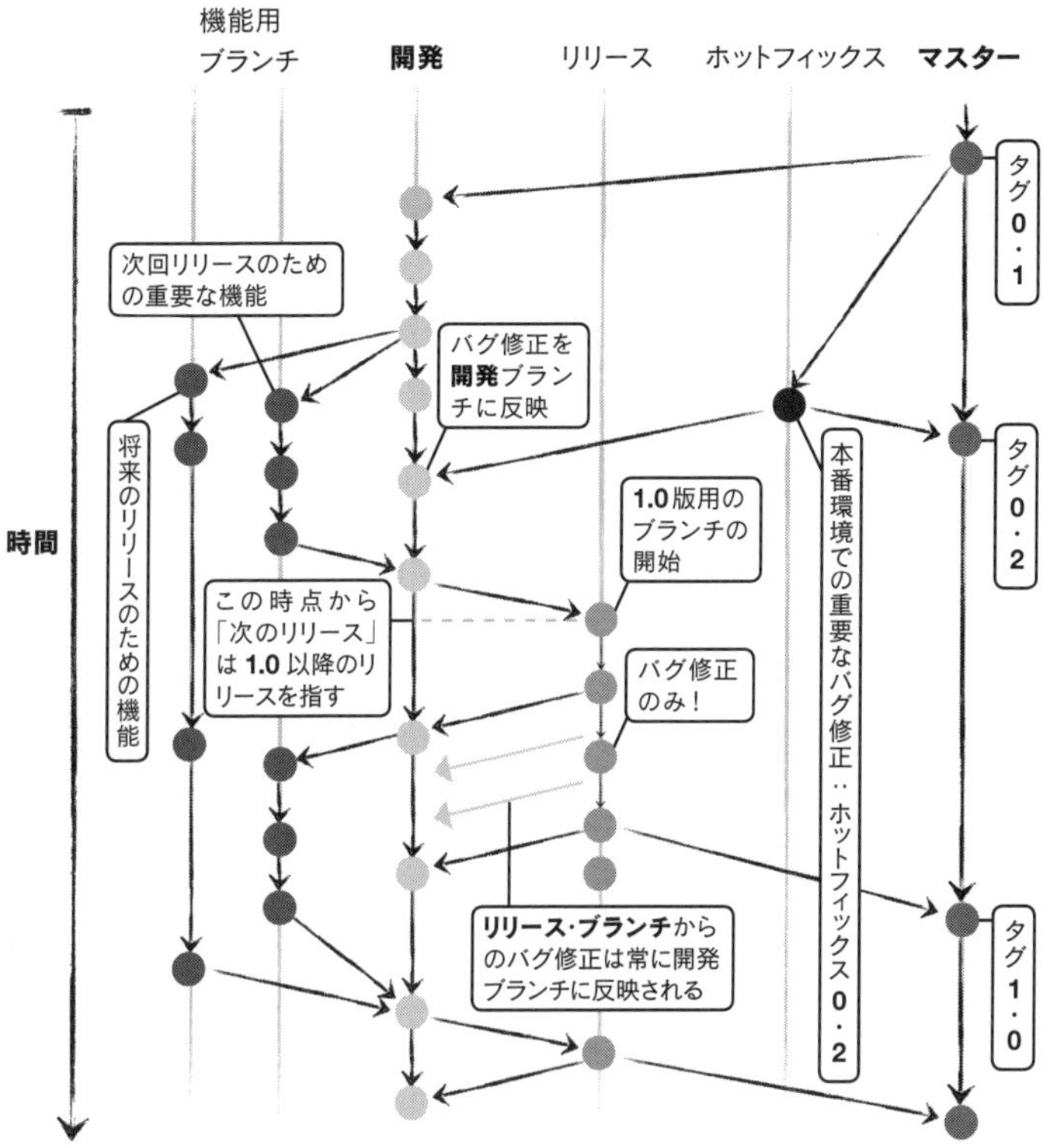

原作者：Vincent Driessen
翻訳：ドミニク・チェン
出典：http://www.nyle.com/archives/323
ライセンス：〈CC: 表示 - 継承〉

ウィキペディア画面［右上］**74**［右中］**75**［右下］**76**
ニコニ・コモンズのコンテンツツリーの説明ページ［左］ **77**

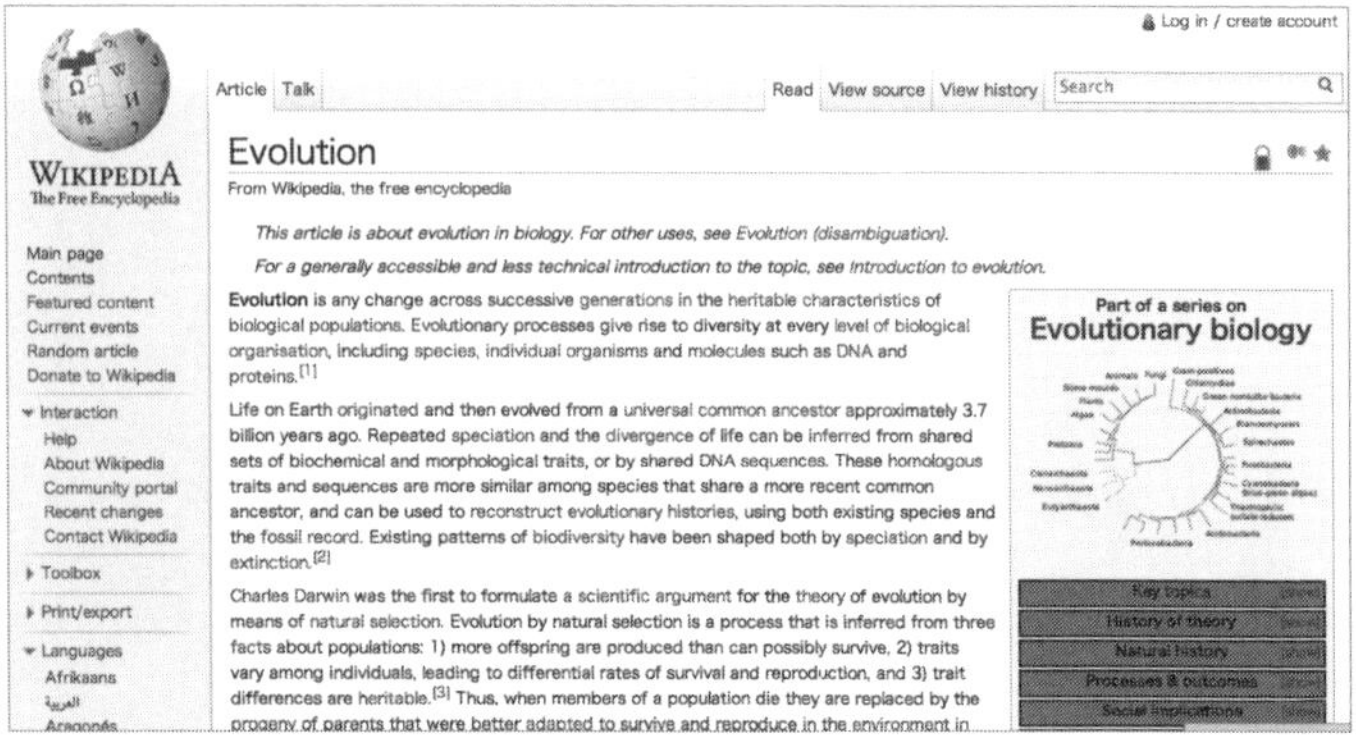

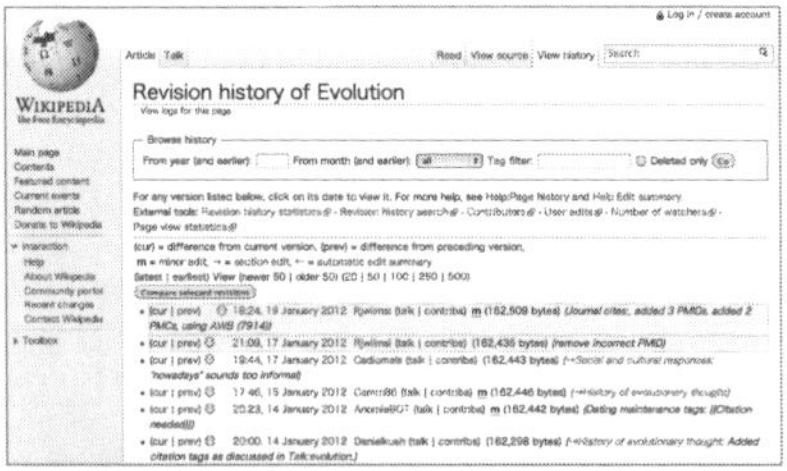

させる新しい動画視聴のスタイルを確立し、独自の二次創作の文化を育んできたサービスです。ニコニコ動画では、「自分の作品を広めたい人」と「既存作品を使って新しいモノを作る人」を結ぶ」ためにニコニ・コモンズという場が設けられ、ニコニコ動画で公開される動画の制作のために画像、音声、動画といった素材が利用者から投稿されています。

---

73 "gitflow-model" BY Vincent Driessen, Original blog post: http://nvie.com/archives/323 (CC:BY-SA)
74 http://en.wikipedia.org/wiki/Evolution
75 http://en.wikipedia.org/w/index.php?title=Evolution&action=history
76 http://www.research.ibm.com/visual/projects/history_flow/gallery.htm
77 http://commons.nicovideo.jp/tree/about

そして作品同士の引用や参照の関係をコンテンツツリーという機能で可視化し、さらに動画の視聴で発生する広告収益をコンテンツツリーの関係にもとづいて素材の作者たちに分配する「クリエイター奨励プログラム」の開始を表明しています（271ページ図参照）。ただし、悪意あるユーザーが他者の素材を投稿してその素材が多くの動画に使われてしまった場合にどうやって対応するのか、といった問題も議論されています。また、ニコニ・コモンズは独自のルールを採用しているので、インターネット上のほかのコミュニティでCCライセンスで公開されている作品を取り込んだり、ニコニ・コモンズ以外の場所で素材が自由に使われるといった外部との互換性に乏しいため、厳密にはフリーカルチャーの定義からは外れています。しかし、新しいコンテンツの経済を作り、創作者たちに利益を還元するということは、フリーカルチャーの発展にとっても重要な挑戦であり、貴重な参照例となるといえるでしょう。

今後とも、こうした多様なメディアのオープンソース化が進めば、作者や作品同士の関係性と時間的な推移がわかりやすい形で記録されていくことによってフリーカルチャーの歴史が段階的に、自生的に構築されていくことが期待できます。

理想的には、インターネット上で作品を公開すると、自動的にその作品が関連する「歴史」に組み込まれ、検索エンジンや素材ライブラリなどで発見したり参照したりすることができるような状況が考えられます。その上で作者（たち）は自分（たち）の作品がどのような歴史的な位置づけにあるかということを知ったり、もしくはまったく意識しないという選択肢もあるでしょう。より恩恵を受けるのはほかの作者たちであり、文化全体です。

文化全体の中での作品の位置づけを把握する

ここまで、作品ごとの歴史を記録する技術や取り組みを見てきました。それではそうした作品が文化全体の中でどのような位置にあるのかということを把握するにはどうすればいいのでしょうか。

過去の書籍言語データを解析して文化全体の動向を定量可能な形にしようという試みがあります。ハーバード大学の学際的研究チーム「The Cultural Observatory」（文化的観測所）を率いるジャン・バティスト・ミシェルたちは、グーグル社がグーグル・ブックス事業を通して集積している世界中の図書館の書籍、またはパブリックドメインに属している書籍のデータ[78]をスキャンして集積した言

78 Opne Library, http://openlibrary.org/

Google Books Ngram Viewer。
グーグルがスキャンした1800年から2008年までの書籍の中での
指定キーワードの登場頻度を瞬時に計算し、グラフ化する

語データを使って、どの言葉やどの言葉の組み合わせがどの時代において多く使われているかということをグラフ化するツール「N-gram Viewer[79]」を利用した研究を行なっています[80]。

このツールを使ってさまざまな観点で計測を行なうことによって、社会や文化の変遷のパターンを浮き彫りにすることができます。具体的には1800年から2008年までに英語やいくつかの欧米の言語で出版され、グーグル・ブックスがスキャンした書籍を対象にしています。たとえば、「海賊行為」(piracy)、「オープンソース」(open source)、「著作権」(copyright)という言葉がどれだけ出現しているかということを調べてみた図(275ページ参照)を掲載します。「海賊行為」は19世紀から21世紀初頭までほぼ横ばいですが、第二次大戦後は下降傾向にあり、20世紀末から緩やかに上昇していることがわかります。「オープンソース」は新しい言葉なので1990年代に出現し、急上昇しています。そして「著作権」は過去2世紀においてずっと上昇傾向にあり、いかに著作権をめぐる議論が活発かがわかります。

Economics(経済学)をもじってCulturomics[81](カルチュロミクス/造語。日本語では「文化経済学」とでも訳することができます)という概念を標榜するこのプロジェクトは、これまで重要視はされてきましたが測定することが難しかった社会学の領域に新しい光を与えています。研究者たちは論文の中で、次のような結論が得られたことを

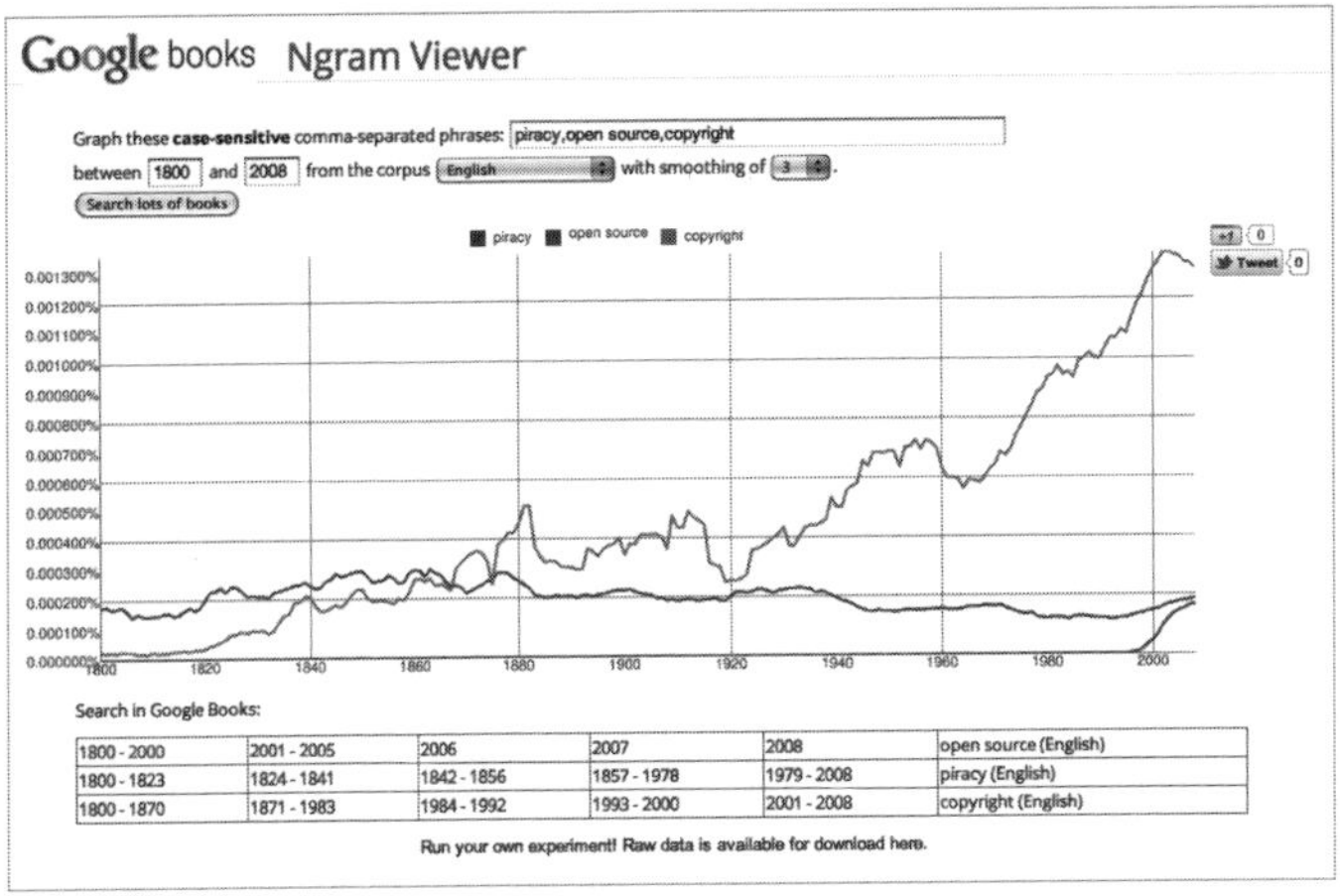

発表しています。

1　英語のサイズは毎年8500字ほどの量で増加している。

2　どの辞書に収録されているよりも多くの言葉が存在する。

3　語彙のダークマター（暗黒物質。宇宙に存在するといわれる測量できないが質量を持っているとされる物質）、つまり標準的な参照体系に

79 Google Books Ngram Viewer, http://books.google.com/ngrams/

80 "Quantitative Analysis of Culture Using Millions of Digitized Books" http://www.sciencemag.org/content/early/2010/12/15/science.1199644#aff-1

81 Culturomics by The Cultural Observatory at Harvard, http://www.culturomics.org/home

は現われない言葉が存在する。
4 非定型な動詞は定型的な形に進化する。
5 過去の事件の記憶は異なる比率で薄らいでいく。
6 著名人が有名である期間は年々短くなってきている。
7 作品や人物に対する検閲や粛清の事実はビジュアル化されたグラフ上でも確認できる。

このカルチュロミクスの事例は「書籍に印刷された文字」だけを対象にしているとはいえ、文化の大局的な推移を定量可能にするということに成功している画期的な取り組みだといえます。同様の可視化がフリーカルチャーの作品に対しても行なえるようになれば、作品のプロセスに加えてフリーカルチャーそのものの歴史が誰の目にも明らかになるでしょう。そのとき、これまでの美術や学会が標榜してきた理想的な参照体系の形がインターネットの技術によって実現されると考えられます[82]。

リスペクトの継承

フリーカルチャーの実践とは、他者に開かれた作品をインターネットに放流させる試みだともいえます。作品にライセンスを付けるということは作品が他者によって自由に学習され、改変されることを作者みずからが想像し、意識的に決定する営みであるといえます。ライセンスは貨幣のように、そのルールを守り、利用する人が増えれば増えるほど、その効能が発揮され、文化の開かれた度合い《オープンネス》が増していき

82 余談となりますが、情報が非物質的な生命の形態であるとする学説が、１９７０年代に遺伝学者のリチャード・ドーキンスによる『利己的な遺伝子』という代表的な著作の中でその萌芽を与えられました。物質的な身体的生命の継承を司る遺伝子が英語でgene（ジーン）と呼ばれることに対して、ドーキンスは「模倣」を意味するmeme（ミーム）という概念を考えました。日本語では「模倣子」と訳されることの多いミームは、文化的な自己複製装置と考えることができます。
昨今では心理学者のスーザン・ブラックモアなどによって包括的な研究が試みられているミーム論は、ひとまとまりの人間のアイデアや考えはそれ自体がより多くの人間に広まるように振る舞う生命的な存在であると主張します。遺伝学の見地から生命を定義したとき、それは遺伝子のような自己複製子を持っているかどうかということが重要視されます。ドーキンスは、生命がみずからを複製するために存在する遺伝子というシステムは、それ自体がみずからの生存を最大化するように進化してきたと主張しています。ミーム学（ミメティクス、memetics）においては、言語や思考といった非物理的な文化的存在も、脳や意識といったシステムを持たずとも、自己が最大限複製されるように振る舞う（ように見える）と指摘しています。この発想は検証が難しいためにこれまでは一般的な科学の分野では異端扱いされてきましたが、Culturomicsのような文化的な事象を定量化する試みは今後ミーム学のような挑戦的な研究を飛躍的に発展させ、言語だけではなく多様な形態の「作品」の生態系を、比喩としてではなく実効的に検証できるようになる可能性があると考えられます。

ます。しかし、ルールとしてまだ策定しきれていない、重要な要素もあります。

そのひとつが「リスペクト」という概念です。「リスペクト」とは作り手への敬意、尊敬を表明することと、とりあえず定義することができるでしょう。リスペクトは、子が親に、教え子が教師に、もしくは友人同士の間で知識や価値が継承されるときに生じます。フリーカルチャーの文脈においては、作者同士がお互いの作品を参照しあう継承関係にあるときに、法律やライセンスといったルールを守ること以外にも、リスペクトを表明する方法が存在します。もちろん、「原作をリスペクトしなさい」と作品のライセンスに書いたとしても、どのようにリスペクトを表明するかということは人それぞれです。今のところライセンスが法的な実効性の他に定義できることは、原著作者のクレジットを表示し、その人の創作行為の一部を受け継いでいる事を表明するという最低限のマナーだけです。

ある人は別の作者の作品を自分の創作に組み込んで、まったく別の作品に仕上げることによってリスペクトを示すことができるでしょう。しかしできあがった新しい作品が、取り込んだ著作を素材として活かしきれているかどうかについては、それを鑑賞する人によって印象が異なるでしょう。

これはひとえに他者の創造性を継承して新しい作品を産み出すという行為そのものがコミュニケーションとしてとらえられることを意味しています。そこには濃淡《ニュアンス》があり、表情があります。それがゆえに失敗もあり、成功もあります。絶対的な尺度で規定することはできず、受け手に応じて相対的に価値が変化するのです。

リスペクトの方法が定義しずらいのは、それがコミュニケーションに付随しているものであり、原則的に絶対解が存在しえないからだといえます。もちろん、よりよくリスペクトを表現し、そのコミュニケーションを成功させるノウハウやルールについて議論を行なうということは有益でしょう。しかしリスペクトの方法を儀礼的なものとして定型化すれば、一度に陳腐化してしまう危険性も孕んでいます。コミュニケーションが本来的に内包しているこの両義的な問題は、フリーカルチャーの今後にとっても重要な課題となっています。

ひとつには、これまで見てきたように作品間の継承関係を明示化することが考えられます。本や論文を書く際には必ず参考にした文献の情報を記載するように、ミュージシャンがカバーソングやリミックスを作る場合には対象となる曲を明示します。このことによって引用されたり参照されたりした原作者は自分の表現行為がどのような影響を与えたのかを知ることができます。それは原作者自身の趣向性や価値基準に沿うようなポジティブなものである場合もあれば、時としては原作者が好まないネガティブなものであったり、またはまったく予想もしなかった形に作り変えられる場合もあるでしょう。

しかし、コミュニケーションに常に誤解や失敗があるように、創造行為が自分が期待した反応を引き起こさなかったり批判を浴びたとしても、その事実は自分の次の創造行為をよりよくする材料になります。もちろん感情的であったり、ただ否定的なコメントはリスペクトにもとづいたフィードバックだとはいえませんが、ネガティブかつ建設的なフィードバックを返すことも作者の学習をうながすという意味で、有益な行為だと考えることができます。

インターネットを介したコミュニケーションの技術や作法は今のところ、ユーザーの感情に訴えるという方法が広く採られています。たとえばツイッターの「RT（リツイート）」やフェイスブックの「いいね！」といった、ワンクリックで簡単に相手に好意やリスペクトを伝えられる仕組みが普及しています。これらの評価の仕組みはとても簡便であるためにユーザーにとっても敷居が非常に低いものではありますが、人間が自然に抱く、より深い感動だったり、複雑な、ニュアンスがかかった感情を反映しているとはいえないでしょう。フリーカルチャーのさらなる発展にとっては、もっと深いレベルでの感情のやり取りやコミットメントを支援する仕組みが必要とされるといえます。

リスペクトにもとづく経済

言語や二次創作によるコミュニケーション以外にリスペクトを返す方法も存在します。その中でもわかりやすいのがお金です。自分が応援する作者にお金を送りたいという欲求に対しては、古くから寄付《ドネーション》や投げ銭といった文化が存在してきました。インターネットの黎明期から、ソフトウェアを無料で公開すると同時に寄付を募るシェアウェアという文化も存在してきました。現在、インターネット上ではこうした欲求を簡便に実現するための技術やサービスが多数出現しています。

キックスターター（Kickstarter）は創造的なプロジェクトを計画しているけれども実現するためのお金がない人が募金を呼びかけるコミュニティです。キックスターターでは、計画者は自身のプロジェクトを説明する動画を投稿し、さらに募金額に応じて異なる特典を用意することによって、そのプロジェクトの実現を望み、見届けたい人たちに呼びかけます。期限内に希望額が集まればお金が振り込まれ、希望額に達成しなければお金は計画者の手に入りません。プロジェクトの種類はドキュメンタリー映画やアニメーション作品、ミュージックビデオ、ゲーム、教科書や小説の制作から、新しいプロダクトデザインの製品化やライブイベントの実現までさまざまで、これまで多数のプロジェクトが希望額の募金を達成しています。キック

キックスターター 83

スターターが従来の募金と異なるのは、プロジェクトの発起人がお金を出資する人たちへ出資額に応じた特典（たとえば映画であればエンドロールに名前を入れてくれる、試写会に招待される、ポスターがもらえる、など）を用意し、プロジェクトが達成するまでのプロセスに緩やかに参加させる仕組みを発明している点だといえます84。

日本でも2011年にキックスターターと同じ仕組みを実現するキャンプファイヤー（Campfire）とレディーフォー（Ready For）というサービスが登場し、東日本大震災以降は多くの東北の復興支援プロジェクトにお金が集まっています。

キックスターターは新たにプロジェクトを立ち上げる際に、プロジェクト遂行にかかる費用を集めるためのサービスですが、それ以外にもウェブ上で公開されている作品単位にお金を投げ銭的に集め、クリエイターに配分する仕組みも多数存在します。

フラッター（Flattr＝「褒める」の意）というサービスは、コンテンツの横に寄付ボタンを表示し、コンテンツを気に入ったらお金が作者に支払われるというモデルを採っています。フラッターの利用者は、毎月好きな金額をアカウントに入金し、その月ごとにフラッターボタンをクリックした数に応じてその金額が分割され、クリックした作品の作者に送られます。また、作者が作品にフラッターボタンを付けなくても、その作品のファンが勝手にフラッターボタンを設置し、作者には事後的に「あ

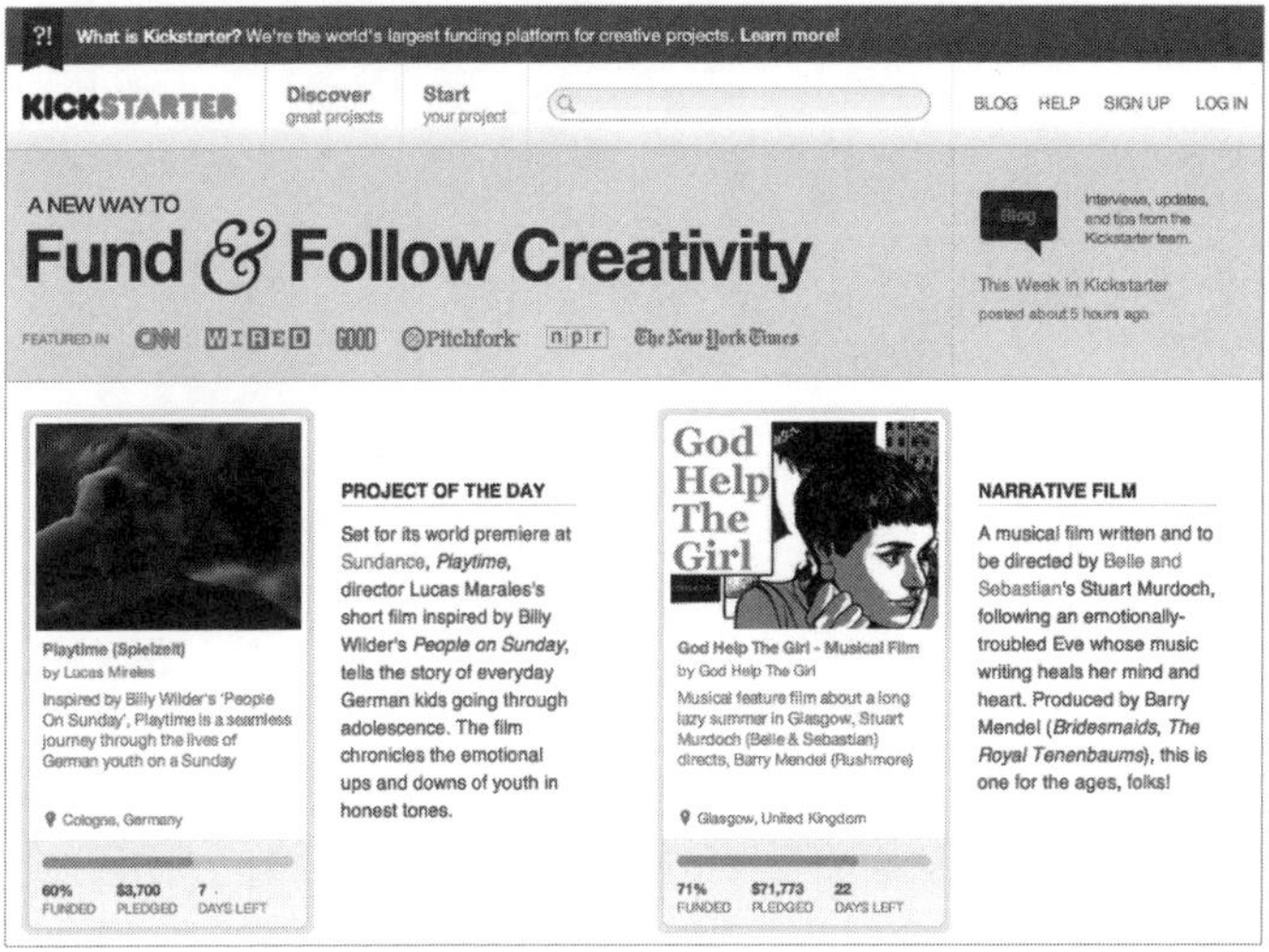

なたにこれだけのフラッターのクリックが集まっています」と伝えるページが作成されることもあります。フラッターボタンは現在、さまざまなオープンソース・ソフトウェアのプロジェクトや個人アーティストたちの作品に付けられています。

日本からもこれに似た考え方で、「Social

83 http://kickstarter.com

84 キックスターターと関連するコミュニティとして、Kivaがあります。Kivaでは主に発展途上国で事業を営む人々に対して、先進国の住民がインターネットを介して小額（25ドル程度から）の投資を無利子で行ないます。事業主は投資者に事業の経過を報告しながら出資金を返済し、完済すると投資者は別の事業主に続けて投資を行なうことができます。Kivaは世界中の貧富の差に着目し、先進国の一般的な市民でも途上国の事業を支援することができる仕組みを作り出しています。kiva.org

（上）マイクロ・パトロン・プラットフォーム「キャンプファイヤー」**85**
（下）クラウドファンディング・サービス「レディフォー」**86**

「Tipping Platform」としてGrow!ボタンというサービスが立ち上がりました。優れた接客サービスにチップを払うように、Grow!はコンテンツごとに寄付ボタンを結びつけるもので、単位は1クリック＝1ドルと決まっています。Grow!はまだ始まったばかりの取り組みですが、徐々にアーティストやクリエイターの間で広がりを見せています。そして2012年4月にはクリエイティブ・コモンズ・ジャパンと連携を行ない、作者が自分の作品にGrow!ボタンを付けて公開する際、CCライセンスも同時に付けることが可能になりました。

キックスターター型の募金サービスがまとまった資金を必要とするプロジェクト単位での資金集めを可能にするとしたら、フラッターやGrow!はさらに対象をコンテンツごとへと細分化する方法だといえます。

2012年1月には、作者が作品をネット上で直販できるサービスGumroad（ガムロード）が正式公開され、話題を呼んでいます。Gumroadでは作者が自分の作品を販売できるリンクを非常に簡単に作成し、公開することができます。買い手はそのリンクから作品販売ページにアクセスし、あとはその場でクレジットカード番号を入れるだけですぐに作品を購入し、アクセスできます。Gumroadのサービス手数料は一律5%と販売毎に30セントで固定されており、世界190カ国の主要クレジットカード決済に対応しているので、中間業者を介しているという意識を持つ

プロジェクト一覧
プロジェクト投稿
ヘルプ
ログイン
新規登録
CAMPFIRE
Micro Patron Platform
"見返りは感動や体験"個人から少額で支援を募り、クリエイティブなアイデアを実現させる、マイクロ・パトロン・プラットフォーム『CAMPFIRE』
このサイトについて
PICKUP
東京芸大デザイン科学生、学生最後の映画作品"アトリエ・アーユル"
映像・映画
atelier_aayur
東京芸大デザイン科学生、学生最後の映画作品"アトリエ・アーユル" こんにちは、はじめまして。東京藝術大学のデザイン科4年生、山田祐基です。僕は今まで、色々なものをつくってきました。この3月に芸大を卒業しますが、学生生活最後の...
今 ¥17,500 集まっています
4%
残り 51日
パトロン 6人
地域映画合戦 2012
便秘
下痢
痔

READYFOR? は実行者を支援する日本初のクラウドファンディングです。
ツイート 1.92万
いいね！ 6,000
新規登録
ログイン
READYFOR?
READYFOR? 一周年特設ページ
プロジェクトを 始める
プロジェクトを 探す
READYFOR?を もっと知る
Pick Up!
陸前高田市の空っぽの図書室を本でいっぱいにしようプロジェクト
陸前高田市モビリア仮設住宅の中に「図書室」の建設を行なっております。その建設された、まだ空っぽの図書室を本でいっぱいにするプロジェクトです。
実行者
吉田晃子
達成状況
達成率
364%
達成金額
7,289,000円
終了まで
10日
新着情報
プロジェクト
誰もが自由に研究をする新しい学会 ニコニコ学会βプロジェクト
by 江渡浩一郎
日本初！クラウドファンディングで実施される学会、ニコニコ学会βをみんなで開催してみるプロジェクト
化粧の力で、ネパールの女性に【輝き】を。
by 向田麻衣
Coffret Project～ネパールに暮らす悩所得層の女性たちに【メイクアップの職業訓練】を実施するためのプロジェクト～
パレスチナ難民キャンプ版ドラゴン桜
by 税所篤快
「馬鹿と難民ほどヨルダンにいけ！」難民の子どもたちにパレスチナ伝説の数学教師の映像授業を届けます。
メディア掲載
2012年 3月 16日
テレビ東京系列ワールドビジネスサテライト に紹介されました
2012年 3月 2日
読売新聞朝刊 に紹介されました
2012年 2月 20日
日本経済新聞(web版) に紹介されました
Facebookもチェック
facebook

（上）フラッター **87**
（中）Grow! **88**
（下）Gumroad **89**

ことなく瞬時に自分の作品の販売を開始することが可能になります。すでに音楽やPDF文書、ソフトウェアのソースコードなど多様な作品がGumroadを通して販売されています。

ひとつの作品が複数の作者や、複数のほかの作品を継承しながら作られることが増えているフリーカルチャーの流れの中で、今後は素材を提供する人たちへも集まったお金を配分する仕組みがより多く作られるでしょう。そして、より多くの未完成の才能を応援し、成長させるための投資行為が普及すれば、短期的な利益を追及する経済原理と並行して、中長期的な文化の新陳代謝のリズムを産み出すことが期待できます。相互の創造性を継承するための文化モデルとしてのフリーカルチャーが真に私たちの日常生活に根付くためには、こうした代替的な経済がますます発展していく必要があると考えられます。

85 http://camp-fire.jp
86 http://readyfor.jp
87 http://flattr.com/
88 http://growbutton.com/
89 https://gumroad.com

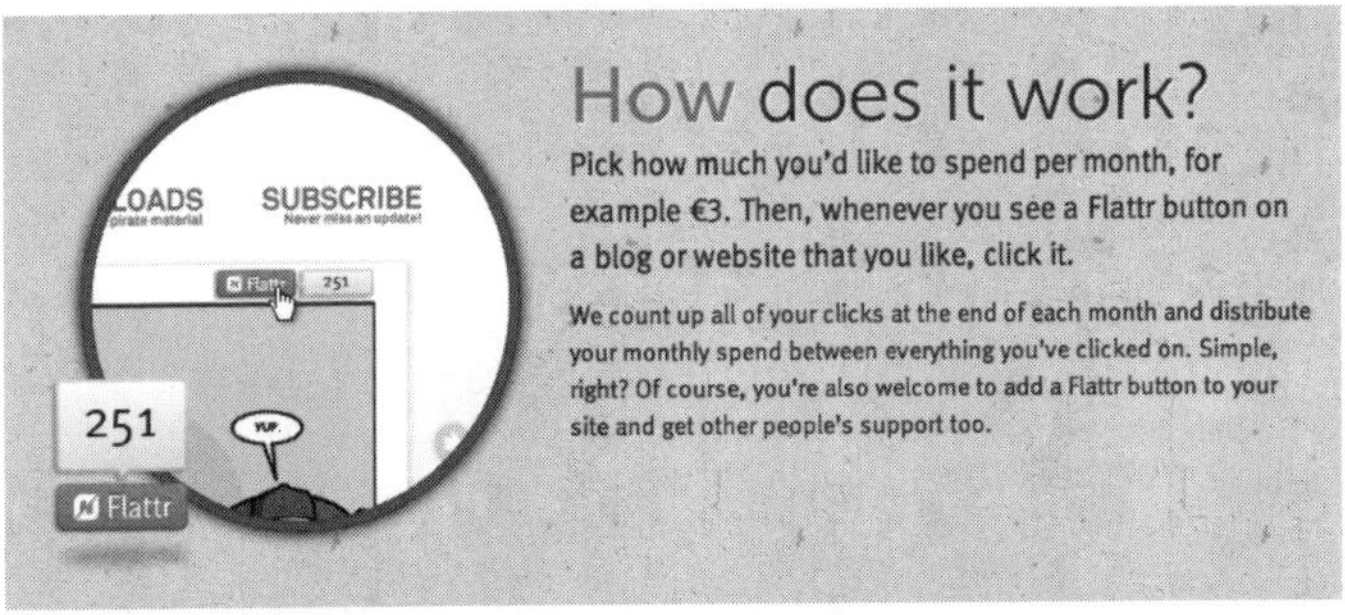
How does it work?
Pick how much you'd like to spend per month, for example €3. Then, whenever you see a Flattr button on a blog or website that you like, click it.
We count up all of your clicks at the end of each month and distribute your monthly spend between everything you've clicked on. Simple, right? Of course, you're also welcome to add a Flattr button to your site and get other people's support too.
SUBSCRIBE
251
Flattr

Grow!
SOCIAL TIPPING PLATFORM
新規登録 or ログイン
Twitter
facebook
Grow! Your Favorites!!
Give Grow!
Support your favorites.
Get Grow!
Supported by your fans.

gumroad
ホーム
サービスの仕組み
サービスについて
Q&A
ログイン
あなたの最高の写真を、リンクで販売や共有しよう。
モノを売るのはしんどいことです。でもそれは過去のこと！モノづくりに集中しましょう。こんな具合に！
私たちが全ての決済を引き受けます。
いつもの通りにやりましょう。
vimeo
Gumroadに登録
のいずれかで登録 — または下のフォームを入力するだけで、すぐに販売を始められます。
メールアドレス
「信じられないほど簡単だ…実際、この原稿を書いている間だけでもアイデアが湧き出し、何も売ってこなかった過去の自分に後悔している。幸運なことに、私は前向きになり、これ以上は悔いずにすみそうだ。」
Brad McCarty - The Next Web

7

終わりにかえて

文化から政治、そして生命へ

フリーカルチャーは現代に適合しない法律に対する技術者の闘いとして始まりました。その後、通信技術の社会にもたらす影響はよくも悪くも絶大なものに発展しました。それは、20世紀中盤に研究者たちが夢見た自由なインターネットが、社会的な権力を持つ組織によって徐々に統制される過程と重なる発展です。

クリエイティブ・コモンズはフリーソフトウェアの意思を継承し、1998年のアメリカにおける著作権保護期間の延長問題と闘った法学者、レッシグが始めた運動です。彼はアメリカ政府（司法省）を相手取った訴訟を闘いながら、技術者や教育者たちと一緒に創造の共有地を開拓しようとしました。その思想と実践は今日、関係者である筆者のひいき目を差し引いたとしても、社会的に無視できない運動体にまで発展してきたといえます。

同時に、1998年から14年も経った現在、アメリカの議会では再びハリウッドを起点として、インターネット全体の秩序を脅かす法案を審議にかけようとしました。Stop Online Piracy Act（海賊行為防止法案）、通称SOPAは、映画産業や音楽の著作権管理団体のロビー活動によってアメリカ下院で2011年10月に提案されたものです。あるウェブサイト上に著作権に違反する形でコンテンツが掲載されている疑いがあるだけで、そのサイトへのリンクを検索エンジンから排除したり、そのサイトへの広告掲載や課金システムを遮断したり、挙げ句の果てにはそのサイトのドメインを機能停止にする権限を、著作権利者に与えるという内容のものです。この法案は、2011年5月上院において同様の内容を提案したProtect IP Act（知的財産保護法案）通称PIPAと対をなすものです。

これまでは1998年に制定されたDMCA（デジタルミレニアム著作権法）の取り決めの中で、著作権に違反するコンテンツの掲載が認められた場合には、権利者が当該ウェブサイトの運営者に通告を行ない（notice）、運営者が問題のコンテンツを取り下げる（take down）という手続きが存在していました。しかし、SOPA／PIPA法案ははるかに強圧的な権限を権利者に与える内容であり、法の解釈によってはユーザーがコンテンツを投稿する種類のウェブサービスであればいつでもアクセスできなくなる危険性を孕むことを意味します。

自生的で自由なインターネット文化の潮流に逆行するこの法案は、アメリカで名だたるインターネット企業による大反対を呼び起こしました。ウィキペディアは抗議のために24時間サービスを停止し、グーグルは検索画面のグーグルのロゴを黒い喪章で覆い、「End Piracy, Not Liberty（自由を終らせるのではなく、海賊行為をこそ終らせよう）」と呼びかける特設サイトでは700万人から反対署名を集めました。その他にもフェイスブック、ツイッター、ファイアーフォックスといったインターネッ

（上）Wikipediaの停止
（中）Googleの喪章
（下）グーグルの反SOPA/PIPAキャンペーンサイト **90**

トを代表する企業の経営者や投資家に加えて著名なインターネット・セキュリティ技術者たちも同法案を非難する公開文書を議会に提出しています。

さすがに議会もこうした民間、学会、そして一般世論からの圧倒的な抗議の声を無視することはできず、2012年1月20日になると上院と下院の両方でSOPA／PIPAの採決は当面見送られることが発表されました。

巨額の政治献金にもとづいて既得権益産業を保護しようとする政治家の動きに対して、1998年にはまだ幼いインターネット産業や世論は有効に対抗することはできませんでした。しかし2012年になった現在、少なくともアメリカのインターネット文化の世論が効果的な抗議の運動を瞬時に巻き起こし、強引な法案の採決を見送らせたという事実は、既得権益の権力と拮抗する勢力にまで成長したことを証明したといえるでしょう。

レッシグやストールマンたちは草の根からの運動を根強く組織し続け、フリーカルチャーの思想を少しずつ社会に実装していきました。同時に、インターネットを介した創造的なコミュニケーションを支援する技術やサービス、そしてそれらを活用する精力的なクリエイターや情報発信者たちの活動の総体こそがフリーカルチャーという新しい文化に実体を与えてきた源泉なのだといえます。幸いなことに、創作と共有のための技術は今も日々発展し続けており、そしてより多くの人が情報

Imagine a World
Without Free Knowledge
For over a decade, we have spent millions of hours building the largest encyclopedia in human history. Right now, the U.S. Congress is considering legislation that could fatally damage the free and open Internet. For 24 hours, to raise awareness, we are blacking out Wikipedia. Learn more.
Make your voice heard
Facebook
Google+
Twitter
WIKIPEDIA

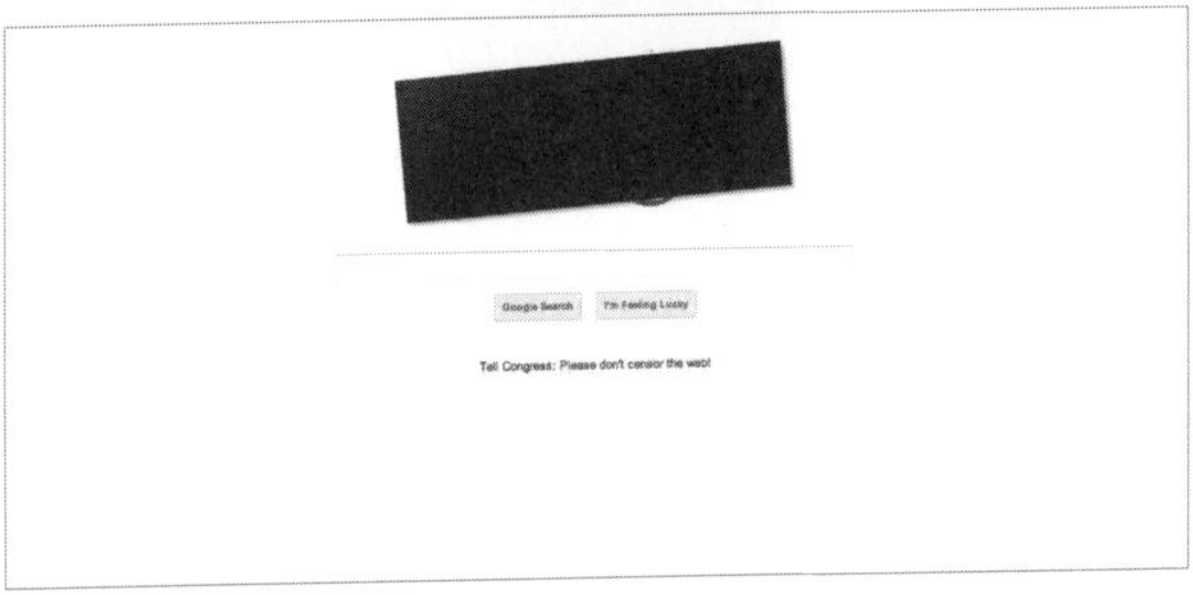
Google Search
I'm Feeling Lucky
Tell Congress: Please don't censor the web!

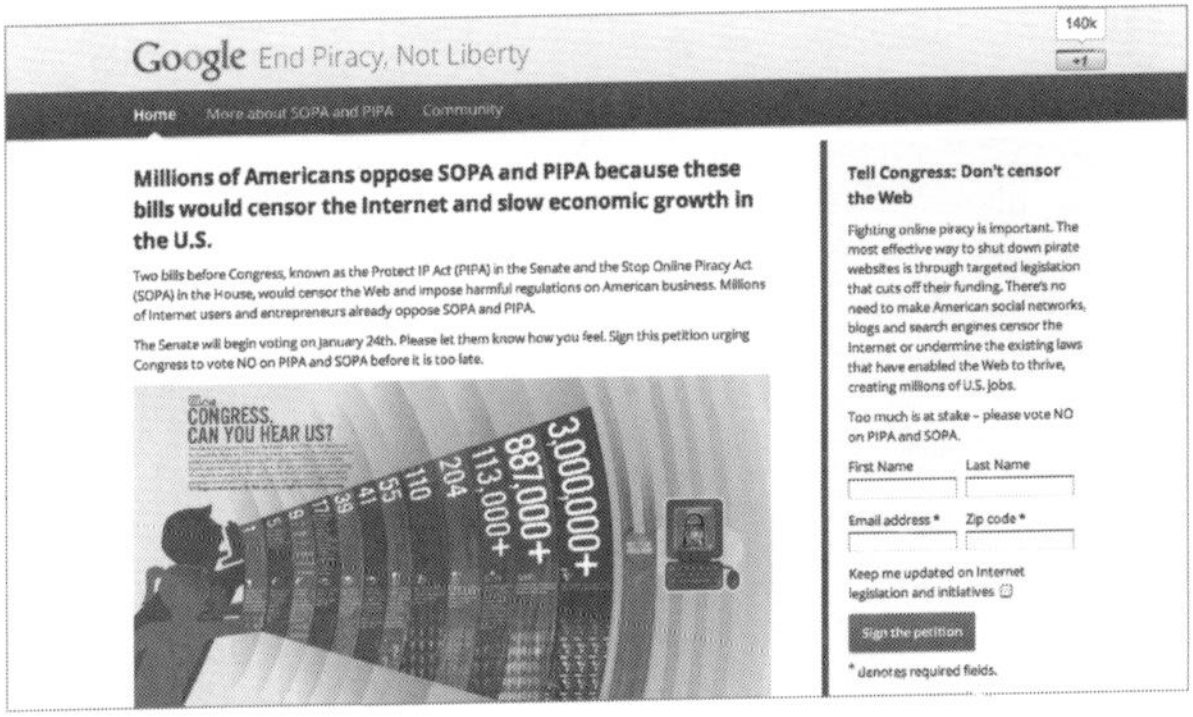
Google End Piracy, Not Liberty
140k
+1
Home
More about SOPA and PIPA
Community
Millions of Americans oppose SOPA and PIPA because these bills would censor the Internet and slow economic growth in the U.S.
Two bills before Congress, known as the Protect IP Act (PIPA) in the Senate and the Stop Online Piracy Act (SOPA) in the House, would censor the Web and impose harmful regulations on American business. Millions of Internet users and entrepreneurs already oppose SOPA and PIPA.
The Senate will begin voting on January 24th. Please let them know how you feel. Sign this petition urging Congress to vote NO on PIPA and SOPA before it is too late.
CONGRESS, CAN YOU HEAR US?
3,000,000+
887,000+
113,000+
204
110
55
41
39
Tell Congress: Don't censor the Web
Fighting online piracy is important. The most effective way to shut down pirate websites is through targeted legislation that cuts off their funding. There's no need to make American social networks, blogs and search engines censor the Internet or undermine the existing laws that have enabled the Web to thrive, creating millions of U.S. jobs.
Too much is at stake – please vote NO on PIPA and SOPA.
First Name
Last Name
Email address *
Zip code *
Keep me updated on Internet legislation and initiatives
Sign the petition
* denotes required fields.

にアクセスし、創造的なコミュニケーションを享受できるようになっています。そしてオープンガバメントやオープンデータ、オープンアクセスといったフリーカルチャーと密接に関連する思想が、今後とも多くの政府や教育機関といった公的な組織によって推進されることによって、著作権における権利者と社会の利益のバランスを是正することや、自由な創造と学習の障害物を取り除くこと、そして文化における個々人の間の継承性を推進することは、より一般的なコンセンサスとして浸透していけるのではないでしょうか。

「文化とは何か」ということを語るのは、いつの時代でも容易なことではありませんでした。しかし、インターネット上を膨大な量の情報が飛び交う現代ほど、文化が多面的で、複雑である時代はいまだかつてなかったのではないでしょうか。文化はある意味において善悪の価値判断を超越したところで動いているものです。大文字の「文化」に静的な定義を与えてその形を固定化しようとした瞬間、手元からすり抜けてしまうでしょう。その動的で一様に把握しがたいさまは、あたかも一種の生命のようでもあります。

筆者は、すべての表現行為はコミュニケーションであると同時に、学習としてもとらえられるのではないかと考えています。私たちは、生きている限りコミュニケーションを行ない続けるという意味で、生きている限り学習するという行為も終わることはありません。

20世紀後半に生命体と環境の関係性をとらえる生態心理学という領域を切り開いた心理学者のジェームズ・ギブソンは、自然の環境が「アフォーダンス」と呼ばれる生命体が生存するために活用できるさまざまな意味で満ちあふれているとする理論を展開する際に、私たちの知覚がただ受動的にではなく、常に半ば能動的に作動していると主張しています。そして、私たちの身体が何かに触れるとき、ある反応に強制されてそうするのではなく、その何かを探索する目的を兼ねているといいます。この考えに即していえば、私たちはつまり、常に自分を取り巻く環境から、生存に役立つ情報を検索しているのみならず、その環境そのものが「何であるか」を理解しようとしているといえます。生まれたときから死ぬときまで、私たちの身体の知覚は終わりません。その意味で私たちは生命活動が停止するまで、光や匂いや音や手触りを知覚しながら、私たちの身体を包囲する世界について終わることのない学習を行なっているといえるでしょう。

同様に私たちが他者に言葉を発したり、ささやかな考えをめぐらすことだけをとっ

90 https://www.google.com/landing/takeaction/sopa-pipa/

ても、それは微小な学習であり、創造であると考えられるのです。私たちの文化が私たちの生命的な活動を前提にしているのであれば、そうした微細な創造の集合体としての文化の在り方も生命の構造に似てくるのだ考えたとしても決して不思議なことではないでしょう。20世紀後半に、生命をその自己創出的な働きによって定義しようとした神経生理学者にして哲学者だったフランシスコ・ヴァレラが残した次の表現がこのことを簡潔にまとめています。

「生物の世界、自己言及の論理、そして円環的な自然史の全体が、寛容と多元主義、つまり自らの知覚と価値を他者のそれのために譲渡することが、知識の真の始まりであり、知識が最後に到達する地点でもあることを示している。ここでは行為が言葉よりも価値を持つのである。」[91]

現代の科学が懸命に生命の起源と作動を理解するための努力を続けているのと同じように、私たちは私たちの文化についてもその構造を学び続け、語り続け、作り続ける必要があります。未来を無理に予測しようとしたり、現状に絶望したりすることなく、個々人が先人の創造性を継承し、次世代に新しい価値を伝えるという創造的な活動を気負うことなく続ける流れの中でこそ、自由な文化の生命が息づき、歴史が形づくられていくのです。

91 "Autonomie et Connaissance - Essai sur le Vivant", Eds. du Seuil, Paris, 1988. p.31 (Varela, F., Principles of Biological Autonomy, Elsevier/North-Holland, New York, 1979, 306 pp.) 筆者訳

あとがき

本書では、コンテンツとソフトウェアにおける「自由《フリー》」の概念の歴史をたどり、現代のインターネット社会における「自由な文化」の実践を紹介し、未来にも通底する学習と継承という価値観を抽出することに努めました。この中で紹介したテーマの数々は本来、それひとつで専門的な書籍一冊を要するものです。その意味でも、本書がより多くの読者の方に「自由」という概念を文化と照らし合わせてより深く考えて頂き、創造的な活動に役立てる一助となれれば、筆者としては望外の喜びです。

本書ではあえて日本における最新の著作権の問題を扱いませんでした。たとえば現在はＴＰＰ（環太平洋戦略的経済連携協定）参加にともなう著作権保護期間延長の圧力の問題や、違法にアップロードされたコンテンツのダウンロードを刑罰化する動き、日本版フェアユース導入や著作権の登録制への変換の議論やなどは現在進行形の重要なテーマとなっています。

これらはいずれも法律と政策の観点から重要な動きですが、法律の厳密な議論を行なうには筆者の力不足もあり、かつ、フリーカルチャーが醸成された時代的背景を最低限紹介しつつ、現代の情報社会において「作品を作ること」の意味や実例に焦点を当てたいという考えから、時事的な法律の話題は深く掘り下げませんでした。こうした問題についてはクリエイティブ・コモンズ・ジャパンのホームページ（http://creativecommons.jp）やTwitterアカウント（@cc_jp）で紹介していますので、ぜひそちらも参照頂き、議論に参加して頂ければ幸いです。

本書の執筆を通して常に念頭にあったのが、音楽評論家でプロデューサーの原雅明さんが書かれたフィルムアート社の書籍『音楽から解き放たれるために』のことでした。原さんは本書ケーススタディでも紹介している、dublabとクリエイティブ・コモンズのアート・プロジェクト「INTO INFINITY」の日本での展開を先導している方で、多くの国内外のアーティストともまさにリスペクトに溢れた交流を続けています。原さんや多くのアーティストと活動を共にする中で、筆者自身もフリーカルチャーの在り方について沢山の思考を促されてきました。その流れの中で、常に創造行為と日常的に向き合っているアーティストやクリエイターに向けて「作ること」に焦点を当てたフリーカルチャー論を書こうと考えました。この目標が十分達成できたどうかは甚だ不安ですが、読者のご批判やフィードバックを頂いて次の行動に昇華できればと思います。

筆者はアメリカの総合大学のデザイン科出身で、在学中にローレンス・レッシグ教授の活動を通してクリエイティブ・コモンズを知り、いかに現行の法体系が不完全であるかということと同時に、情報のオープン化が今後のクリエイティブ産業および情報社会にとって非常に重要な運動であると、衝撃と共に認識したのを覚えています。卒業後、東京のメディアアート美術館で研究員として働き始め、映像アーカイブをウェブ公開するという仕事に取り組んだときに、クリエイティブ・コモンズ・ライセンスを採用しようとしたのが、筆者がクリエイティブ・コモンズに参加するきっかけとなりました。その間、レッシグ教授を日本に招聘したり、クリエイティブ・コモンズの国際会議等で他の活動家たちと共に交流し、彼の薫陶を受ける中で、「何かを作る」という表現行為を、まずはその衝動や欲求、そして技術的な制約や可能性から捉えて、そこからどのような社会的規制や増幅効果が働くのかということを考えることが重要だと思い至りました。つまりは創造の生態系の全体を俯瞰することから始めるのではなく、個々の作品や技術、サービスといった事象の価値にコミットすることから始めないと、本質を見誤ってしまうということです。

この思考は、クリエイティブ・コモンズやフリーソフトウェア、オープンソースが採ってきた戦略と重なっています。すなわち、既存の法や社会構造に問題があるのであれば、その内側から問題を破る手法を作り出せばよいということです。具体的には、著作権を外側から批判するのではなく、著作権の既存のルールに一度則った上で、その問題を書き換える「ライセンス」という方法論を作り出すという、とてもエンジニアリング的な考え方です。そしてあらゆるエンジニアリングの手法は、実践と試行錯誤のプロセスを要するものです。そして成功だけではなく失敗の蓄積を体系化して共有し、恒常的に更新を行ない続けるという方法論は、現在もCCライセンスが行なっていることでもあります。

レッシグ教授はクリエイティブ・コモンズの運動に多くの時間とコミットメントを投資した後に、現在はアメリカ議会における政治とカネ、つまり政治腐敗の問題に取り組んでいます。これは現代においてオープンで創造的な情報社会の構築に取りかかる上で非常に重要な示唆でしょう。司法・立法・行政といった社会構造の決定に関わるプロセスをこそ透明にし、参加可能な形にしなければ、根本的な社会変革が行なわれたとは言い難いからです。しかし、同時に、法や政治と直接は関係のない表現者たちによる個々の活動の集積がなければ、そうした上位構造の変化がそもそも起こる契機も生まれないということも真であると思います。

クリエイティブ・コモンズの立場からは、風通しのよい社会状況が醸成されるためにより多くの良質な作品がCCライセンスや他のオープンな条件のもとで公開され、ネット上を流通することを望んでいます。他方で、フリーカルチャーがもたらすべき（まだもたらしていない）重要な変革だと個人的に考えていることがあります。それは、私たちの文化の中で巨大な重力を持つ既得権益とは関係のないところで、新たな創作物の秩序が持続可能な形で立ち上がることです。

GoogleやFacebook、Twitterやその他の多くのネットベンチャー企業は、新しい創作物の秩序の構築を一定のレベルまで成し遂げましたが、いまだに旧来の巨大なメディア産業や政治的な勢力とは半々の勝負です。音楽の例でいうならば、資本の集約と投下戦略によって生まれるメジャー・ストリームの重力や潮流とは関係のないところで、新たな音楽ファンや制作者、プロデューサーが生まれ続けることをこそフリーカルチャーは支援するべきなのだと考えています。

ただし、現在フリーカルチャーを推進する立場にいる人間や組織が、将来的に既得権益的な歪みを持ってしまうことも同時に避けるべきであり、健康的な新陳代謝のモデルを実験、検証していかないといけないとも思います。このことこそが黎明期に立ち上がったインターネットの統治機構をはじめ、フリーソフトウェアやオープンソースの運動家たちが腐心してきた問題の核心だと思います。今日、創作物をめぐる旧来の産業構造がその歴史的な役割を終えて、より社会還元的な経済モデルがいまさまざまな形で興隆しようとしているのを見ると、この新陳代謝のモデルは、創作を行なう人たち、そしてその成果物とプロセスを、より「公正」に扱う方法を発明しなくてはならないのだと考えます。

「公正に」ということは定義が難しく、私も確定的な考えには至っていませんが、たとえていうと、売れる／売れないということだけを理由に創作活動を停止せざるを得ないことや、個々人が創作する作品が届くべき人に届かない／届きづらいなどといった状況全般に抗うことをイメージしています。こうして個々人の創造行為（コミュニケーションと言い換えてもいいでしょう）の成功率を社会全体で底上げすることが可能になれば、人々が自分が本当に望んでいる音楽やアートは今後、ただ受容するだけではなく、いかにそうした作品や作者と「関係を築くこと」ができるかという点が重要になるのではないかと思います。そうなると、さまざまな文化的なジャンルでの「目利き」や「通」が増え、そうした人たちの活動がネットを介して活性化していけば、必然的に社会が格段に面白くなると思うのです。

もうひとつの重要な点としては、0ベースから良質なアーカイブや創作のコミュニティを作ることの難しさがあると思います。誰も知らないもの、これまでのメジャー／アンダーグランドの系譜と接点を持たない（誰もその歴史を書いていない）作品群を魅力あるものとして不特定多数の人々に魅力あるものとして提示するのは不可能だと思います。

どんなに優れた音楽にしてもメディアアートにしても、批評行為や歴史を書く人がなければ、相関図を描けず、存在しないも同然になってしまいますし、一人の人間が何かに注意を割ける時間も有限です。そのためには文化の歴史を継承しつつも、新しい歴史の作り方を実践しようとしている人たちの連帯が重要なのだと思います。

個人的に「創造の大衆化」という社会状況が訪れるのを見るのが死ぬまでの夢ですが、そのためには相当の醸成の時間が必要だとも思います。なので、誰しもがアクセスでき、学習し、リミックスできるオープンなアーカイブがフリーカルチャーの醸成のための苗床として機能して、徐々に「一般」の、無名なアーティストたちが主体となっていくということが自然のプロセスではないかと思います。

金融恐慌や自然災害が多発し、社会全体が再定義を迫られつつある現在、ウェブ上で誰しもが表現行為とそのプロセスを共有するという、新しいようで実は昔から存在してきた概念が、深いレベルでの「創造行為の大衆化」という形で実現しつつあるように感じますし、フリーカルチャーの議論はそのような方向に向かわなければならないと思います。

本書はフィルムアート社の薮崎今日子さんのフリーカルチャーに対する理解と熱意がなければ完成することはなかったでしょう。筆者の遅筆や思考の飛躍に辛抱強く付き合って頂き、本書でオープン出版を試みるために奔走して頂いたことに深く感謝いたします。本書の主題が創造的な情報の権利、結果やプロセスをオープン化することである限り、自己言及的に実例を示せなければ本書の意味はだいぶ薄れてしまっていたでしょう。そして雑誌『ｎｕ』や『10年メモ』で知られるデザイナーの戸塚泰雄さんには本書にとって最高にして最適な表紙および本文のデザインを行なって頂きました。ありがとうございます。

クリエイティブ・コモンズの創始者であるローレンス・レッシグ教授と出会い、その活動に参加しなければ本書は存在していませんでした。レッシグ教授に推薦コメントを頂けたことは筆者にとって最高の光栄です。クリエイティブ・コモンズ・ジャパンのフェローを務めて頂いており、インターネットユーザー協会（MIAU）の立役者であり、日本のフリーカルチャーを牽引し続ける津田大介さんに素晴らしい推薦コメントを頂けたことは本書にとっても大変幸せなことでした。そしてベンチャーキャピタリストとして多くのネット企業の成長を助成し、米国クリエイティブ・コモンズの会長を務め、2011年からMITメディアラボ所長としてテクノロジーの可能性を追求し続けている伊藤穰一さんにもコメントを頂けたこともまた大変有り難いことでした。

本書は実に多くの方との出会いや協働に支えられて成立しています。ここで全員に言及できないことは残念ですが、特にこれまでCCライセンスの採用に当たって共同作業させて頂き、現場で文化のオープン化に当たってきた企業や教育機関、文化施設の担当者やアーティストの方々に特別な謝意と敬意を表したいと思います。学生時代に経営コンサルタントの小田嶋孝司さんにエリクソンの「世代継承性」の概念を教えて頂いたことは本書の最終章でも活かされています。現代美術家の村上隆さんが2000年代初頭に運営し、雑誌『美術手帖』の元編集長である楠見清さんが師範代を務めていた掲示板『芸術道場』に同じく学生の頃に参加させて頂かなかったら、文化芸術の深い現実を知ることもできませんでした。また、国際大学GLOCOMで東浩紀さんの研究室でオープン・ライセンスを研究するウェブサイト「コモンスフィア」を開設し、担当させて頂いたことは後のクリエイティブ・コモンズでの活動に大きく活かされました。併せて感謝申し上げます。そして、NTTインターコミュニケーション・センターでCCライセンスを採用した映像アーカイブ「HIVE」を共に構築し、今も運営を担当されている田中実紀さんには一層の謝意をお伝えしたいと思います。東京大学大学院の指導教官である苗村健先生に工学的な価値観と世界観を根気強く叩き込んで頂いたことで、技術と社会を接合する視点を獲得できたと思います。また、同院の西垣通先生のもとで生命システム論の学問体系を教授して頂いたことで、本書の次のステップを照射することができました。両先生に改めて感謝申し上げます。そして、共に会社を設立し、さまざまなプロジェクトを構築してきた遠藤拓己と山本興一にも感謝を表します。彼らとの共同の冒険を経なければ、技術的なリアリティを今ほど体感することはなかったでしょう。

本書の執筆に直接ご協力頂いた方々にも感謝いたします。東京大学大学院学際情報学府の同窓で初期からのクリエイティブ・コモンズの仲間でもある情報政策学者の生貝直人君、そしてアーティストを支援するNPO法人Arts&Lawの共同代表であり、クリエイティブ・コモンズ・ジャパン事務局でも積極的に活動している水野祐弁護士に草稿のプルーフ・リーディングを行なって頂き、有益なコメントを頂きました。特に水野さんには本書の出版契約にCCライセンスを追記する際に専門的な助言を頂きました。ここに改めてお二人への謝意を記したいと思います。そしていつもボランタリーでクリエイティブ・コモンズ・ジャパンに参加して頂いている仲間の全員にも日頃の精力的な活動に感謝します。特に本書のケーススタディでも二次利用している小冊子『Power of Open』の急ピッチな日本語翻訳に当たってくれた東久保さん、中野さん、川原さん、中尾さん、ありがとうございました。また、米国クリエイティブ・コモンズの前CTOで副会長のマイク・リンクスベイヤーさん、元クリエイティブ・ディレクターのエリック・スチュアーさん、シンガポール・マネージメント大学の統計学者ギョルゴス・チェリオティスさんにも技術的な記述や調査方法について有益な助言を頂きました。

最後に、身を以て文化的な混合の大切さを教えてくれた父、そしていつも文学や哲学への道を拓いてくれた母に感謝します。そして、本書の執筆中、初めての子供を妊娠・出産するという大仕事をこなしながら筆者を心身の両面でサポートし続けてくれた妻、奈彌に最大限の感謝と敬意を表したいと思います。

生まれたばかりの我が子ソフィア蕗の素晴らしい未来を想いながら

ドミニク・チェン　於東京　2012年4月吉日

ドミニク・チェン Dominique Chen

1981年、東京生まれ。フランス国籍。

カリフォルニア大学ロサンゼルス校（デザイン／メディアアート専攻）卒業、東京大学大学院学際情報学府修士課程（学際情報学）修了、同大学院博士課程在籍。

2004年より日本におけるクリエイティブ・コモンズの立ち上げ活動に携わり、2007年7月よりNPO法人クリエイティブ・コモンズ・ジャパン理事。さまざまな個人アーティスト、民間企業、教育機関によるCCライセンスの採用を支援し、独自のプロジェクトの企画・実施も多数担当。2009年には「INTO INFINITY」プロジェクトの日本における展開に参加し、専用リミックスiOSアプリ「Audiovisual Mixer for INTO INFINITY」のディレクションおよびプロデュース。スピンオフ・プロジェクト「Infinity Loops」や「dublab.jp」の企画・運営・開発に参加。

2004年より、NTTインターコミュニケーション・センター［ICC］研究員としてCCライセンスを採用したアート映像アーカイブ「HIVE」の構築を担当。2007年と2008年にはオーストリアの国際メディア・アート・フェスティバル「アルス・エレクトロニカ」のデジタル・コミュニティ部門の国際審査員を務める（2008年にはニコニコ動画を推薦し、同サービスは栄誉賞を受賞）。

2008年4月に株式会社ディヴィデュアルをメディア・アーティスト遠藤拓己と共同設立。タイピング記録ソフトウェア「タイプトレース」のウェブへの発展形の提案で2008年度未踏IT人材発掘・育成事業スーパークリエータ認定（2009.05）。2008年9月よりウェブ・コミュニティ「リグレト」やその他多数のウェブ・サービスの企画・運営・開発に携わる。

編著に『SITE/ZERO vol.3——情報生態論』（メディアデザイン研究所、2008年）。共著に『いきるためのメディア——知覚・環境・社会の改編に向けて』（春秋社、2010年）、『Coded Cultures – New Creative Practices out of Diversity』（SpringerWien NewYork, 2011）、『設計の設計』（INAX出版、2011年）。他、論文多数。

フリーカルチャーをつくるためのガイドブック
クリエイティブ・コモンズによる創造の循環

2012年5月30日　初版発行
2012年8月10日　第二刷

著　者　ドミニク・チェン
装　幀　戸塚泰雄
発行者　籔内康一
発行所　株式会社フィルムアート社
〒一五〇-〇〇二二
東京都渋谷区恵比寿南1丁目20番6号第21荒井ビル
TEL　〇三-五七二五-二〇〇一
FAX　〇三-五七二五-二六二六
http://www.filmart.co.jp

印刷・製本　シナノ印刷株式会社

Printed in Japan
ISBN 978-4-8459-1174-5　C0036

本書にCCライセンスを付けるにあたって

本書はオープンソース、フリーカルチャー、そしてクリエイティブ・コモンズといった著作権をオープンにして興隆している文化に関するものです。筆者は当初より、本書そのものもオープンな著作権定義で刊行される必要があると考え、CCライセンスを付けることを希望しました。また、ただCCライセンスを付けたことを宣言するのではなく、読者の方々に自由に共有して頂くための施策をともなう必要があると考え、書籍購入者には特典としてPDF版のダウンロードを提供する運びになりました。非営利目的の利用に限れば、他者と共有したり、新たな創作のために利用して頂ける条件になっています。

改めて強調したいことは、CCライセンスを付けることは公共にとっての利益を高めることだけではなく、著者や出版社といった権利者にとっての生存戦略でもあるという点です。その意味でCCライセンスを付けることは利他的であると同時に利己的な判断でもあり、その意味では「特殊」なことと見なすべきではないと考えます。本書でも紹介しているように、CCライセンスを付けて書籍を公開することは、欧米では大手出版社や作家がビジネス戦略として積極的に採用しているモデルでもあります。作家にとっては読者が作品を共有してくれることによって知名度が上がり、出版社にとっては広告費をかけることなく自社書籍へのウェブ上での言及や参照が増え続け、結果的に作品の「寿命」が伸びると考えることができます。さらにこうした新しい取り組みによって得られる諸々の知見やデータを、次の出版戦略に活用できるというメリットも考えられるでしょう。

「電子出版の時代には出版社の役割は終わり、個人の作家がネットを駆使して活躍できる」という言説は、部分的には正しく、同時に重要な部分で間違っていると思います。市場の需要を調べ、原稿の詳細な校正や提案を行ない、デザイン作業、印刷作業といった工程を調整し、書籍が一人でも多くの読者に届くように画策する編集者の労力によって書籍の価値は大きく高められると思うからです。また、書店や図書館といった公共の場に作品を流通させることによって、多くの人に周知するということも作者にとって依然として重要な価値でしょう。しかし同時に、現在の出版社の役割が、インターネットを介してつながる有能な個々人によって代替されるようになるのも時間の問題だといえます。筆者はこの状況に対して出版社が行なえることとしては、積極的に印刷版と電子版を連動させるノウハウを蓄積し、企業にしかできない新しい流通モデルを開拓することだと考えています。

ドミニク・チェン